KB272924

실크로드에서
까레이스키를
만나다

실크로드에서 끄레이스키를 만나다

최인석 기자의
특별한 우즈베키스탄 이야기

농민신문사

실크로드 한복판
우즈베키스탄에서 부는 한류

신비의 나라 우즈베키스탄은 130개가 넘는 민족이 공존하는 역동적인 나라다. 그러면서도 우리에게는 낯설다. 못 가본 나라가 더 끌리듯 우즈베키스탄이 꼭 그렇다. 20만 명에 가까운 고려인, 우리의 핏줄이 살고 있기 때문에 더 끌림이 오는 땅이다. 고려인 가운데 농사로 위대한 업적을 남겨 존경을 받는 인물이 있다는 사실도 끌림을 주기에 충분하다. 우즈베키스탄에서 희망을 본 이유다.

어디 그 뿐일까. 우즈베키스탄은 우리나라에 소중한 유전자원을 주고 있다. 삼성이나 LG, 대우에서 만든 제품도 인기다. 젊은이들은 '식지 않는 한류열풍' 에 더해 '코리안 드림' 을 바라며 한글 배우는 열풍에 휩싸여 있다.

우리가 자세하게 알지 못했던 우즈베키스탄 사람들이 한국에 희망을 품은 것은 결코 하루아침의 일이 아니다. 고구려인이 사신으로 우즈베키스탄 땅을 밟은 지도 벌써 천 년을 넘으니, '오래된 인연' 의 이어짐이다.

실크로드의 중심지 우즈베키스탄과 맺은 인연은 이제 다른 차원에서 길이 또 열리고 있다. 바로 '농(農)으로 여는 신 실크로드' 다. 한국과 우즈베키스탄이 동반자이자, '밀고도 가까운 이웃' 이라는 사실이 농업분야의 교류를 통해 속속 드러나고 있다. 농업으로 더 힘차게 열릴 새로운 실크로드가 기대된다.

농협문화복지재단의 도움으로 국제결혼을 한 고려인 후손의 '친정나들이 동행' 취재차 2009년 방문한 우즈베키스탄은 잠깐 들여다본 그 이상의 감흥으로 남았다. 짧은 기간 머물면서 보고 듣고 느낀 순간을 놓치기 않기 위해 메모한 글이 취재노트 5권 분량으로 채워졌다.

한 글자, 한 문장 정성들여 메모한 노트를 뒤적이며 짤막한 여행일기를 쓴다는 마음으로 글을 쓰기 시작했는데, 빼곡히 적어둔 의미 있는 메모를 들여다볼수록 궁금증이 늘어났고, 역사적 사실에 대한 호기심도 커졌다. 또 현지에서 가이드로부터 전해 듣고 기록한 풍부한 역사적 지식보따리를 그냥 넘기기가 아까워 책을 내기로 마음을 돌렸다. 부족한 지식을 메우려고 우즈베키스탄 관련 책들을 국회도서관에서 복사하며 선험적 지식도 더 쌓았다. 서점에서 구입한 책으로 보완을 거듭하는데도 2년이 걸렸다. 많은 문헌과 책을 인용하면서 혹시나 빠진 부분이 없는지 두렵기도 하다. 그런 부분이 있다면 널리 헤아려 주셨으면 하는 마음 또한 간절하다.

이번에 책을 쓴 이유는 두 가지다. 첫째는, 우리나라와 우즈베키스탄은 농(農)으로 도움을 주고받는 진정한 이웃이라는 사실이다. 둘째는, 우리의 핏줄인 고려인이 지금도 많이 살고 있어서다. 민족의 정체성을 잃지 않도록 좋은 관계를 유지하되 지속적인 관심의 끈을 놓지 않았으면 하는 소망 때문이다.

우즈베키스탄에 대한 글은 그래서 끝이 없을 것 같다. 여건이 된다면 더 진전되고 발전된 모습을 색다른 각도에서 다시 담고 싶은 욕심도 앞선다. 끌림이 올 때 다시 돌아갈 생각이다.

아름답고, 희망의 물줄기를 뿜어대고 있는 우즈베키스탄 땅을 밟을 기회를 준 농협문화복지재단에 감사한다. 또한 유전자원 확보에 열정을 다 쏟으며 책이 나오는데 생생한 증거자료가 될 사진 등을 제공해준 농촌진흥청 고호철 박사님께도 고맙게 생각한다.

20년 가까이 현장에서 기자로 뛰면서도 글을 쓰는 일은 언제나 두렵고 떨린다. 글을 다 쓰고서도 고쳐야 할 내용과 역사적 사실이 제대로 전달되지 않는 허점도 보면 볼수록 많았다. 완벽에 가까운 글을 내놓으려면 평생 가도 못할 것 같은 생각이 밀려와 부족하고, 특히 역사적 고증 작업을 충실하게 마무리하지 못하고 세상에 선보인다는 점이 그저 부끄러울 따름이다. 현지인과 우리 일행을 안내해준 가이드의 생생한 역사 이야기를 되도록 그대로 담으려는 노력을 하고 싶었다는 변명 아닌 변명으로 대신하고자 한다.

이 책이 나올 수 있도록 배려해주신 농민신문사 박재근 사장님과 김병화 전무이사님께 감사드리고 싶다. 또 집필하기까지 옆에서 관심과 격려를 아끼지 않았던 소중한 제 아내와 사랑하는 딸 한나와 예솔이에게도 고마움을 전한다.

2011년 8월
최 인 석

목 차

우리의 핏줄, 까레이스키

1. 멀고도 가까운 나라, 우즈베키스탄

　우즈베키스탄(이하 우즈베크). 어떤 나라인지 잘 떠오르지 않았다. 그러나 땅을 밟는 순간 묘한 상상으로 가득했다. 강한 끌림, 바로 그것이다. 못 가본 나라가 더 끌린 때문이다. 더 솔직하게 표현하면, 까레이스키(구소련지역에 사는 고려인을 지칭한 러시아말) 때문일 것이다. 역사적으로도 우리나라와의 관련이 깊을 것이라는 창의적인 상상으로 가득한 나라가 바로 우즈베크다.

　한마디로 말하기는 어렵지만, 우즈베크는 우리 조상의 얼과 숨소리가 느껴지는 나라임에는 틀림없다. 역사의 흔적을 더듬어볼수록 한민족의 피가 깊이 흐르고 있음도 확인됐다. 이는 분명 '오래된 인연' 때문이리라.

　그 이유를 보여주는 역사적 사건도 있다. 소그드(우즈베키스탄의 사마르칸트·부하라주와 타지키스탄의 소그드주 일대. 소그드인:이란계 유목민족)의 사마르칸트 왕국의 옛 수도 아프라시압에서 7세기 중엽의 궁전지가 1965년 발굴 되면서 베일이 조금씩 벗겨지기 시작했다. 그 당시의 역사적 상황을 잘 보여주는 벽화가 드러나면서 세계의 이목을 집중시킨 때문이다. 6세기 이후 돌궐과 중국은 경제적 이권 확보와 세력 균형 유지 등으로 서로 충돌했다. 이 소용돌이 속에 끼어들게 된 것이 소그드이고, 이러한 정황을 그림으로 엮은 것이 바로 아프라시압 벽화다.

놀라운 점은 그 벽화에 고구려 사절로 보이는 두 명의 인물이 등장한다는 사실이다. 이 벽화를 우즈베크 현지에서 보는 순간 숨이 콱 막혔다. 너무 기뻐서일까. 믿기지 않는 모습에 벽화를 보고 또 뚫어지게 쳐다보았다. 틀림없는 고구려 사신이었다. 1,500년 전 우리 조상들이 이곳을 왜 왔을까 하는 궁금증이 솟구쳤다. 교통수단이 아주 미흡했던 그 당시에 이 땅을 밟는다는 사실은 쉽게 믿어지지 않는 일이다. 우즈베크 땅을 밟는 순간 묘하다는 느낌이, 끌림이 강하게 온다는 궁금증이 비로소 조금씩 풀리는 것 같았다.

한마디로 단정하기는 어렵지만, 우리나라와 우즈베크는 그리 멀지 않는 나라라는 생각이 뇌리를 강하게 울렸다. 오래된 인연을 지탱해온 이웃나라임에 틀림없었다. 한국과 중앙아가 알타이 문명이라는 공통의 문화적 토대를 가진 때문임도 분명 있을 것이다. 현재 우즈베크에 20만 명에 가까운 고려인이 살고 있고, 우리나라 교민도 2,000명 안팎이 있다. 또 매년 양국 간 방문 교류자 수도 4만여 명에 이른다는 점도 인연의 뿌리가 굽이굽이 이어지게 하는 원동력일 것이다.

고구려의 사신들이 6~7세기쯤 실크로드를 따라 왕래했던 교역의 길목에 자리를 잡은 우즈베크는 그래서 우리와는 '멀고도 가까운 나라' 라는 표현이 전혀 어색하지 않다. 다른 한편으로는 우리 조상들이 일찍이 밟은 우즈베크는 역설적이게도 슬픈 역사의 흔적으로 점철돼 있다. 스탈린 집권 당시 강제로 고려인들이 이주 당해 이곳에서 정착했다는 점은 기구한 운명이었다.

그렇다면 고려인들은 '역사의 희생양' 일까. 그러나 역사는 돌고 도는 것이라고 누군가가 말하지 않았던가. 우리 조상들이 무역을 위해 밟은 이곳이 숱한 아픔과 눈물을 뿌리고, 또 지금에 와서는 희망의 씨앗을 뿌리고 있는 이유가 뭔지 그저 궁금하다.

아프라시압 벽화는 고구려와 당이 적대관계였던 시기를 고려하고, 바르후만 왕의 재위기의 시작인 648년부터 친 중국의 돌궐 칸이 작고한 651년까지 4년 동안에 그려졌을 것으로 모데는 판단하고 있다. 노태돈은, 조우관을 쓴 사절은 7세기 후반 당과의 전쟁을 수행하는 과정에서, 당을 측면에서 견제할 수 있는 동맹국을 찾아 몽골 고원의 '초원의 길' 을 거쳐 서역 지역을 방문하였던 고구려 사절을 그린 것이라고 여겨진다. (중앙아시아 속의 고구려인 발자취, 동북아역사재단, pp52~53)

무엇보다도 벽화에 고구려 사절로 보이는 인물들이 보이는 것은 7세기 중엽의 국제정세 속에서 고구려 사절의 서역행이 돌궐의 대외관계와 관계가 있을 것이라는 전망을 가능하게 해준다. 고구려가 당과의 관계가 좋지 않았던 당시의 상황에서는 돌궐의 서역 루트를 이용하였을 것이라는 가능성이다. 아프라시압 벽화는 소그드의 왕 바르후만을 기리기 위해 주변에서 대사를 파견한 모습을 그린 것이고, 소그드의 신에 대해서도 경의를 표명하고 있다. 이 벽화에서 벽면의 중요한 상부는 발굴 이전부터 훼손되어 없어졌지만, 지금 남아 있는 인물만 해도 무려 49명에 달한다. 한국인 사절 2명도 여기에 속하며, 맨 하단의 우측 편에 자리 잡고 있다. 알바움의 보고서 이래로 붙여진 고유 번호는 서벽 24, 25번에 해당된다. (중앙아시아 속의 고구려인 발자취, 동북아역

| 아프라시압 벽화 남벽 행렬도의 일부
무엇보다도 벽화에 고구려 사절로 보이는 인물들이 보이는 것은 7세기
중엽의 국제정세 속에서 고구려 사절의 서역행이 돌궐의 대외관계와
관계가 있을 것이라는 전망을 가능하게 해준다.

사재단, pp39~40)

황량한 모습만 남은 아프라시압 언덕에서 고구려와 관련된 인물을 접할 수 있었다는 것은 우리나라와 우즈베크가 일찍이 인연의 다리를 놓고 있었음을 짐작케 해준다. 그 인연으로 인해 우리 조상들이 지금도 우즈베크에서 더 깊이 뿌리를 내리고 있는 것은 아닐까.

일각에서는 722년 신라의 승이 서역을 방문한 연대가 아프라시압 벽화의 그것과 들어맞는다며 벽화의 등장인물이 신라인일 것이라는 주장도 제기하고 있다. 그러나 전반적인 정황과 고구려 벽화의 인물들과 유사한 점을 고려할 때 고구려인일 가능성을 더 높게 보고 있다.

조우관을 쓴 고대 한국인 사절이 등장한 것은 7세기 후반 당과의 전쟁을 하는 과정에서 당을 측면에서 견제할 수 있는 동맹국을 얻기 위해 몽골 고원을 거쳐 서역을 방문한 점에 있어서 당시의 정치적 현실을 극명하게 보여주는 사례로 판단된다. 놀라운 사실은 고구려와 사마르칸트의 거리는 8,000km 정도 떨어져 있어서 걸어서는 200일이상, 말을 타고도 80일 이상 걸렸을 것이라는 점이다. 더구나 당시에는 고구려와 당나라의 관계가 대립적인 점을 볼 때 사마르칸트로 가는 길은 무척 험난했을 것으로 짐작된다. 다시 말해 만리장성을 넘어 고비사막을 횡단한 '스텝로드(초원의 길)' 는 한반도의 독특한 비단을 서역으로 가져간 실크로드였다. (중앙아시아 속의 고구려인 발자취, 동북아역사재단, pp132)

2. 위대한 장군, 고선지

우즈베크를 방문했을 때 가이드가 한 말 중 가장 생생하고도 또렷하게 들려준 것은 고선지 장군에 대한 이야기다. 한국인이 우즈베크를 여행한다면 고선지 장군에 대해서만큼은 반드시 알고 가야 한다고도 했다. 약 1,300년 전 우리 선조의 이야기를 우즈베크에서 듣지 않고 그냥 지나치면 섭섭하다는 말까지 덧붙이면서 장군의 위대한 업적을 더듬어볼 것을 강력하게 주문했다. 고선지 장군에 대해서는 책을 통해서도 약간의 지식을 얻기는 했지만, 현지 가이드가 깊이 쌓아둔 '지식의 보고'에서 생동감 있게 전해 듣게 되어 더욱 기억에 남았다.

탈라스 전쟁(고선지 장군이 당나라 군대를 이끌고 740년에서 751년까지 5차례의 서역 원정을 단행. 특히 다섯 번째 원정 때 당군과 석국·이슬람 연합군 간에 벌어진 전쟁)을 비롯한 고선지의 서역 원정은 중세 동·서 교섭사에 있어서 일대 전기를 마련함은 물론 동·서 문명 교류사에 빛나는 업적을 남겨 놓았다는 평가를 받고 있다. 고선지의 서정을 마지막으로 중앙아시아에 대한 당의 경영권은 사실상 종식되었으며, 이를 기회로 석국(石國, 타슈켄트)과 강국(康國, 사마르칸트=〈아라비안나이트〉의 도입부분에 언급된 도시)을 비롯한 이 지역에 대한 이슬람의 진출이 본격화되고, 차츰 정착되어 갔다.

중앙아시아의 이슬람화는 이 지역 문명사에서 일대 전기가 되었다. 특히 중국 서북 일원의 이슬람화를 예고한 전주곡이 된 점에서도 의의가 있다. 고선지의 다섯 차례 서역 원정 가운데 마지막인 석국 원정은 비록 5일간이란 속전속결의 탈라스 전쟁(751년 7월)으로 종전되었지만, 종이를 전파한 것은 문명 교류사적으로 중요하다.

중국의 종이가 양피지나 파피루스를 쓰고 있던 아랍-이슬람 제국과 그를 발판으로 유럽에 전파된 계기는 751년 7월 고선지가 이끈 제5차 서역 원정, 즉 석국 원정으로 분석된다. 이 원정은 탈라스 전쟁으로 마무리된다. 전쟁에서 패해 포로가 된 2만 명의 당군 가운데는 화가 번숙(樊淑)과 직조공 여례(呂禮)를 비롯한 많은 공장(工匠)들이 있었는데, 그 중에는 제지 기술자들도 포함돼 있었다. 이들 기술자들에 의해 서역에서는 처음으로 강국의 수도 사마르칸트에 제지소가 생겨났으며, '사마르칸트지'란 이름의 종이가 만들어졌다.(중앙아시아 속의 고구려인 발자취, 동북아역사재단, pp76~77)

고구려 유민 고선지는 서역에서 중국의 국경 확장과 이 지역의 안정에 큰 공을 세운 중국 역사상 두 인물 가운데 한 사람이라는 평가를 받고 있다. 7세기 중국 당나라 군대는 최강이었는데, 당의 장군 가운데 록산나(안록산)와 고구려인 고선지 장군이 유명한 인물로 주목받았다. 오렐 스타인은 유럽에서 알프스를 정복하였던 위대한 지휘관 한니발에서 나폴레옹, 수브로까지 열거하면서 이러한 인물들보다 파미르고원과 탄구령을 정복하였던 고선지 장군이 더욱 위대하다고 찬사를 아끼지 않았다고 한다. 고선지는 기병 2,000명을 거느리고 흑산과 쇄엽까지 진출한 달해부를 격파한 후부터 서역에서 장군으로서의 명성을 떨쳤다. 고선지는 달해부를 격파한 공적으로 안서도호부와 사진도지병마사가 되면서 그의 역할은 더 커졌다. 고선지의 제1차 서역 원정은 이런 맥락에서 시사하는 바가 크다.

고선지의 제2차 서역 원정은 당 현종의 명령으로 747년에 토번세력이 아랍세력과 제휴하려는 시도를 꺾기 위해 취한 군사적인 조치였다. 즉, 고선지가 지휘한 1만 명의 원정군은 파미르 고원의 연운보 전투와 탄구령(해발 4,600

여m)을 넘어 소발륙국을 정벌한 대원정이었다. 흥미로운 사실은 연운보 전투가 세계전쟁사에서 주목받고 있다는 점이다. 연운보 전투는 물론 탄구령을 넘어 소발륙국으로 진군하였던 사실에 대해서도 동서양의 학자들은 주목했다. 그 이유는 해발 4,600m나 되는 '세계의 지붕'이라고 불리는 파미르 고원을 횡단함으로써 전대미문의 대원정을 성공적으로 수행한 때문이다. 고선지는 그의 아버지 고사계처럼 '맹장·덕장·지장'으로 당나라에서 많은 공적을 세운 것으로 평가받았다. 결국 중앙아시아에서 당 중심의 헤게모니가 이슬람 세력으로 자리바꿈할 조짐을 보이자 이에 제동을 걸기 위한 조치가 고선지의 석국(우즈베크의 수도 타슈켄트) 정벌이다. 고선지는 석국은 물론이고 파미르 고원 서쪽의 걸사국, 석국의 북방에 위치한 돌기시까지 정벌했다. 안서절도사 고선지가 정벌했던 지역이 오늘날 중앙아시아의 전 지역을 포함한다고 말해도 지나치지 않는다.(중앙아시아 속의 고구려인 발자취, 동북아역사재단, pp138~149, 166)

아마도 700~755년인 듯하다. 고선지 장군이 우즈베크 지역을 점령한 때가 그렇다. 668년에 멸망한 고구려는 말갈족과 함께 발해를 차지했다. 고선지 장군은 남방정책에 관심이 없고, 오직 북방정책에 관심을 가졌다고 한다. 중국 변방(고비사막 위그루, 신장) 지역에 살고 있는 사람이 당시 노예의 대상이 되었는데, 고선지 장군의 아버지도 노예 신분으로 끌려갔다. 당시에는 당나라가 '중국 역사의 르네상스'나 마찬가지였다. 찬란한 문화의 꽃을 피우며 대영토를 자랑한 것이 바로 당나라다. 당시 당나라로 유입된 고구려 유민들은 노예 신분으로 힘겨운 삶을 살았다. 그러나 고구려 유민들에게 군인이 되는 길만은 터 주었다고 한다. 땅이 넓고 전쟁이 많은 당시에는 군인이 필요했던 셈이다. 고구려 유민들이 출세를 하려면 군인의 길을 걸어야 했다는 얘기다. 고선지 장군의 부친 고사계는 유격장교로(대대장급) 혁혁한 공을 세운 인물로 전해진다. 안서도호부의 군인인 고사계는 고선지에게 무술은 가르쳤으나 글은 깨우쳐 주지 못한 것으로 알려지고 있다.

고선지는 결국 아버지의 공으로 20세에 유격장교가 된다. 군인 생활의 시작을 장교부터 한 것이다. 청년 고선지는 인물이 수려하고, 활을 잘 쏘고, 말도 잘 탔다. 고선지 장군을 이야기하려면 타림분지의 북쪽에 위치한 쿠차허를 빼놓을 수 없다. 천산산맥에서 발원한 쿠차허는 쑤바스 고성(또는 시냇물 고성) 한가운데를 관통해서 물이 흐른다. 물의 원천이라는 뜻을 지닌 쑤바스 고성은 불교 유적지로도 유명하다. 천산산맥의 남쪽에 있는 이 지역은 농사로 살아가는 지역이기 때문에 이곳을 보호하기 위해 기원 220년경 흙벽돌과 자갈로 성을 쌓았다. 외성, 내성, 궁성 등 3중으로 된 이 성은 오랜 세월에 거의 다 무너졌지만, 매우 견고하고 웅장했을 것으로 짐작된다. 그 당시 성은 한 부족국가를 보호하고 다른 부족국가로부터의 침략을 방지하기 위한 경계선이었다. 흙을 재료로 쌓은 성은 비가 오지 않는 지역이라 여태까지 존재했을 것으로 추정된다. 이 쿠차허를 당나라 태종도 탐을 내서 세 명의 절도사를 보내어 징벌하라고 했으나 번번이 실패하자, 고구려 유민 고선지 장군을 보내게 된다.

고선지 장군은 747년 4월, 드디어 1만 명의 기병을 거느리고 토번(티베트인들은 스스로를 보에(Bod)라고 불렀으나 중국 사람들은 이들을 토번(土蕃)이라 칭함)을 정복함으로써 끝없이 광대한 사막에 신강성의 비단길을 열었다고 전해진다. 이 비단길이 열리면서 중국은 서방으로 차와 비단을 수출하고, 서방의 문물과 종교는 중국으로 들어오는 계기를 마련했다.

여러 전투에 참여한 고선지는 아버지보다 더 높은 장군으로 승진했다. 그의 나이 47세 때 안서절도사 바로 밑의 부절도사 위치까지 올랐다. 당시의 왕은 당 현종. 500년 당나라의 화려한 꽃을 피웠던 때다. 그는 아프간 부족(소발육 나라) 양귀비에 빠지기도 했다. 반면 이 부족은 반란을 일으키고 조공도 바치지 않았다. 당 현종은 이에 747년 고선지 장군에게 소발육을 점령하라고 명령했다. 소발육은 파키스탄 북쪽의 나라다. 당나라에 조공을 바치지 않는 배반에 따른 당 현종의 점령 명령인 셈이다. 고선지 장군은 고구려 유민 병사가 주축이 된 기마병 1만 명을 받았다. 이 병력으로 10만 명의 막강 군대와 싸운 것이다. 이 싸움은 '다윗과 골리앗'의 전쟁이나 다름없었다.

고선지는 이 싸움을 위해 전략적으로 힌두쿠시산맥을 넘어(파미르 고원) 한반도보다 크고 거친 타칼라마칸사막(히말라야산맥과 연계된 고비사막과 더불어 큰 사막 가운데 하나)을 선택한다. 숫자적으로도 정면 승부가 불가능해서다. 결국 역공을 펴기 위해 험난한 산맥을 선택한 셈이다. 고선지 장군의 지략이 어렴풋이 느껴지는 대목이다. 고 장군만의 컬러가 드러난다는 말이 잘 어울린다.

현장 스님이 중국으로 갈 때 파미르고원을 보면서 "하늘엔 새도 없고, 땅에는 달리는 짐승도 없다. 길을 찾아 아무리 보아도 사방을 알 수가 없다. 오직 사람의 해골만 길을 알려주네"라고 할 정도로 험악하고 끔찍한 산맥을 고선지는 선택했다는 것이 남다르다. 그런 험악한 산을 고선지 장군은 전략적으로 선택하는 놀라움을 보여줬다. 혜초 스님(704~787)의 표현도 이와는 다르지 않다. 727년 신라의 고승 혜초 스님이 이 지역을 지날 때 '가파르고 높은 산에 나는 새도 놀라고, 사람들은 외나무 다리에 의지하여 가는데, 어떻게 이 파미르고원을 넘을 수 있을까' 라고 했다고 한다. 지대가 너무나도 높은 무시무시한 협곡을 선택했다는 그 자체가 그저 경이롭다.

고선지 장군이 이 험악한 산을 어떻게 돌파했는지에 대한 이야기만 들어도 소름이 끼친다. 그것도 혼자서가 아니라 1만명의 기병을 이끌고 갔다는 것이 지금 생각해봐도 도저히 믿어지지 않는다. 얼마나 힘들고 불가능한 협곡이었으면 영국의 고고학자 오렐 스타인이 고선지 장군에 대해 연구를 했을까. 그는 1907년 고선지 장군이 넘은 곳을 그대로 따라서 넘어갔다고 한다. 이후 어느 현대의 유명 장군도 이 산을 넘을 수 없다고 할 정도로 훌륭한 업적을 남겼다고 칭송했다. 나폴레옹도 고선지 장군이 넘은 것에 비하면 '한갓 어린이 장난' 에 불과하다고 표현할 정도로 상상을 초월한 선택을 했다는 것이 연구대상이라는 이야기다. 나폴레옹이 넘은 산맥은 2,400m인 반면 고선지 장군은 4,800m나 된다. 고선지 장군이 험한 협곡을 넘으면서 무슨 생각을 했을까를 그저 상상만 해도 소름이 끼친다. 위대한 선택에 대한 경외감도 있지만, 한민족의 핏줄 때문에 더욱 끌리게 한다.

인류역사상 고선지 장군처럼 훌륭한 장군이 없다고 오렐 스타인 학자는 극찬을 했다고 전해지고 있다. 그 험악한 산을 넘은 이후에야 고선지 장군이 세상에 본격 알려지기 시작했다. 고선지 장군은 깎아질듯 한 얼음산을 하루 3km씩 전진한 것으로 전해진다. 따르던 1만명의 군인이 기진맥진했을 것이라는 추정은 불문가지. 병사들은 "장군님, 도대체 어디로 끌고 가는지 모르나 우리는 도저히 못한다"고 했다고 할 정도다.

물론 고 장군도 병사의 고충을 충분히 이해는 했을 것이다. 심한 반발도 받았을 것으로 미루어 짐작해볼 수 있다. 그럼에도 불구하고 적지 않는 병사를

'죽음의 계곡' 이나 다름없는 막다른 곳으로 끌고 간 이유는 뭘까. 단순히 리더십으로 설명이 가능할까. 명령체계 그 너머에 있는 책임감과 장수로서의 포부가 가득 담겨 있었을 것이다. 이민족의 설움도 온몸에 끓고 있었을 것이다. 병사들이 고선지 장군께 갈 길을 묻는 질문에도 아무런 말을 하지 않고 묵묵히 혼자서 갔다고 한다. 묵묵히 가서 소발육을 조사하고, 항복할 때까지 기다렸다고 한다. 부하들은 적군이 항복하는 것을 보고서야 사기가 잔뜩 올라 한숨에 40리 길도 내달렸다고 전해지고 있다. 바로 리더의 힘이다.

그러나 소발육에 대한 조사는 계략이었고, 적군도 없었다고 했다. 아군이 일부러 심리전을 편 것이다. 사기를 높이기 위한 전략전술인 셈이다. 심리전은 예나 지금이나 병사들의 사기를 높이는데 유용하다. 그런 면에서 보면 고선지 장군은 뛰어난 장교 일 뿐 아니라 지략가요, '심리전의 대가' 다. 소발육국은 싸우지 않고 바로 항복했다고 한다. 그들은 왜 항복했을까. 상상도 하지 못할 험한 길을 온 고 장군의 위세에 눌려 한번 싸워보지도 못하고 항복했다. 이런 이야기를 현지에서 들으면서 손자병법이 생각났다. 중국 춘추전국시대의 전략가 손자는 "싸워서 이기는 것은 최하책이요, 싸우지 않고 이기는 것은 최상책"이라고 했다. 고 장군이야말로 손자의 전략을 가장 잘 활용한 장수가 아닌가 생각한다.

고선지 장군의 사기는 하늘을 찌를 듯 위풍당당 그 자체였다고 한다. 이러한 위세 때문일까. 고 장군이 원정을 갈 때 황제의 직속인 이민족 장군까지 감시(감시관 황관 변연승)를 했다고 한다. 당시 감시관인 변연승은 고 장군의 뒤를 밟았지만, 힘겹게 소발육을 와 보고서는 공포에 질려 되돌아가자고 했다고 한다. 고선지 장군의 위용은 또 있다. 고선지 장군은 대식(아랍인)을 막아내는

데 큰 힘을 발휘했다. 아랍과 시리아 등을 쳐 들어가 점령하고 왔다. 고 장군은 큰 공을 세운 후 원래 자리인 안서도호부로 돌아왔다. 고 장군의 위대한 업적을 보면, 황제에게 전승을 보고하고 격려를 받아야 마땅함에도 그 일을 상관인 절도사가 황제에게 직보하는 것으로 대체됐다.

예나 지금이나 부하가 윗사람으로부터 인정받고 신임을 받는 것을 대체로 싫어하기는 마찬가지다. 인간의 이기적 본성 때문일까. 더구나 고구려인이 한족인 황제에게 승전보를 전할 기회를 줄 리는 당시로써는 기대하기조차도 어려웠을 것으로 짐작된다. 당시 절도사의 위치는 왕의 명령이 없어도 죽일 수 있는 권한을 가질 정도로 막강했다. 이런 힘을 이용해 절도사는 고선지 장군을 죽일 궁리까지 했다는 것이다. 이런 사실은 황관이 황제에게 전하면서 드러났다. 황제는 이에 절도사를 압송하면서, 왜 큰 공을 세운 장군(고선지)을 죽이려고 하느냐고 따졌다고 한다. 고선지 장군은 결국 숱한 어려움을 뒤로하고 747년 안서절도사가 된다. 드디어 고구려 유민 출신이 가장 큰 지역을 관할하는 경지에 올라섰고, 고선지 장군은 특히 747년에는 시리아까지 점령한 것으로 전해지고 있다. 어떻든 고선지는 이민족의 신분으로는 최고의 지위를 얻는 영예를 안았다. 그것도 조국이 아닌 당나라에서 말이다.

747~751년이면 당 문명이 전성기를 이룬 때다. 당 현종이 이 때 양귀비와의 사랑에 빠진 것으로 전해지는 시기다. 당시 전쟁을 치르고 있던 고선지 장군은 당나라 내부의 반란을 깨닫지 못하고 결국 첫 패배의 아픔을 겪게 된다. 그것도 마지막 전투에서 패전을 한다. 이 때(751년)는 특히 중앙아시아가 완전히 이슬람화 되는 시기이기도 하다. 당시에 패전 장군이 장안에 들어갈 경우 당 현종은 가차 없이 죽일 정도로 살벌했다. 이러한 공포 분위기 속에서 위

대한 업적을 올린 고선지 장군도 살아남을 가능성이 낮았다. 그런데, 과연 그대로 됐을까. 그렇지 않다. 당 현종은 오히려 고선지 장군에게 명분상 우의림대장군(조사고문관) 직위를 준다. 조사고문관 역할을 하면서 쉬도록 기회를 준 것이다. 당시 주지육림에 빠진 당 현종은 당연히 정사도 제대로 돌보지 않았다고 역사가들은 전한다.

고선지 장군은 현종의 배려로 휴식을 취하다가 755년 쯤 안록산 난이 일어나면서 다시 현종의 부름을 받는다. 명장은 당시나 지금이나 그냥 쉬는 법이 없는가보다. 현종은 안록산 난에 놀라면서 하는 수 없이 믿을만한 고선지 장군에게 명령을 내려 난을 진압하라고 명령한다. 고선지 장군은 통영절도사(어디든 싸움이 가능한 직위)가 되어 급하게 2만 명의 군인을 모집하며 명예회복의 기회를 얻는 희망을 다시 잉태한다.

그러나 고선지 장군은 그 희망을 품기도 전에 모함을 받게 된다. 적과의 싸움을 하지 않고 마음대로 후퇴를 하는가 하면 재산도 멋대로 빼돌렸다는 누명을 쓰게 된다. 당시 당 현종은 판단력이 흐린 상태였다. 결국 현종은 고선지의 목을 자르라고 명령을 내린다. 대신들은 이에 반대를 하지 않았다고 한다. 변정승 말만 듣고 고선지 장군이 졸지에 죽음으로 내몰리게 됐다. 고선지는 모함인 것을 알면서도 황제의 명을 받고 사내답게 수용하며 장군의 위용을 끝까지 지켰다고 한다. 고 장군은 유언형태로, "위에는 하늘, 밑에는 땅이 있다. 하늘이 내려다보고, 땅이 굽어본다. 내가 재산을 탐했다고 한 것은 모략이다. 제군들이여 내가 억울하지 않은가"라고 말했다고 한다. 제군들은 그 답을 알고 있어서일까. 그들은 답하길, "억울하다. 원통하다"고 했다는 것이다. 그럼에도 그는 깨끗하게, 장군답게 죽음을 선택했다고 전해진다. 그 때가 바로 755

년 12월 23일. 그의 나이 55세다. 고선지 장군이 죽은 후 안록산이 물밀듯 쳐들어와 장안 등에 들이닥치자 현종은 살려고 도망을 갔지만, 결국 안록산에게 잡혀서 죽음을 맞게 된다.

이방인이라는 이유로 억울하게 죽음을 당한 고선지 장군의 이야기를 현지에서 전해 들었을 때 가슴이 미어터짐을 느껴야 했다. 우리 조상이 위대한 업적을 이룬 땅에서 결국 모함으로 죽음을 맞게 되는 '영웅담' 이야기는 비단 이것뿐일까. 지금도 지구촌 곳곳에서는 권력을 지키려는 자와 탈취하려는 자의 모함과 피 흘림, 심지어 죽음으로 내모는 진흙탕 싸움은 계속되고 있지 않는가.

3. 까레이스키의 끈질긴 생명력

구소련 지역에 사는 고려인들을 보통 러시아말로 '까레이스키' 라고 한다. 이들은 일제 때 독립운동이나 생계를 위해 극동러시아 지역에 정착했던 조선인들이다. 1937년 스탈린의 소수민족 분산정책에 따라 극동지역 거주 고려인(약 17만 명)들이 중앙아시아로 강제 이주되는 아픔의 역사는 그렇게 시작됐다. 고려인들은 1937년 9월에서부터 12월까지 화물열차로 연해주 등 극동에서 시베리아를 거쳐 중앙아시아로 버려지는 아픔을 겪는다. 이주 과정에서 노약자 다수는 사망한다. 중앙아시아 이주 후 카자크 · 우즈베크 공화국 주민들의 도움으로 겨울을 지내고, 강제 이주 때 가져온 볍씨로 벼농사 등에 성공하면서 중앙아시아 지역에 쌀 등 식량작물 보급에 나서는 자랑스러운 일들을 우리 조상들이 해냈다. 우리 민족의 저력을 실크로드 한복판에서 보여준 것이다.

고려인들은 제2차 대전 당시에는 거주·병역이 제한되고, 특히 '적성(敵性) 민족'이라는 누명을 쓰고 탄광이나 군수공장 등에서 혹독한 노동을 해야 했다. 이러한 아픔의 과정에서 차츰 한국어와 한국문화가 사라져가는 고통도 물론 감내해야 했다. 그러다가 1956년 후르시쵸프는 한인을 포함한 11개 민족에 공민권을 회복해 주었다. 이에 힘입어 고려인들은 집단농장(콜호즈)을 성공적으로 운영하는 저력을 보였다. '폴리타젤 콜호즈', '김병화 콜호즈' 등을 세웠고, 노동영웅으로 인정받기도 했다.

고진감래라고 했던가. 1989년 9월 20일 소연방 공산당 중앙위 총회 〈고르바쵸프 보고서〉에서 중앙아시아에 강제 이주당한 고려인을 비롯한 독일인·유대인 등 피압박 민족에 대한 명예회복과 보상이 언급됐다. 이후 1991년 4월 26일 러시아는 '억압받은 민족들의 복권에 관한 법'을, 1993년에는 최고 소비에트 '한인복권령'을 채택하기에 이르렀다. 특히 1988년 서울올림픽을 계기로 소련 내 고려인들의 한국에 대한 인식제고와 더불어 고려인의 지위 향상, 한국어와 한국문화에 대한 복원 움직임 등 민족의 정체성이 싹트는데도 차츰 불을 지피기 시작했다. 우즈베크에 거주하는 고려인은 전체 인구의 1% 정도인 20만 명 안팎으로 독립국가(CIS, 총 50만 명)[1] 중 가장 많다. 구소련 시절에는 주로 타슈켄트州(약 9만 명), 타슈켄트市(7만5,000명), 안디잔州(3만 5,000명) 등에 밀집해 거주했다고 한다. 고려인 동포 친한(親韓)단체는 '고려문화협회'와 '고려인사회연합회'가 있고, 기타 고려신문, 고려가무단, 과학자 협회 등이 있다. 친북(親北)단체는 '범민련'과 '고통련' 등이 있다.(우즈베키스탄 농업투자환경 조사보고서, 한국농어촌공사, 2009. 12. pp. 249-250)

고려인들이 1937년 중앙아시아 강제이주 당시 처음 정착했던 곳은 갈대밭

---

1) CIS:1991년 12월 31일 소련(소비에트사회주의공화국연방 : USSR)이 소멸되면서 구성공화국 중 11개국이 결성한 정치공동체를 가리킨다. 2008년 그루지야가 탈퇴하여 2009년 현재 10개 회원국으로 구성되어 있으며, 투르크메니스탄이 준회원국으로 참가하고 있다. 결성 당시의 11개국은 러시아·우크라이나·벨라루스·몰도바·카자흐스탄·우즈베키스탄·투르크메니스탄(투르크메니아)·타지키스탄·키르기스스탄(키르키즈)·아르메니아·아제르바이잔공화국이다. 아제르바이잔은 1992년 10월 연합을 탈퇴하였다가 1993년 9월 복귀하였다. 그루지야는 1993년 10월 가입하였다가 2008년 러시아와의 전쟁 후 탈퇴하였고 투르크메니스탄은 2005년 탈퇴한 후로 준회원국으로 참가한다. 2009년 현재 10개 공화국으로 구성되어 있다.

이었다. 한마디로 '그곳에서 죽으라' 라고 내팽겨쳐진 셈이다. 그러나 까레이스키는 그 땅을 기름진 땅으로 일궈내는 드라마를 만들어냈다. 우리민족의 우수성과 지혜를 읽어낼 수 있는 대목이다. 고려인들은 황무지에서 형제 사이도 잊을 정도로 땅을 일구며 온갖 고난을 견뎌내 구소련시절에는 노력영웅이란 칭호를 21명(1970-1980)이나 배출하며, 한민족의 위대함을 드높였다.

까레이스키의 수난은 그러나 끝나지 않았다. 고려인들은 우즈베크가 독립한 이후에도 많은 시련을 겪었다. 우즈베크 정부는 주류 민족인 우즈베크 족을 관공서와 공공기관에 임명하고, 고려인들을 정부의 요직에서 밀어낸 것으로 알려지고 있다. 이렇게 된 배경에는 여러 가지 이유가 있으나 러시아어만 알고 우즈베크어를 알지 못한 이유도 그 가운데 하나라는 것이다. 현지화에 실패한 때문이라는 얘기다. 지금은 다시 한류 열풍으로 고려인들이 일어설 수 있는 발판을 만들어가고 있어 그나마 다행이지만, 현지어를 능숙하게 구사하는 능력을 키우는 것은 여전히 고려인들이 해결해야할 과제로 남았다.

온갖 시련을 겪은 고려인들은 지금 한국에 대해서는 어떤 생각을 하고 있을지가 궁금했다. 우즈베크에서 텔레비전을 통해 한국의 발전하는 모습을 보면서 많은 기대를 하고 있다는 이야기를 현지에서 들으면서 신뢰를 보내고 있는 것은 사실이다. 또 한국 기업들이 우즈베크 진출을 하고 있는 데다 한국 상품의 선호도와 한국어를 배우려는 열정도 높아 우리에게는 다시 '기회의 땅' 이 될 것이라는 희망도 느껴졌다. 무엇보다도 경제적으로 앞선 한국을 동경하며 대학이나 한국어학당에 젊은이들이 몰리고 있다는 사실이다. 이러한 분위기를 현지에서 느끼면서 한·우즈베크는 이미 오래전부터 발전적인 관계의 끈을 잇고 있음을 읽어낼 수 있었다.

한국어를 배우려는 열기 또한 대단하다. 타슈켄트의 한국어 교육원은 현지인들에게 익히 알려진 곳이다. 현지인들은 한국어를 배우면서 현지에 진출한 한국 기업에서 직장을 얻기를 간절히 소망하고 있다. 현지 기업에서 한국어 통역자들이 1년 계약으로 받는 돈이 1,000달러 안팎(대졸 초임 일반기업의 경우 대략 100달러)으로 아주 높은 것도 한국어를 열정적으로 배우는 이유 가운데 하나다. 우즈베크에서 한국어를 잘하면 그만큼 대접을 잘 받고 있다는 풍토가 조성되고 있다는 것이다. 한국, 한국어, 한국음식, 한국문화 등 한국과 관련된 이야기가 계속 만들어지고, 진화해가고 있다.

지난 2007년 한·우즈베크 수교 15주년 및 '고려인 정주 70주년'(2007년 9월 22일)을 맞아 우리 정부대표단도 공식 기념행사에 참석하여 고려인 1, 2세대들의 생애와 우즈베크 내 사회발전 기여를 평가한 바도 있다. 또 고려인 동포 3, 4세대들에게 한국과 우즈베크의 교량역할의 비전을 제시하는 등 밝고 미래지향적인 방향으로 나가기로 했다. 더 나아가 2007년 3월 4일부터 시행되고 있는 방문취업제에 따라 2007년에는 시험에 의한 방문취업자 쿼터가 4,022명이었으나 시험응시자는 2,020명에 불과했다. 이에 미달 인원에 대해 선착순 비자신청의 기회를 제공하여 전원이 신청하는 쾌거를 이뤘다. 2008년 11월에도 3,611명이 신청, 보다 진전된 결과를 얻었다. 특히 2008년부터는 무시험 컴퓨터 추첨에 의해 방문취업비자를 발급하기로 함에 따라 2,711명의 쿼터 가운데 2,165명이 신청, 모두 합격 기회를 제공했다. 이 쿼터에 대해서는 2008년 11월 11일부터 방문취업사증(H-2) 신청을 받는 등 관계 개선에 힘쓰고 있다.

우리 정부는 또 고려인 이주 1세대 독거노인을 위한 양로원 건립사업을 추진하고 있다. 또 한글교육에도 공을 들이고 있다. 2008년 9월 현재 약 140여 명의 고려인 한국어 교사가 우즈베크 전국 130여개의 초 · 중 · 고 · 대학에서 한국어를 강의하는 등 한 · 우즈베크 관계개선이 해를 거듭할수록 깊어지고 있다. 이에 앞서 2005년 10월에는 타슈켄트 한국교육원 부설 '한국문화센터'를 개설(대한민국 교육부 주관 30만 달러 소요) 하는 등 한글교육을 확산시켜 나가고 있다. 이러한 지속적인 관계증진으로 2008년 9월 현재 타슈켄트시 73개교, 타슈켄트주 34개, 기타 지방도시 35개 등 총 142개 초 · 중학교에서 한글을 가르치는 성과로 이어지고 있다. 이 중 14개 학교에서는 한국어를 제2외국어로 선택할 정도로 한국에 대한 관심이 부쩍 높다. 교사들은 대부분 고려인 동포 2, 3세대들이다. 한국어 수업은 주당 4시간을 하고 있다. 한글로 한 · 우즈베크의 새로운 다리가 이어지고 있다.

윤증현 전 기획재정부 장관은 2010년 9월 1일 밀레니엄 힐튼 호텔(그랜드 볼룸)에서 열린 우즈베키스탄 국경일(독립 19주년) 기념 축사에서 "우즈베키스탄은 조국처럼 포근하게 다가오는 국가다. 2010년 5월 타슈켄트에서 열린 아시아 개발은행 총회 때 도시를 감싸고 있는 울창한 나무 사이로 포근한 햇살이 비치는 가운데 수많은 한국의 차가 거리를 누비는 것을 보고 묘한 감정에 사로잡혔다. 어떻게 한국차가 우즈베키스탄의 국민차가 되었을까를 생각해 보았다"고 밝혔다. 이어서 윤 전 장관은 아득한 그 옛날 우리 한민족의 원류가 된 곳이어서일까요? 실크로드의 낭만을 느끼며 위대한 기록을 남긴 우리 조상의 얼이 느껴지는 곳이어서일까요? 서구세계에 제지술과 나침반을 전달한 한민족의 피가 흐르는 고구려 출신 장수의 눈물이 떨어진 땅이기 때문일까요? 라며 관심을 표방한 바 있다.

윤 전 장관은 "지금도 20만 명에 가까운 고려인이 살고 있는 곳, 특유의 근면성으로 중앙아시아 지역의 벼농사와 목화재배에 기여한 그 노고를 잊을 수 없다"며 "그분들은 우즈베키스탄을 조국으로 사랑하고 있고 한국과 우즈베키스탄간 협력의 원천이 되고 있다"고 말했다. 이어서 "한국은 국가르네상스를 위해 헌신하는 카리모프 우즈베키스탄 대통령을 중심으로 우즈베키스탄이 '한강의 기적' 이라 불리는 한국의 경제발전경험 모델에 지대한 관심을 가진데 대해 깊이 감사하고, 약속의 땅 우즈베키스탄의 번영을 위해 한국이 든든한 조력자로서 함께 할 것을 다짐한다"고 밝혔다. 윤 전 장관은 축사 말미에서 "양국의 국기는 우주의 원리를 존중하고 인류의 평화를 지향하는 등 상징적 이념이 같고 청·홍·백 3색을 사용하는 공통점이 있다. 이 점에서 한국과 우즈베키스탄은 더욱 친해질 수 밖에 없는 운명적 존재인 것 같다"며 "한국과 우즈베키스탄은 공동 운명체로 더 나은 내일을 향해 함께 달려갈 것"이라고 강조했다.

한국과 우즈베크가 1992년 수교 이후 교역 및 투자의 지속적인 확대를 도모하고 있다는 설명이다. 한국과 우즈베크의 우호협력관계 구축을 위한 협력 의지도 앞으로 더욱 공고해질 것으로 전망된다. 이는 다름 아닌 한민족의 피가 흐르고 있기 때문이라는 해석을 낳게 한다.

4. 흔들리는 정체성

구소련시대에는 고려인 60% 이상이 1, 2세대들이 개간한 집단농장에서 현지인(우즈베크)보다 우월한 위치에서 농업을 일궈내는 자긍심으로 가득했다. 그러나 우즈베크가 1991년 9월 독립을 한 이후에는 정부가 경제 안정화 차원에서 주요 곡물의 수출을 금지하고, 목화를 국제가격의 10~15%에 불과한 가격으로 수매함에 따라 고려인의 경제력이 현저히 약화되는 어려움에 빠졌다.

이러한 경제적 어려움을 견디지 못하고 급기야 고려인 청·장년층은 대거 집단농장을 떠나 주변국이나 수도 타슈켄트로 이주했지만, 95% 이상이 우즈베크어를 구사하지 못해 결국 실업자로 전락하는 아픔을 겪었다고 현지에서 만난 고려인들은 알려주었다. 또 러시아, 카자크, 우크라이나 등지로 떠난 고려인들은 뜻하지 않게 불법체류자나 범죄자로 내몰리는 억울함을 눈물로 삼켜야만 했다고도 전했다. 이런 수모를 겪은 고려인들이 바라본 한국은 어떤 모습으로 비춰졌을까. 한·우즈베크 수교(1992.1) 당시만 해도 고려인들은 한국으로 이주하거나 한국에서의 취업이 가능할 것으로 기대하고, 모국어 학습 열기가 확산되면서 한국문화에 대한 관심도 급격히 높아졌다고 한다. 이국 땅에서 눈물을 흘리며, 하고 싶은 말도 마음껏 내뱉지 못하고, 그저 현실에 순응해야 하는 고려인들은 한국을 무척 그리워하며, 희망을 내다봤을 것임에 틀림없다.

그러나 한·우즈베크 수교 이후 한국으로부터의 혜택이 생각만큼 주어지지 않아 실망도 컸다는 것이다. 그래서 한국어 외에도 영어, 일본어, 독일어 등을 배워야만 했다. 우즈베크에서 살고 있는 고려인은 대부분 연해주에서 강제 이주해 간 동포들의 후손이다. 이들 고려인의 2, 3세대 일부는 한국어를 구사할 수 있으나 시간이 흐를수록 그나마 알고 있던 한국어 구사능력도 떨어지고 있는 실정이다. 실제로 우즈베크 현지에서 만난 고려인 3세대들은 우리나라

말을 거의 하지 못하고 있어 안타깝다는 생각과 더불어 이들에 대한 한국정부와 민간단체에서 정체성 세우기 차원에서라도 한국어를 할 수 있도록 여건을 만들어 주어야 한다는 생각이 간절하게 솟구쳤다.

이러한 가운데서도 희망이 보이는 것은 한국어를 배우는 열기가 식지 않고 있기 때문이다. 2007년 9월 기준으로 타슈켄트시 56개교, 기타 지방도시 58 개 초·중등학교에서 제2외국어로 한국어를 선택, 교육을 하고 있다는 것이 그 증거다. 그럼에도 한국어를 가르치는 대부분의 교사는 고려인 동포 2, 3세 대들이지만, 이들은 한국어를 체계적으로 배우지 않아 학습 지도력이 떨어지는 점은 극복해야할 과제로 떠오르고 있다. 한국어를 앞장서 보급하고 있는 이들 교사들에 대한 깊이 있는 한글 교육과 함께 비전을 제시하는 일이 지금 절실히 요구되고 있다.

우즈베크는 수도 타슈켄트를 중심으로 약 2,000여 명의 교민이 거주하고 있는데, 교민의 대부분은 자영업자·상사원·유학생·NGO 등이다. 국내 체류 우즈베크인은 불법체류자 9,115명을 포함해 2만2,309명(2008년 기준)인 것으로 집계되고 있다. 다문화가족을 이루는 고려인 후세들도 계속 생겨나고 있는 데다 앞으로 더 많이 한국 땅을 밟을 것으로 보여 이들을 대상으로 한 한글교육은 물론 역사와 문화 등에 대한 체계적인 교육이 절실하다.

우즈베크 내 고려인은 전체 인구의 1%에 조금 미치지 못하는 수준이다. 하지만, 우즈베크에 약 17만5,000명이 거주할 정도로 CIS(총 50만 명)국가 가운데서 가장 많은 인구를 차지하고 있다는 점은 결코 가벼이 볼 수 없다. 우리가 관심을 갖지 못하는 사이 우즈베크 고려인의 삶의 자리는 불안한 움직임으로 이어지고 있어서 더욱 그렇다. 고려인들은 구소련 시절에는 주로 집단농장에서 생활을 했으나 우즈베크가 구소련으로부터 독립을 한 이후에는 많은 청년들이 상업에 종사하거나 러시아, 카자크 등 주변국로 옮겨가면서 힘든 노동에 종사하고 있다.

그렇다면 우즈베크에서 살고 있는 고려인들의 정체성은 어떻게 봐야 할까. 남쪽에 가까울까, 아니면 북쪽에 가까울까도 몹시 궁금했다. 우즈베크 현지에서 만나본 고려인들은 북조선 출신이건, 남조선 출신이건 상관을 하지 않는다고 했다. 그들은 '나는 한국인' 이라는 인식이 오히려 강했다. 물론 개개인마다 처한 상황에 따라서 달리 생각할 수 있지만, 대체적으로 그렇다는 것이다. 이주 1, 2세대이던 고려인들은 한국인이라는 강한 자부심으로 살아가고 있는 모습도 볼 수 있었다. 그들은 극동지방의 한인들이 화물칸에 실려 중앙아시아 여러 지역으로 옮겨졌던 경험도 물론 또렷이 기억하고 있었다. 아마도 부모님들로부터 정체성을 잃지 말라고 교육을 받은 듯하다. 고려인들이 우즈베크에서 밟은 땅은 돌밭과 갈대밭이었지만, 밤낮으로 열심히 땅을 일구며 피땀을 흘린 결과 지도자 가운데는 노력영웅이란 칭호를 받은 인물도 배출됐다. 고려인 1세대들이 모든 것을 바쳐 일군 농장은 시간이 흐를수록 진가를 발휘하며 민족의 우수성을 드러냈다.

그러나 세월의 흐름은 속이지 못하는가 보다. 고려인 후손, 특히 젊은 세대들은 이제 한국이란 정체성에 대해 흔들리고 있기 때문이다. 적어도 우즈베크에서는 확연히 느낄 수 있었다. 현지에서 만난 고려인은 "나는 한국인도 아니고, 우즈베크인도 아닌 고려인"이라고 말하기도 했다. 어떻게 보면 우즈베크에 살고 있는 고려인들이 우즈베크인과 한국인 모두로부터 '차별'을 받고 있다는 것을 간접적으로 표현한 말이 아닐까 하는 생각이 밀려오기도 했다. 다른 말로 하면, 우즈베크에서 살고 있는 고려인들은 지금 정체성의 혼란을 겪고 있다는 이야기다.

우리 정부와 국민들이 이제 고려인들을 위한 더 깊고, 넓은 마음으로 다가서야 하는 이유도 바로 여기에 있다. 고려인 후세들이 민족의 뿌리를 잊지 않고 자부심으로 살아갈 수 있도록 정부와 민간단체, 기업의 적극적인 지원과 관심이 요구되고 있다. 적어도 우리 민족이 두 번 다시 그들을 아픔으로, 굴욕의 역사에서 벗어나지 못하게 해서는 안 될 것이다. 남의 땅에서 마지못해 사는 것도 큰 고통인데, '고국으로부터 다시 버림을 받았다'는 인상을 갖게 하는 것은 더더욱 용서받기 어려울 것이라는 것이 필자의 생각이다. 옛 소련으로부터, 지금의 우즈베크 주류 문화로부터 서러움을 당하는 우리의 핏줄이 먼 이국땅에서 받고 있는 '침묵의 상처'가 얼마나 클지를 헤아려야 한다는 것이다. 물론 많은 고려인들이 이런 생각 없이 그저 현실을 받아들이며 살아갈 수 도 있다. 또한 그렇게 살아가는 사람들도 많으리라 생각된다. 그럼에도 우리가 다가서야 하는 이유는 그저 시혜를 베풀자는 것이 아니다. 별다른 이유를 갖기 보다는 그저 한 민족이었고, 또 앞으로 한 민족으로 사고를 같이할 것이기 때문이다. 한국에서 온 사람을 만나면 현지 고려인들은 눈물을 보인다. 그저 바라만 보고, 하고 싶은 말이 있어도 참으며 가슴으로 울먹이는 고려인들도 많다. 이제는 말로 하지 않아도 서로가 알아야 할 때다. 역사를 알지 못해도 진심으로, 마음으로, 기쁨으로, 비전으로 서로 다가서야 한다. 물론 이러한 역사를 일깨우는 교육도 필요하다. 가능하다면 학교에서 한국으로 시집을 온 고려인 후세들의 진솔한 이야기를 들어보는 프로그램도 마련하고, 토의하는 시간도 많이 가진다면 역사의식도 깊어질 것이다. 한 핏줄이기에 더욱 그렇다.

　외교통상부는 2009년 3월 5일, 한, 우즈베크는 1992년 1월 29일 수교 이래 양국의 정치 경제 문화 등 각 분야에서 활발한 교류협력을 하며 '전략적 동반자' 관계로 발전시켜 나가고 있다. 지역 국제무대에서의 협력도 확대해 나가기로 했다고 밝혔다. 정부의 발표대로라면, 적어도 우리나라와 우즈베크의 국가 간 동반자 관계는 더욱 견고해지고 있다는 것을 확인할 수 있다.

　우리나라의 대 우즈베크 투자진출은 1993년부터 시작해 2006년 기준으로 총 66건에 4억2,477만 달러를 기록하고 있다. 2005년 이후 우즈베크에 대한 투자 진출 규모는 다시 증가추세다. 이 중 제조업이 총 43건에 3억9,464만 달러로 주류를 이루고 있다. 주요 투자 기업은 대우 방적, 동산 의류, 디나모-신동 등이다. 교민협회에 따르면 현지 진출 우리 기업으로는 LG전자, 삼성전자, (주)대우인터내셔널 등 대기업 약 40여 개사를 포함해 200여 개가 진출한 것으로 전해진다. 적지 않는 회사가 우즈베크에 진출해 사업을 하고 있다. 우리나라가 우즈베크에 수출하는 품목은 약 90%가 자동차 부품과 전자제품 등이다. (우즈베키스탄 농업투자환경 조사보고서, 한국농어촌공사, 2009. 12. p110).

　IT강국, 코리아의 실크로드 진출은 앞으로 계속 확대될 것으로 전망된다. 그만큼 우즈베크에 대한 희망이 보인다는 것이다.

▶나보이 공항

우즈베크는 중앙아시아 내륙국가이자 5개 나라로 둘러싸여 있어 대외교역에서 불리한 물류(해상/육상) 조건에 놓여 있다. 우즈베크 정부는 그래서 나보이공항을 현대화해 '중앙아시아 물류허브공항'으로 육성하고, 주변지역은 첨단산업 단지화를 준비하고 있다. 불리한 여건을 극복한다는 계획이다. 이를 위해 우리나라 대한항공과 국제지원협력을 맺으며, 나보이공항을 국제종합물류단지로 발전시키고 있다. 산업 다각화 전략의 일환으로 '나보이 자유산업경제지역(FIEZ)을 조성하게 됐다. (글로벌 금융위기 이후 한국의 대중아시아 진출전략, 대외경제정책연구원, 2009. 12. p. 182)

'나보이 FIEZ'는 가로 2,750m, 세로 2,050m, 면적 564ha(169만2,000평)의 규모다. 이 특구 내에는 산업구역, 물류센터, 금융지역, 업무지원지역, 공원, 주차장 등이 설치될 예정이다. 나보이 공항은 13만 평 규모의 넓은 평야지대에 우리나라의 인천공항 활주로(3.7km) 길이보다 긴 4km, 너비 45m의 활주로를 만들어 747점보기의 이착륙이 가능하도록 건설된다고 한다. 또한 중앙아시아 국제물류허브를 위해 연간 10만 톤 처리규모의 화물터미널을 완공함은 물론 앞으로 연간 처리능력이 18만 톤에 이를 수 있도록 확장한다는 계획이다.

자유산업경제단지가 속한 나보이주는 우즈베크 중부에 위치한 제2의 산업지역으로, 키질쿰 사막이 대부분을 차지하고 있다. 나보이주는 남한면적과 비슷한 11만제곱킬로미터의 땅에 약 82만9,000명이 살고 있다. 특히 제조업을 뒷받침할 수 있는 천연가스, 원유, 광물 등 지하자원도 풍부하다. 나보이주에 있는 자라프산 광산은 세계적인 수준의 순금 생산지이기도 하다. 나보이주의 주도인 나보이시는 우즈베크 수도인 타슈켄트에서 서쪽으로 509km 떨어진 곳에 위치해 있다.

나보이공항이 갖는 경제적 효과도 만만치 않다는 분석이다. 항공운송의 경우 동남아시아에서 유럽까지 '나보이 FIEZ' 가 위치한 나보이시를 경유할 경우 두바이를 경유하는 것보다 1,000km가 단축되고, 항공시간도 1시간 반이나 단축돼 항공기 1대 당 약 15톤의 연료 절감효과가 기대된다는 것이다. 나보이시가 동남아, 중·동부유럽, 중동, 독립국가연합 등의 시장을 연결하는 교역의 중심지역으로 자리매김이 가능하다는 이야기가 그래서 나온다. 우즈베크 정부와 우리나라의 대한항공은 항공물류의 중심축으로, 나보이를 육성함과 동시에 육상철도, 고속도로 등과 입체적으로 연계하는 프로젝트를 수행하기 위해 2008년 MOU를 체결, 현재 활발하게 사업을 추진하고 있는 것으로 알려지고 있다.

육상 운송면에서 이 지역은 항공 이외에 유럽과 베이징을 잇는 가장 짧은 국제고속도로인 E-40이 '나보이 FIEZ' 근처를 지나가고 있고, 철도는 아시아, CIS, 동남아시아, 유럽, 중동, 그리고 페르시아 걸프연안국가로의 접근도

가능하다. 또 이란과 터키의 항구에서 남쪽으로부터 흑해와 발틱해의 서부쪽으로 접근, 나보이 지역을 지나 중국과 유럽을 잇는 최단 철도가 놓여 있는 점도 주목할 필요가 있다. 이처럼 유리한 입지조건과는 달리 우즈베크가 내륙에 위치해 있음에 따라 해상물류는 매우 불리하다. 미주로의 육상과 해상을 통한 물류는 동남아, 인도, 파키스탄 등 경쟁대상국들에 비해 대단히 취약한 상태에 놓여 있다.

우즈베크에서 역외로의 물류경로는 카자크→러시아/카자크→중국/투르크→이란→터키/투르크→이란 등의 경로를 주로 이용한다. 이 경로들은 다시 러시아, 터키, 이란 등에서 다양한 경로로 나누어져 유럽, 아시아, 미주 등지로 이동한다. 특히 미주로의 물류이동은 일반적으로 40~45일의 긴 운송기간이 소요돼 계절 및 패션이 중요시되는 섬유제품의 경우 지금의 물류시스템으로써는 어려운 실정이다. 다만 물류기간에 영향을 받지 않는 면제품(면티, 면와이셔츠 등)은 수출이 가능하다.

우즈베크 정부는 나보이 FIEZ의 성공적인 외국인투자 유치를 위해 전례 없는 인센티브 및 세금면제 혜택을 제공하고 있다. 면제되는 조세는 토지세, 재산세, 소득세, 교육펀드·도로펀드 납부금 등이다. 또 투자금액에 따른 혜택으로서는 300만~1,000만 유로(EUR)를 직접투자 시 7년간 조세 면제, 1,000만~3,000만 유로 직접투자 시 10년간 조세 면세 이후 5년간 소득세 50%를 감면해주고 있다. 또 나보이 FIEZ 내 등록된 기업 간의 거래는 계약에 따라 외국통화 지급이 가능하며, 재화의 수출과 수입 시 편의에 따라 지급과 청산조건 등을 정할 수 있다. 토지사용의 경우는 구역 내 기업은 일정 구역을 임차해 사용할 수 있으며, 임차권의 담보 제공 등의 권리는 보유할 수가 없다.

그러나 나보이 FIEZ은 여러 산업에 속한 업체를 백화점식으로 유치함에 따라 앞으로 우즈베크의 제조산업 고도화로 국가경쟁력을 강화하는데 큰 도움이 되지 않는다는 비판도 나오고 있다. 또 우즈베크가 외화송금을 완전 자유화한다고 발표하고 있지만, 국내에서 이 특구에 관심 있는 업체나 투자설명에 참여한 업체들은 그런 발표를 크게 신뢰하지 않고 있다는 것도 걸림돌로 작용하고 있다는 것이다.

지난 2009년 7월 중소기업중앙회에서 우즈베크를 방문했던 중소기업 경제사절단에 설문조사를 실시한 결과 건의사항으로 원활한 외화 송금 및 지급 환경에 대해 신뢰할 만한 시스템을 구축해줄 것을 요구하고 있는 것도 이런 우려를 뒷받침해주고 있다.또 우리나라에서 나보이 FIEZ 진출에 관심을 보이고 있는 업체는 대부분 중소기업으로서 이들의 자금력은 대기업 및 중견기업에 비해 열악한 수준이다. 그럼에도 불구하고 우즈베크에 투자할 때 주의할 점은 먼저 투자형태에 관한 것이다. 우즈베크는 '정경유착' 의 사업 환경으로 인해 정부 또는 개인과의 합작투자 형식으로 기업을 설립 운영하는 것에는 늘 위험요소가 상존하고 있다는 것이다. 따라서 우즈베크 내에서 성공적인 투자로 인정받고 있는 업체들의 공통점 중에 하나는 100% 단독투자로 설립돼 있다는 사실이다.

우리나라의 경우 우즈베크의 정책적 고려로 진출한 자동차 관련 업체들을 제외하고 유일하게 성공적인 투자를 이룬 업체는 (주)대우텍스타일로 전해진다. 이 업체는 1996년 법인을 설립하고 8,500만 달러를 100% 단독으로 투자해 우즈베크 동부에 위치한 페르가나 지방 근교 두 곳에 방직공장을 1997년과 1998년에 각각 준공, 가동하고 있다. 특히 과거 갑을방적 소유의 페르가나 공

장과 우즈베크 정부 소유의 부하라방직공장을 새롭게 인수하는 등 우즈베크
에서의 사업영역을 확대하고 있다는 것이다. (글로벌 금융위기 이후 한국의
대중아시아 진출전략, 대외경제정책연구원, 2009. 12. pp. 182~195)

  우즈베크는 나보이 경제특구관리와 인프라 구축을 위해 내각령을 발표하
고, 투자유치설명회 등 기업유치 노력을 전개하고 있다. 우즈베크 정부는
2008년 12월 '나보이 FIEZ' 설치와 입주기업에 대한 세제혜택 부여를 골자
로 하는 대통령령을 발표한 이후 후속조치로 2009년 1월말 FIEZ 관리 행정위
원회를 설치, 인프라 구축계획 등을 명시한 내각령을 발표하고 기업유치활동
을 펼치고 있다. 또 최초로 조성되는 경제특구의 경우 부지 및 인프라 조성이
이루어지지 않은 상태에서 한국기업 유치를 위한 투자설명회를 서울에서 개
최하는 등 우즈베크의 중요 국가사업으로 강력히 추진하고 있다. 나보이 특구
는 입지여건상 우즈베크 중앙에 위치해 육상물류운송이 가능하고, 장기적으
로 나보이공항과 물류단지 조성 등을 통해 공업도시로서의 발전가능성도 긍
정적으로 점쳐지고 있다. 하지만, 특구 입주기업에게 분양 등 토지소유 권한
을 부여하지 않고 임대만을 허용하고 있는 점이나 면세혜택을 받을 수 있는 최
소 자금액이 300만 유로로 비교적 높은 점 등 외국기업의 투자유인이 부족한
점도 지적되고 있다. 또 인근에 나보이시(인구 12만 명)가 있으나 기술인력 등
고급인력을 조달하는 데는 애로가 있을 수 있다는 주장도 나오고 있다. 아울
러 우즈베크 국가안보 보호를 위해 필요할 경우 FIFZ를 조기에 해제할 수 있
도록 규정하는 점 등 안전성 면에서 미흡한 점도 투자의 걸림돌로 꼽히고 있는
것이 사실이다. 이러한 제약 때문일까. 우즈베크에 진출해 활동하고 있는 한
기업체 관계자로부터 현지에서 나보이공항에 대한 전망을 잠깐 물어본 결과

그다지 희망적이지만은 않다고 말했다. 국가 구조상 예상하지 못한 일들이 있을 수 있다는 제약 요인 때문이라고 했다.

　많은 사람들은 그러나 희망적으로 보고 있다. 투자진출이 유망한 분야는 현지 원료(농산물 등)를 가공하여 수출 또는 내수 판매하는 분야를 비롯한 수입에 의존하면서도 수요가 늘고 있는 소비재인 제조분야와 정부의 투자우선유치 분야를 꼽을 수 있다. 농산물(과일, 채소)가공, 섬유봉제, 정보통신 서비스, 유통, 운송, 자원개발, 기초의약품 제조, 신발 등이 유망한 투자 분야로 꼽힌다. 우즈베크의 대표적인 외국인 투자진출 사례로는 대우자동차의 자동차 조립생산, BAT의 담배생산, 코카콜라의 음료 생산, 뉴몽의 금광개발, 갑을 면방직공장, 네슬레의 생수 생산 등을 들 수 있다. 대우차는 6억 달러 규모의 합작 프로젝트로서 연간 20만 대의 자동차(티코, 다마스, 넥시아 등) 조립생산 능력을 갖추고 있는데, 현재 매년 5만 대 가량을 생산하고 있다. 대우차는 우즈베크 승용차 시장의 90% 이상을 점유하고 있다. 카리모프 대통령의 관심하에 우즈베크 정부의 많은 지원을 받고 있는 것으로 알려지고 있다. 갑을방직은 현재 3개 공장을 가동하며 우즈베크 정부의 고부가가치 면화제품 생산을 위한 100만 추(현재 33만 추 능력) 프로젝트 계획에 참여하고 있는데, 현제 제4공장 설립을 추진하고 있다. 그러나 우즈베크에서 성공하려면 충분한 타당성 조사와 준비, 투자 관련법 숙지 및 개정 여부 등을 주시해야 한다는 목소리도 높다. 또한 모든 거래는 문서로 하는 것은 기본이고, 관료들의 부패도 조심해야 하며, 가능한 한 단독투자 등이 요구되고 있다. 우즈베크로의 투자진출은 쉬우나 철수가 매우 어렵다는 점도 고려대상이다. 합작투자 시 보유지분의 제3자 매각에 대한 파트너의 동의를 거의 얻을 수 없어 철수할 경우 지분을 포기

해야 하는 경우가 생긴다. 단독투자의 경우에는 외국인에게 매각하고 대금은 제3국에 결제하는 방법으로 철수가 가능하다. (우즈베키스탄 농업투자환경 조사보고서, 한국농어촌공사, 2009. 12. p112-116).

우즈베크 정부는 나보이 사업. 경제특구 조성사업을 국정과제로 추진하면서 우리 기업들이 이 특구 안에서 석유화학. 가스, 생활가전, IT, 기계, 건설자재, 관광 분야 투자를 희망하고 있다고 한다. 이에 우리정부는 건설, 인프라 협력관련 대한항공이 참여하고 있는 나보이 공항 현대화 사업과 함께 나보이 산업, 경제특구 조성사업이 양국 간 실질협력증진에 기여하기를 희망하고 있는 것으로 알려져 앞으로 기대가 모아지고 있다.

한국과 우즈베크는 2008년 4월 30~5월 1일까지 타슈켄트에서 개최된 '항공회담'을 통해 여객 공급력을 주4회에서 8회로 확대하는 데 합의했다. 특히 나보이 공항에 대해서는 '제3(한국→우즈베키스탄), 4(우즈베키스탄→한국), 5자유(한국→우즈베키스탄→프랑스→우즈베키스탄→한국) 운수권'을 무제한 허용하는 화물 자유화에 합의를 했다. 또 타슈켄트 공항과는 '제3, 4 자유 운수권'을 무제한 허용하는 데 합의했다.

한국과의 긴밀한 관계를 맺고 있는 나보이 공항을 기차를 타고 지나가면서 보고 또 보았다. 나보이는 이 지역의 유명한 시인 '알리세르 나보이(1441-1501)의 이름을 딴 것이라고 한다. 지역에서 유명한 시인, 학자, 소설가 등이 배출되면 그 이름을 빛내기 위해서 역이나 공항, 도로 등에 명칭을 붙이는데, 나보이는 특히 우즈베크 민족문학시인으로 많은 사람들에게 영향을 주었다고 현지인들이 자랑하는 것을 들을 수 있었다. 나보이는 1441년 히럿에서 태어났다. 히럿의 영주 호사인 바이카라의 궁정에서 여러 관직을 거쳤고, 학문과 예술을 보호했다. 또 호레즘 칸국의 장관으로서 학교와 병원 등을 지었기 때문에 서민들에게 인기가 높았고, 문학, 예술인 등을 지원하는 데도 앞장선 것으로 전해진다. 나보이가 살던 시절은 모든 시인들이 아랍어로만 문학 활동을 해야만 했다. 그는 첫 번째 작품을 우즈베크어로 출판을 했고, 두 번째 작품은 아랍어로 한 것으로 알려져 있다. 민족시인 답게 모국어를 앞세운 그의 철학과 의식이 돋보이는 대목이다.

나보이는 민족시인으로 활동하는 동안 히릿 왕의 시기와 질투로 사마르칸트에서 생활하기도 했다. 사마르칸트에서 많은 작가들과 작품들을 만나게 됐고, 그들을 통해 작품 세계를 넓혀나감은 물론 민족적인 색깔도 내게 되었다고 한다. 그의 시 속에 나오는 다양한 언어들은 서정적, 추상적인 메시지를 전하고 있다. 나보이는 러시아의 푸쉬킨과 같은 우즈베크의 민족문화의 아버지로서 우즈베크어로 된 아름다운 시와 문화발전에 크게 공헌을 했다고 한다. 나보이는 특히 우즈베크의 국민 시인으로서 5개의 대 서사시로 엮은 시편(함사 · khamsa)을 남겼다. 우즈베크 국민들은 나보이를 우즈베크 문화의 원류이자 민족 정체성을 고양한 위대한 인물로 존경하고 있다. 거리, 학교, 도서관 등 많은 시설물에 알리세드 나보이라는 이름을 붙이고 있다.(우즈베키스탄에 가다-장훈태, p126)

이처럼 유서 깊은 곳에 대한항공이 진출하고 있다는 사실에 우즈베크에 살고 있는 많은 고려인들도 희망과 비전을 새로 세울 수 있을 것이라는 짐작을 달리는 기차 안에서 떠올려 봤다. 고려인들이 대한항공이 펼치는 각종 사업터에서 종업원으로 참여하는 길도 열릴 것이다. 물론 우즈베크 현지인들에게도 많은 일자리를 제공하면서 한국과의 좋은 관계를 지속적으로 증진시킬 수 있는 기회도 마련할 것으로 보인다.

윤증현 전 기획재정부 장관도 2010년 9월 1일 우즈베키스탄 독립 19주년 기념 리셉션 축사에서 한국과 우즈베키스탄은 1992년 수교 이후 교역 및 투자의 지속적인 확대를 도모해 왔다. 지난 5년간 양국간 교역 규모는 3배나 증가했으며, 현재 한국은 아시아 국가 중 대 우즈베키스탄 최대투자국으로 자리매김을 했다. 앞으로도 나보이 특구 등을 통하여 교역 및 투자를 더욱 활성화 할 필요가 있고, 특히 수르길 가스전 개발 사업은 대 중앙아시아 협력 사업 중 최대규모로 그 상징성이 매우 크다고 밝힌 바 있다.

우즈베크 국민들이 사랑하고 존경하는 나보이특구가 한류의 새바람을 일으켰으면 하는 기대감도 앞으로 더욱 커질 것만 같다.

▶후끈 달아오를 휴대폰시장

우즈베크 젊은이들은 삼성 휴대폰에 반해 있다. 물론 아직까지는 노키아 휴대폰 시장이 더 크지만, 삼성의 휴대폰을 갖고 있는 것에 대한 만족도는 높다고 한다. 적어도 현지에서 만난 젊은이들로부터는 이런 사실을 필자는 확인했다. 스마트폰 시장을 적극 공략한다면 삼성 등이 노키아를 제치고 우즈베크 국민들을 사로잡을 수 있을 것이라는 희망도 충분히 가져볼 수 있다.

우즈베크 정보통신청(UzACI) 공식발표에 따르면 이동통신 가입자는 2008년 9월 1일 기준으로 1,000만 명을 기록하고 있다. 1997년 처음 우즈베크에 이동통신 상업서비스가 실시된 이후 2000년 10만 명에서, 2006년 9월 200만 명, 2007년 11월 500만 명 등 수요가 급증하고 있다. 이동통신 가입자 증가에 따른 모바일 폰 수요도 급증, 연간 약 200만 대의 신규 수요를 창출하고 있다. 이 중 100만 대가 신제품이고, 나머지 100만 대는 중고품으로 추산되고 있다. 브랜드별 시장점유율은 노키아가 약 50%로 최대점유율을 기록하고 있으며, 삼성이 27~28%, 소니에릭슨과 LG등이 22~23%의 점유율을 나타내고 있다.

이동통신 가입자 수는 2008년 말 1,200~1,300만 명에 이르러 우즈베크 전체 인구의 약 절반의 시장 점유율을 기록하고 있는 것으로 추정된다. 2011년이 지나면 전체인구(2,700만 명) 대비 거의 100%대의 보급률을 보일 것이라는 이야기를 현지에서 듣기도 했다. 이동통신가입자 증가와 함께 모바일 폰 시장이 급속히 확대돼 우리 기업들의 모바일 폰 판매도 크게 늘어날 것으로 기대된다. 하지만, 중저가의 밀수품이 동시에 크게 늘고 있어 우리가 얻을 수 있는 실익이 줄어들 것이라는 우려의 목소리도 높다.

그러나 우즈베크 현지인들, 특히 젊은이들이 휴대폰을 좋아하는 모습과 더불어 신제품에 대한 관심이 지속적으로 커지고 있어 시장 수요는 변함없이 많아질 것으로 예상돼 삼성전자나 LG가 품격 높은 서비스를 기반으로 젊은 층을 파고든다면 가능성은 더욱 커질 것이다.

우즈베크 사람들이 삼성과 LG에 대한 좋은 이미지를 갖고 있는 데다 최근 거세게 불고 있는 K-POP을 내세운 신한류열풍, 그리고 국제결혼 증가추세 등을 감안한 스토리텔링 마케팅을 치밀하게 세우면 더 큰 희망을 바라볼 수 있다. 중요한 것은 우즈베크인들의 취향 등에 맞는 스마트폰을 전략적으로 내세워 충분한 공감을 얻은 다음, 다른 한국제품에 대한 브랜드 이미지를 높이는 전략적 선택이 필요하다.

우즈베크 고등학생들이 삼성전자 휴대폰을 들고 자랑하면서 한국인에 대

아로코성의 LG에어컨

해 주저 없이 다가서고, 한국에 대한 관심을 아주 높게 보이는 모습을 직접 목격하면서 세계 인종이 다 모인 우즈베크에서의 마케팅 전략이야말로 세계로 뻗어나가는 디딤돌 역할을 할 것으로 보인다. 실크로드 한복판에서의 중장기 마케팅 전략이 새롭게 요구되는 이유다.

▶자동차 신화, 다시

우즈베크 거리에는 마티즈 등 대우차들이 도로를 누비고 있는 것이 신기할 정도다. 우즈베크는 중앙아시아 최초이자 세계 28번째 자동차 생산국가다. 1996년 UzDaewooauto가 안디잔주 Asaka시에 승용차 생산라인을 구축함으로써 자동차산업이 태동했다. 이는 대우자동차와 우즈베크 정부가 각각 50%씩 투자해 설립한 회사다. 연간 20만 대 생산능력을 보유하고 있고, CIS 국가 자동차공장 가운데 'ISO9001'을 처음으로 인증 받은 공장으로도 유명하다.

대우 마티즈 차량

　자동차 공장 준공 이후 생산 확대를 위해 매진했지만, 1997년 한국의 외환위기 발생으로 인해 주 부품공급업체인 대우자동차의 유동성문제가 터져 1999년 워크아웃기업으로 선정됐고, 이 과정에서 대우자동차의 UzDaewooauto에 대한 투자지분 50%는 채권확보차원에서 채권금융기관이 양도받게 됐다. 공장가동 정상화 등 자동차산업의 적극적인 육성을 위해 2005년 5월 우즈베크 국영기업인 UzAvtoProm이 대우자동차 채권금융기관이 보유한 지분 50%를 인수(약 1억1,000만달러)한 것이다.

　우즈베크는 자동차산업으로 운송서비스, 유통정비, 건설, 금융 등 전방산업 연관효과는 물론 금속, 기계설비, 전기, 전자, 석유화학산업 등 후방산업 발전에도 크게 기여하고 있다는 평가를 받고 있다. 물론 자동차 생산의 급증으로 인해 국민경제적 위상도 커지는 효과도 나타나고 있다. 우즈베크 정부는 자동차산업 육성을 위한 라이센스 계약(기한 2010년)을 맺은 GM과의 협력을 강화하고 있다. 2006년 기준 자동차 생산량은 15만 대, 수출은 7만 대로 추정된다.(한국산업은행 산은조사월보 제624호. 2007.11 p176~177)

자동차산업 성장 잠재력을 보고 외국 자동차회사의 UzDaewooauto에 대한 관심도 높아지고 있는 것으로 알려지고 있다. 우리나라 현대자동차도 지분참여 협상을 전개한 경험이 있고, GM도 저가 차 생산기지로 희망을 품고 있다. 현대자동차나 기아자동차가 우즈베크 진출을 기반으로 CIS국가로 뻗어나간다면 새로운 희망을 열 수 있을 것으로 전망된다.

그런 점에서 한국과 우즈베크 등 중앙아시아 국가들 간의 인적 교류 확대가 절실히 요구되고 있다. 특히 중앙아시아에 있는 고려인 기업네트워크를 강화하고, 한국과의 직접적인 협력방안을 모색할 필요성도 커지고 있다. 중앙아시아에는 러시아 연해주에서 이주한 고려인들이 약 50만 명 안팎이 살고 있는데, 이 가운데 우즈베크에 가장 많이 살고 있다는 점도 주목할 필요가 있다. 이들은 주로 비즈니스분야에서 활약을 많이 하고 있다. 이미 카자크 고려인들은 특유의 근면성과 추진력으로 건설과 유통 등의 분야에서 두각을 나타내고 있다고 한다.

고려인 기업네트워크를 통해 한국은 신속하고 신뢰할만한 정보입수, 사업 및 협력파트너 선정, 현지에 맞는 맞춤형 경제협력을 제안할 수 있다. 지속적이고 안정적인 교류를 위해서는 경제적 차원을 넘어 전면적인 인적 교류로 나아가야 한다는 지적이다. 한국은 중앙아시아의 문화적 교류를 확대하고, 정치·경제··사회 등 다양한 분야의 인적 교류의 확대를 통하여 상호 신뢰를 증대시켜야만 대 중앙아시아 진출을 성공적으로 진행할 수 있을 것이다. (글로벌 금융위기 이후 한국의 대중아시아 진출전략, 대외경제정책연구원, 2009.12p. 252)

화상(華商:중국 출신 상인)들의 앞선 네트워크를 벤치마킹해 실크로드를 기반으로 유럽 등지로 뻗어나가는 한상(韓商) 네크워크를 만드는 방법도 하나의 대안이 될 것이다. 자주 못 가본 나라에 대한 강한 끌림은 비록 필자만의 생각이 아니라 비즈니스를 하는 이들의 공통된 관심사가 될 수 있어서 더욱 그렇다.

6. 그리운 고국, 코리아

우즈베크에 살고 있는 고려인은 고국을 늘 그리워하고 있다고 했다. 현지에서 만난 고려인들의 모습에서, 대화를 통해 이러한 감정을 느낄 수 있었다. 한민족 역사에서 어쩌면 가장 소외받고 있는 고려인들이 아닐까 하는 생각도 현지에 가면 쉽게 느껴진다. 우즈베크를 비롯한 자원이 풍부한 나라에 살고 있는 고려인들에 대한 관심도 이제는 누구를 위한다기 보다는 서로 '윈·윈' 하는 차원에서 접근할 필요성이 있다. 우리농업의 앞선 기술 등을 바탕으로 해외진출을 할 수 있는 연결고리는 얼마든지 만들어낼 수 있다.

농업국가이면서도 소득이 낮은 우즈베크의 빈곤문제를 해결하는 한 방안으로는 우리의 농업기술지원을 꼽을 수 있다. 우리나라도 과거 외국의 도움을 기반으로 오늘 세계 경제 10위권에 진입한 것이 아닌가. 더욱이 고려인이 많이 살고 있는 우즈베크라면 다양한 지원책이 제시돼야 마땅하다는 판단이다. 6·25동란 때 미국은 우리나라에 무상원조를 하면서 자국의 과잉 생산된 밀·옥수수 등을 제공했다. 이제 우리나라도 원조를 하는 시대에 접어든 만큼, 또 실질적으로 원조국가인 점을 냉철하게 인식하면서 도움을 주고받는 파트너로서 우즈베크를 바라볼 때다. 우즈베크 현지 고려인들에게 고국을 찾고 관심을 가질 수 있도록 길을 터주는 것은 먼 훗날 우리의 고급 농축산물과 음료 등 식품의 해외 진출 기회를 얻을 수 있는 교두보를 마련할 수 있다는 점에서도 더욱 절실하다.

우즈베크는 어떤 나라인가. 동양과 서양을 잇는 유라시아의 요충지이자, 실크로드의 중심지다. 이곳의 많은 천연자원과 넓은 토지는 분명 우리에게도 희망의 요소가 되고 있다. 2차 세계대전 당시 탄광이나 군수공장 등에서 혹독한 노동을 하며 힘겨운 삶을 이어온 고려인. 어쩔 수 없는 현지화의 요구에 의해 이제는 한국어와 한국문화마저 잃어가고 있는 이들에게 새로운 희망의 불씨를 제공해야 할 때가 바로 지금이다.

고려인이 고국을 그리워하면서도 마음대로 갈 수 없는 현실을 어떻게 하든 보답할 수 있는 길을 마련할 필요가 있다. 그렇다고 이 일을 하면서 '고려인을 돕는다' 는 차원으로 접근하면 분명 실패할 것이다. 돕는 것이 아니라 서로에게 도움을 주는 선에서, 네트워크를 구축하는 지혜가 요구된다. 그런 점에서 관계 증진을 위한 다양한 프로그램도 필요하다. 한국의 뿌리를 깊이 인식할 수 있도록 유학의 길을 확대하고, 또한 직장도 알선하면서 민족 공동체적 인식을 뿌리 깊이 내리는 노력이 필요하다는 이야기다.

고려인. 혹독한 시련 가운데서도 근면성과 교육열로 이국땅에서 온갖 서러움을 극복하며 버텨온 우리의 조상들이 아닌가. 마지막에라도 한국의 땅을 한번 밟고 세상을 떠났으면 한다는 그들의 절절한 아픈 마음을 달랠 수 있는 길도 어떤 형태로든 마련하는 것이 우리에게 주어진 과제일 것이다. 심은 대로 거둔다는 법칙만 잘 이해하면 답을 찾을 수 있다.

우즈베키스탄의 희망, 농업

1. 블루오션 산업, 농업

최첨단 시대를 살아가는 지금도 농업은 여전히 '블루오션 산업' 이다. 선진국이든 후진국이든 이에 대한 생각은 크게 다르지 않다. 우리 삶의 자리를 의·식·주에서, 식·의·주로 순서를 바꿔보면 그 이유는 분명해진다. 입을 옷과 거처는 없어도 생명에는 지장이 없다. 그러나 먹지 않는다면 어떻게 될까. 며칠은 버텨낼 수 있어도 죽음은 피할 수 없다. 농업은 그래서 생명산업이라고 한다. 농업이 '블루오션 산업' 인 이유다.

중요한 사실은 선진국마다 농업을 포기하지 않고 더 지킨다는 점이다. 그리고 농민들을 아낌없이 지원하고 있다. 왜 그럴까. 답은 농업 그 자체가 알고 있다. 인간의 지식으로 바라보면 훗날 농업이 가져다줄 '노다지' 를 희구하기 때문일 것이다. 자연인인 농부의 삶이 너와 나, 그리고 우리 모두의 삶 속에 깊게 스며들어, 2·3차 산업을 꽃피웠다. 농업은 이제 1·2·3차 산업을 아우르는 6차산업으로 중요성이 커졌다. 농(農)이 중요한 이유는 아무리 강조해도 지나치지 않는다. '산업의 모판'역할을 한 것도 바로 농업이다.

농업은 단순한 농사 그것만이 아니다. 문화를 뜻하는 영어 'culture'는 어원상으로는 농작물의 '경작'을 의미한다. 그것이 확대되어 '인간정신(human mind)의 도야(陶冶 · 훌륭한 사람이 되도록 몸과 마음이 닦여 길러짐)'까지 이른다. 문화란 무엇인가. 어떤 민족의 삶의 방식 전체의 근저에 있는 '정신(spirit)'을 뜻하지 않는가. 다시 말해 그 정신에 의해 형성된 독특한 삶의 방식 전체가 바로 문화다. 그런 의미에서 본다면 농업은 우리 삶의 자리를 아우르는 문화, 또 그 너머의 정신을 담는 깊은 철학을 담고 있다. 결코 가벼이 볼 수도, 소홀하게 대할 수도 없는 귀중한 자산이다.

중앙아시아에 위치한 우즈베키스탄(Republic of Uzbekistan)이라고 다를까. 마찬가지다. 그리고 우즈베크의 농업은 우리나라에 소중한 유전자원을 제공하고 있어 더욱 의미 있고 흥미진진하게 들여다볼 대상이기도하다. 우즈베크의 인구는 우리나라의 절반을 조금 넘는 수준이지만, 땅은 남 · 북한 면적의 약 2배(447,400㎢, 남한의 약 4.3배)로 광활하다. 우즈베크의 영토 크기는 세계적으로도 56위, 탈 소비에트 15개 공화국 중에서는 다섯 번째다. 땅만 놓고 보더라도 자원이 풍부하다는 것을 짐작할 수 있다.

중앙아시아의 한 복판에 있는 내륙국가 우즈베크는 카자흐스탄(카자크), 투르크메니스탄(투르크메니아), 타지키스탄(타지크), 키르키즈스탄(키르키즈), 아프가니스탄(아프간)과 국경을 맞닿고 있다. 주변국가에 둘러싸여 있는 관계로 인해 불편함도 많다. 그러나 뒤집어 보면 기회가 무진장 열려 있는 국가로 해석해볼 수도 있다.

더욱이 우즈베크는 중앙아시아 5개국(카자크, 키르키즈, 타지크, 투르크메니아, 우즈베크) 가운데 인구가 2,755만 명(2009년 1월 기준)으로 가장 많은 장점도 있다. 찬란한 역사와 문화를 지닌 중앙아시아의 대표적인 나라여서 더욱 끌림을 준다. 실크로드의 중심에 위치한 우즈베크는 지금 농업으로 힘찬 희망을 열고 있다. 그 누군가의 손이 조금만 더 닿으면 농업의 잠재력은 훨씬 커질 수 있는 나라이기도 하다.

우즈베크는 그런 점에서 농업을 빼놓고는 상상할 수 없는 나라다. 전체 산업 중 농업이 차지하는 비중이 25% 안팎에 이를 정도로 산업적 위치가 절대적이다. 우즈베크의 농업이 정부의 각종 지원에 의존하고 있어 경쟁력이 떨어지고, 농업의 비중 또한 점차 줄 것으로 예상되는 약점도 있다. 그럼에도 불구하고 당분간은 농업이 중심산업으로의 위치를 확고히 지켜나갈 것이라는 전망에는 의심의 여지가 없다.

우즈베크를 떠올리는 대표적인 산업은 목화. 목화는 우즈베크의 최대 수출 산업이다. 우즈베크와 목화는 떼려야 뗄 수 없는 밀접한 관련을 맺고 있다. 주

목화밭. 사진제공ㅁ농촌진흥청

요 건물마다 목화 문양이 그려질 정도로 우즈베크의 '정체성'이 담긴 산업이 바로 목화다. 그러나 목화산업은 국제면화 시세 변동에 요동칠 수 있는 약점도 안고 있다. 눈여겨볼 대목은 우즈베크의 수출전략품목의 경우 세계 5위의 생산량을 자랑하는 목화를 비롯한 과일, 채소, 누에고치, 모피, 생가죽 등이 있다. 우즈베크 산업의 중심에 농업이 자리하고 있다.

농업이 중요산업으로 있는 만큼 인구 또한 농촌에 많다. 우리나라 역시 농업이 산업의 중심을 이룰 때인 1960~70년대에는 농촌인구가 주를 이룬 것과 같다. 우즈베크는 농업생산의 대부분을 국영농장 등이 이끌다가 최근에는 민영부문이 증가하는 추세다. 2007년 우즈베크대사관 자료에 따르면 산업별 노동인력 구성비에 있어서 농림업이 40.4%로 가장 많고, 이어 서비스업(23.8%), 건설업(12.8%), 기타(23%)등의 순이다. 농림업이 이 나라에서 얼마나 중요한 위치를 차지하고 있다는 것을 단적으로 보여주는 대목이다.

우즈베크 정부의 농업 육성시책에 힘입어 2000년대 초반까지는 농업이 국가경제를 선도하다가 2005년 이후부터는 성장률이 떨어지면서 경제성장에 대한 기여도는 약해지고 있는 상태다. 그렇지만, 외화가득원만 따진다면 식료품 수출 증가에 힘입어 농업부문은 여전히 흑자 추세다. 필자가 우즈베크에 잠시 머무는 동안에도 현지인들의 입에서 농업을 빼놓고는 우즈베크를 이야기 할 수 없다고 했다. 그만큼 농업의 중요성이 높다는 이야기다. 앞으로도 상당기간 이런 기조는 이어질 전망이다.

우즈베크는 왜 농업부문에 희망을 걸까. 주변부에 거대 농산물 수입국가가 포진돼 있는 점이 우선 매력적이다. 세계 최대의 농산물 수입국가인 러시아를 비롯한 중국, 중동이 인접해 있다. 농식품산업을 국가의 전략산업으로 육성하려는 시스템만 구축된다면 우즈베크는 농업으로 희망을 열어갈 것으로 전망된다.

　물론 어두운 그림자도 있다. 우선 구소련 해체에 따른 제조업기반의 붕괴로 인해 농기계산업이 낙후돼 있다. 게다가 농산물 가공 및 저장 관련 설비와 기술수준이 떨어져 부가가치를 더 낼 수 있는 기회를 포착하지 못하는 점도 문제점이다. 농산물 가공비율이 20%대 초반으로 침체돼 있는 점도 그렇다. 농산물 가공·유통 등 후방산업이 취약해 부가가치 창출에 한계가 있는 실정이다. 이러한 문제점을 극복한다면 우즈베크 농업의 미래는 밝다는 것이 필자의 판단이다.

▶목화, 그리고 밀

　우즈베크의 농촌인구는 통계에 따라 약간씩 차이는 있으나 전체의 63% 가량을 차지한다. 경작이 가능한 땅은 2,259만9천ha이며, 농경지는 405만ha다. 농업생산성 향상을 위해 국가소유가 여전히 60%로 높지만, 1993년부터는 국가 소유의 농장을 점차 개인농장화하고 있다.

　우즈베크의 농업의 대표주자는 목화와 밀. 목화의 면적은 145만1천ha로 가장 많고, 이어 밀(138만2천ha)이 그 뒤를 잇는다. 또 벼(4만8천ha), 옥수수(3만4천ha), 두류(2만1천ha) 등 곡물류는 모두 153만8천ha(43.2%)에 달한다. 이 밖에 감자 1.6%(5만6천ha), 채소 4.5%(16만ha), 멜론 1.1%(3만9천ha), 사료작물 8.1%(29만ha) 등이다. 특히 목화는 수출로 외화 획득에 크게 기여하고 있고, 밀은 식량자급에 중요한 역할을 한다. (우즈베키스탄 농업투자환경 조사보고서, 한국농어촌공사, 2009. 12. p21)

우즈베크는 농사짓는 여건도 비교적 좋은 편이다. 수리가 안전한 관개농지 비중이 절반을 차지하는 데다 관개가 쉽도록 재배 포장규모 또한 크다. 여기에다 대형 농기계의 활용도가 높다. 현지에 있는 동안 대형 트랙터로 농사일을 하는 모습도 자주 목격할 수 있었다. 농사를 짓는 환경이 그만큼 좋다는 것이다. 그러나 최근 정부지원의 감소로 관개시설의 설비교체가 늦고 노후화된 농기계로 인한 효율성이 떨어지는 문제점을 안고 있다.

관개용 시설. 사진제공=농촌진흥청

우즈베크는 식량의 중요성을 내세우며 '식량자급 정책'을 적극적으로 펴고 있다. 식량자급의 중요성이 강조되면서 곡물의 생산량도 급증하는 추세다. 여름의 고온현상과 물 부족, 가뭄, 병해충 등으로 인한 밀 생산이 안정적이지 못한 점에 대비해 철저한 전략을 세우고 있다. 하지만, 잘못된 비료 사용 등으로 인한 생산 원가가 높아지고 있고, 목화 등 특정 작목으로의 쏠림현상은 약점으로 꼽히고 있다. 1980년대에는 목화재배업과 가공업으로 생산된 제품이 우즈베크 총 생산량의 65%(목화는 전체 경작지의 40%, 수출액의 17%)를 차지할 정도로 절대적인 비중을 차지하고 있다. 우즈베크는 세계 제5위 생산국(수출 2위)으로 올라선 목화에 대한 비중을 독립 후 줄이는 대신 자급자족을 위한 곡물 등으로 무게중심을 옮기며 식량자급에 관심을 높이고 있다.

식량자급률을 높이는 전략으로 선택된 품목이 바로 밀인데, 2모작도 가능하다고 한다. 밀은 전체 경작지의 40% 가량에서 재배하고 있다. 내륙국가의 지정학적 한계를 극복하려는 의도가 깔려 있다. 해상 운송의 취약점을 안고 있는 우즈베크에서 기상이변 등으로 곡물의 작황이 부진할 경우 대규모 기근

수도 타슈켄트 인근 밀밭 모습

으로 연결될 가능성이 항상 있기 때문에 선택한 전략이다. 곡물 재배면적을 조정하고 있는 것은 어쩌면 당연한 일이다. 농사에서 아주 중요한 물이 부족하고, 가뭄 등에 따른 곡물생산의 불안정성, 잘못된 비료 사용으로 인한 생산원가 상승 등의 취약점을 극복하는 대안 찾기는 앞으로도 계속될 것으로 보인다.

우즈베크는 무엇보다도 태양열이 풍부해 채소산업의 전망이 밝다. 미국의 캘리포니아와 비슷한 기후의 조건을 갖춘 데다 스프링쿨러 시설도 꽤 잘 돼 있다. 기온이 높고 일사량이 많은 기후조건으로 인해 채소의 경우도 2기작이 가능하다. 구소련 시절에는 채소를 역내 국가에 상당량을 공급했으나, 지금은 국내소비 위주로 재배한다. 최근 통계에 따르면 채소 재배면적은 총 24만ha(409만8천 톤 생산)인데, 토마토가 3만ha(110만 톤 생산), 수박 3만5천ha(50만 톤), 오이 2만8천ha(30만 톤), 감자 5만5천ha(80만 톤) 등이다.

기후는 흔히 하늘이 내려주는 선물이라고 한다. 우즈베크가 바로 그런 나라 가운데 하나에 속한다. 좋은 자연조건 덕분에 채소와 과일은 최근 주요 수출품목으로 떠오르고 있다. 또한 농업협동조합(Shirkets)의 해체와 과일과 채소를 재배하는 자유농가설립(농장 설립 후 5년간 토지세 면제 혜택), 수매 및 수출입 관련 정부의 통제 배제, 과수재배에 대한 농가들의 인식전환 등으로 인해 러시아와 카자크 등 CIS 국가로 이들 품목의 수출이 증가하고 있다.

실제 우즈베크에서 먹어본 과일의 맛은 '둘이 먹다가 죽어도 모를 정도로 맛있다'는 표현이 잘 어울린다. 5월부터는 체리와 살구, 7월부터 수박 · 멜론 · 복숭아 · 포도, 9월부터 호두 · 대추 · 땅콩, 가을에는 사과 · 배 · 감 · 무화과 · 석류 등을 생산, 주변 국가로 수출한다. 과수는 총 27만9,000ha에서 157만6,000톤을 생산한다. 맛이 특별히 좋기로 소문난 포도는 11만

2,000ha(68만5,000톤 생산)를 재배해 생식용, 건포도, 와인과 샴페인 제조 원료 등으로 활용한다. 또 사과 10만ha(51만5,000톤 생산), 자두 1만 7,000ha(8만5,000톤 생산), 복숭아 1만5,000ha(12만2,000톤 생산) 등을 재 배하고 있다.

시장에서 판매하는 멜론과 수박. 사진제공=농촌진흥청

우즈베크의 주요 수출품목으로 떠오른 채소와 과일은 연간 약 500만 톤을 생산해서 절반은 국내에서 소비하고, 나머지는 카자크와 러시아를 비롯한 주 변 국가로 수출하는데, 물량이 계속 증가하고 있다. 채소와 과일이야말로 우 즈베크 농업을 떠받칠 새로운 '희망의 작물'이 될 전망이다. 우즈베크 정부도 이런 가능성을 내다보고 긴밀한 대책을 세우고 있는 것으로 전해진다. 2006 년에는 과일과 채소 생산 확대를 위한 대통령령을 발표한 것이 좋은 예다. 과 일과 채소, 포도가공을 위한 농기업 창업에 중점을 두고, 219개의 농업협동조 합을 다시 조직했다. 또 3만9,000여 개의 과일 및 채소 자유 농가를 설립하도록 지원하기도 했다.

우즈베크의 과일산업은 정부에 의해 수매가 이뤄지는 것이 아니기 때문에 더욱 발전 가능성이 높다. 수출입과 관련한 정부의 제약이 없다는 점이 강점이다. 석류 등은 높은 마진으로 아시아와 유럽지역으로 수출(생산량의 80%는 유럽과 러시아 등지에 수출)을 하고 있다. 과수산업은 늦게 발동이 걸렸는데도 소득을 안정적으로 올려주는 매력 있는 품목으로 꼽히고 있다. 과일 생산에 필요한 자재들은 대부분 수입에 의존하고 있다. (우즈베키스탄 농업투자환경 조사보고서, 한국농어촌공사, 2009. 12. p25).

사막지역인 우즈베크는 축산업을 중요하게 여기고 있다. 2006년 기준 전체 농업 비중 중 축산업이 차지하는 비율이 43%다. 소 700만 마리, 돼지 9만 2,000마리, 양 및 염소 1,200만 마리, 가금류 2,422만 마리 등이다. 우즈베크 농업생산의 중심지는 타슈켄트주이며, 전체 영토의 5% 가량을 차지하고 있는 페르가나는 양잠과 원예농업, 과일 가공업 등이 앞서 있다. 카리칼파크 자치공화국은 양질의 쌀과 목화 재배로 농업을 성장산업으로 키우고 있다.

▶삐걱거리는 농기계

우즈베크의 농기계는 '삐걱 거린다'표현이 잘 어울릴듯하다. 트랙터를 비롯한 콤바인 등 주요 농기계가 부족한 데다 노후화로 인해 성능이 떨어지고 있다. 그래서 러시아와 서구의 기업들은 우즈베크의 농기계 및 장비시장에 눈독을 잔뜩 들이며, 기회를 잡으려고 한다. 구소련 시절 집단농장에서 사용하던 대형 농기계가 주류를 이루고 있어 교체 또한 시급한 실정이다. 여기에다 경운기, 관리기, 방제기 등 중소형 농기계의 수요도 차츰 커지고 있다. 국가 기간산업이나 마찬가지인 우즈베크의 농업의 중요성에 비춰볼 때 농기계와 관련 장비 시장이 커질 것이라는 전망도 자연스럽게 나오는 이유다. 우리나라 농기계업체들도 시장규모가 커질 우즈베크 농기계시장을 내다보며 준비하는 지혜가 필요하다.

트랙터로 옥수수 수확 장면

지금은 러시아 업체들이 저렴한 가격과 네트워크, 서비스센터를 바탕으로 경쟁력의 우위를 점하고 있다. 여기에 미국을 비롯한 서구 기업들도 우즈베크에서의 농기계 수요가 늘 것으로 내다보고 전략을 치밀하게 짜고 있는 것으로 알려지고 있다. 우즈베크의 경제력이 커지고 사유화된 자유 농가를 경영하는 농장주들의 경제적 능력이 확대되면서 농기계 시장 규모가 차츰 커질 것이다. 우리 농기계업체들이 이에 대한 면밀한 분석과 전략을 세울 필요가 있다.

▶우즈베크 농업연구의 본산, 농업과학원

우즈베크는 구소련 중앙아시아 농업의 중심지역이다. 때문에 국가주도의 농업연구소를 운영하고 있다. 우즈베크 농업정책을 총괄 집행하는 농업수자원부 산하에 차관급이 원장으로 있는 우즈베크 농업과학원은 농업, 식물 종자 개량, 육종학 실험장의 총본산 역할을 한다. 이곳은 1934년 목화 종자 관리 실험장으로 출발해서 1992년 1월 22일 내각명령 제25호에 의해 기관 명칭이 변경됐다. 과학원은 고급종자를 생산하는 생산업체 활동에 우선적으로 지원하고 있다. 특히 목화 종자 개량 분야 전문가들은 종자 개량 사업을 하는 법인 또는 자연인에게 전문 교육과정을 개설하고 있다.

우즈베크 농업과학 아카데미와 소련 레닌 농업과학 아카데미 중앙아시아 지부의 후속 기관인 농업과학원은 1997년 11월 4일 우즈베크 대통령령과 내각명령에 의해 과학연구기관과 농산물 생산자간 공동협력을 효율적으로 도모하고, 과학발명의 효율성 증가와 과학발명품 실질 도입 등을 목적으로 세워졌다. 농업과학원은 밀, 목화, 감자, 쌀 등 식물 재배 육종과 축산, 농업기술, 토양 등을 연구하는 연구소가 있다. 또 안디잔과 부하라 등 9개의 지역연구소에서는 종자 개발을 주로 맡고 있다. 연구 인력은 5,500명(박사 100, 석사 2,000명) 수준이다.(우즈베키스탄 농업투자환경 조사보고서, 한국농어촌공사, 2009. 12. pp. 35~36)

▶농수축산물 유통의 집산지 바자르

우즈베크의 도매시장은 우리나라와는 다르다. 국가가 지분의 51%를 보유하고 있는 도매시장은 우리나라의 소매시장과 도매시장의 중간 형태로 운영하는데, 타슈켄트 시내 등 큰 도시 외곽에 위치하고 있다. '바자르'(아랍어로 는 수크)로 불리는 규모가 비교적 큰 시장은 상품 매매의 장을 넘어 의사소통 이 오가는 공간 역할도 한다. 옛날에 우리나라의 시골 5일장이 농촌 주민들이 만나는 장소요, 대화의 중심지인 것처럼 지금의 우즈베크의 바자르도 그런 역 할을 한다. 시장에 들어서면 생기가 돌고, 사람 사는 냄새 또한 물씬 풍겨나기 도 한다. 마치 우리나라 옛 시골 장터와 같은 인상을 준다.

바자르는 중세 이래 특색 있는 형태로 발달해 왔고, 지금도 많이 보존되고 있다. 좁은 거리의 양쪽에 같은 크기의 상점이나 공방(工房)이 들어서고, 통로 의 위쪽은 채광과 통풍을 위한 지름 1m 정도의 구멍이 뚫린 둥근 지붕으로 덮 여 있는 구조다. 우즈베크의 대표적 오락거리가 커피숍과 시장에서 시간 보내 기라고 할 정도로, 생활의 많은 부분을 차지하는 바자르에서 만나본 사람들의 모습은 겉으로 보기에는 밝고 건강하다.

타슈켄트 인근의 꾸일륙 시장의 모습은 더욱 그랬다. 이 시장은 우리나라 서울 가락동농수산물도매시장과 비슷한 느낌이 들 정도로 규모가 크고 사람 또한 북적거렸다. 우리의 가락동농수산물 도매시장의 경우 명칭에서 드러나 듯 도매시장의 성격이 더 강하다면, 꾸일륙 시장은 도매와 소매가 공존하면서 도 소매시장의 성격이 더 짙다. 꾸일륙 시장은 면적이 5ha나 될 정도로 규모 가 크다. 양 떼가 모이는 곳이라는 의미(꾸일륙)가 담긴 대로 사람들이 아주 많 이 몰리고 있었다. 이곳에서는 과일, 양고기, 치즈, 물고기 등 온갖 농수축산 물을 판매하는 '만물 백화점'이자 사람 냄새도 물씬 묻어났다.

시장에 들어서자 가장 먼저 눈에 들어온 장면은 고려인. 김치 등을 판매하 고 있는 고려인 상인들은 근면하다는 소문이 시장 안에서도 파다하다. 꾸일륙 시장에서 장사하는 고려인 상인은 무려 200명을 넘어설 정도다. 고려인 상인들이 많아서인지 현지인들은 한국인 관광객에 대해서 아주 친절하게 다가선다. 한국인이 시장에 들어서면 현지 상인들은 밝은 미소를 지으며 〈주몽〉〈대장금〉을 읊어댄다. 상술로 사람을 끌어들이려는 제스처가 아닌 친근감으로 다가선다는 것이 더 적절한 표현이다. 한류 열풍이 중국이나 대만, 일본에서뿐 아니라 먼 이곳까지 미친다고 생각하니 꾸일룩 시장에서 잠시나마 기분이 우쭐해지는 느낌이 들었다. 그러면서도 최근 불고 있는 신한류 열풍이 한국과 우즈베크의 경제, 정치, 문화, 역사, 사상 전반에 걸쳐 잘 이어졌으면 하는 욕심도 생겨난다.

꾸일룩 시장 고려인 김치판매 장면

꾸일룩 시장을 취재하기 위해 사장을 만났다. 시장의 사장은 권위적인 모습을 보이지 않고 기분 좋게 맞아주었다. 다만, 선약이 있어서 취재에 응할 수 없다는 미안함을 전하면서 대신 부시장과의 인터뷰를 주선해 주었다. 덕분에 부사장으로부터 시장의 모든 것을 아주 상세하게 전해들을 수 있었다. 1996년부터 문을 연 꾸일륙 시장은 우즈베크에서 두 번째로 큰 시장이라고 했다. 판매하는 농산물 종류만도 100가지가 넘는다고 했다. 타슈켄트에는 13개 농산물 시장이 있는데, 12곳이 이곳에서 물건을 구입해갈 정도로 도매시장의 역할도 톡톡히 하고 있다.

꾸일륙 시장의 부사장(2009년 당시)

　그래서일까. 꾸일륙 시장에서 판매하는 농산물 가격은 싸다는 느낌이다. 하루에 4만 명에서 많게는 6만 명이 꾸일륙 시장을 찾을 정도로 사람이 붐비는 것도 가격이 저렴한 때문이고, 또한 사람 사는 모습을 잘 느낄 수 있어서라고 한다. 참고로 우리나라 최대 시장인 서울 가락동 시장의 경우 하루 유동인구가 10만 명(상주 인구 포함) 안팎인 점을 감안할 때 많은 사람들이 꾸일륙 시장을 찾고 잇는 셈이다. 꾸일륙 시장 부사장에게 시장의 매출액 규모를 살짝 여쭤보았지만, 영업비밀이라며 끝내 알려주지는 않았다. 다만, 하루에 판매하는 물량은 203t이라고 슬쩍 이야기 해 주었다. 이 정도의 물량이면 금액으로 얼마인지는 종잡을 수 없어도 북적거리는 사람들로 미루어 볼 때 엄청난 금액이라는 것을 짐작할 수는 있었다.

꾸일륙 시장에서는 웬만한 농산물은 다 판매하고 있다. 바나나와 오렌지 등 열대과일 일부만 수입을 하고 나머지는 모두 자국에서 생산한다. 가장 인기를 끌고 있는 상품은 우즈베크에서 생산되는 멜론이라고 했다. 타슈켄트 주변이나 페르가나 등 먼 지역에서 들어오는 멜론의 품질은 아주 좋았다. 풍부한 일조량 덕분에 당도 또한 높다. 우즈베크에서는 멜론의 인기가 높아 상품의 가치를 따질 때 늘 앞자리를 차지한다고 했다.

부사장과의 대화 도중 관심을 끄는 대목은 모든 농산물을 재배하는 데 있어서 농약을 그다지 사용하지 않는다고 했다. 서늘한 편이어서 농약을 쓸 일이 많지 않다는 이야기다. 친환경 또는 유기재배로 농사를 짓는 것이나 거의 다름없다는 것이다. 농약을 거의 쓰지 않다보니 맛은 좋아도 모양만큼은 좋아 보이지는 않았다. 그런 때문인지 상인들은 겉모양을 보고 판단하지 말라고 손님에게 주문하곤 했다. 맛은 결코 뒤떨어지지 않고, 최고 수준의 농산물이라고 상인들은 자랑한다. 농민들은 일 년 내내 농사를 지어 시장으로 가져오는데, 시장에 오는 일이 아주 즐겁다고 했다.

우즈베크는 농산물 수출에 대해서는 큰 비중을 두지 않는다고 했다. 수입 또한 일부를 할 뿐, 대부분 자급자족한다. 과거에는 수출을 한 경험이 있으나 수출을 하게 되면 국내 가격이 올라가는 부작용도 있어 외국으로 나가는 길이 쉽지 않다는 이야기다. 또 농산물의 가격 조절 차원에서 수출에 비중을 두지는 않는다고도 했다. 그랬던 우즈베크가 최근에는 품질 향상 등이 뒷받침되면서 수출에 비중을 높이는 한편 수출 품목도 차츰 늘려가는 추세다.

꾸일륙 시장에서 부사장과의 인터뷰를 하던 중에 또 하나 강한 인상을 받은 대목은 약자에 대한 배려다. 팔이나 다리가 없는 등 신체가 부자연스러운 사람들에게는 시장에서 물건을 팔도록 기회를 제공하고 세금도 받지 않는다고 했다. 우리나라보다 잘 살지는 못해도 약자에 대한 배려는 훨씬 더 앞서 있지 않을까 하는 생각이 뇌리를 울렸다. 구소련의 영향 때문인지, 민족 자체의 성품에서 비롯된 것인지는 잘 몰라도 '자본주의 냄새'에 찌든 필자로서는 상상하기가 쉽지 않았다. 이 또한 우즈베크가 끌리는 이유 가운데 하나다.

꾸일륙시장의 부사장은 한국에 대해서도 아주 좋은 이미지를 갖고 있었다. 한 번도 한국을 방문한 적은 없지만, 텔레비전을 통해 한국을 많이 알고 있다고 자랑했다. 한마디로 한국을 '아름다운 나라'라고 치켜세웠다. 한국이 우즈베크의 농업에 대해 관심을 가져도 되는지에 대한 질문을 던지자, 부사장은 가능한 일이라고 금방 답을 내놓았다. 이미 관심을 보인 자도 있다고도 했다. 그러면서, 고려인이 특히 고품질 농산물을 많이 생산하는데 앞장서고 있다고도 전해주었다. 이방인에 대한 단순한 동정 차원에서 건넨 말은 아니라는 것이 대화의 전체 맥락을 통해서 감지할 수 있었다. 그는 묻지도 않았는데, 고려인은 농사짓는 데도 최고라고 자랑하기도 했다. 또한 한국의 자동차, 즉 대우와 현대차도 좋다고 아낌없는 찬사를 보냈다.

꾸일륙 시장을 찾는 사람들이 인산인해를 이뤄 장터 주변은 지저분할 것으로 보였지만 예상과는 달리 아주 깨끗했다. 물론 시장 안도 청결했다. 우즈베크인들의 양심은 살아 있다는 것을 시장에서 확인할 수 있었다. 만일 시장에 물건을 낼 때 정직하지 않거나 나쁜 상품을 가져올 경우 설 자리를 잃게 하는 원칙도 세운다고 했다. 좋은 물건만 받는 이유에 대해서 이렇게 설명했다. 시장의 긍정적인 이미지를 지키기 위한 선택이라는 것이다. 어쩌면 소비자, 고객을 먼저 생각하는 자본주의 경제원리를 철저하게 신봉하고 있다는 인상이 강하게 들었다. '소비자를 왕'으로 삼고 있는 분위기로 가득하다는 해석이다. 무슬림이 많아서인지, 시장에서 돼지고기를 판매하는 모습은 눈에 잘 드러나지 않았다. 다만, 시장 바깥에서는 돼지고기를 판매하는 모습을 볼 수 있었다. 다른 도매시장에서는 물론 돼지고기를 판매하는 곳이 있다고 한다.

카리모프 대통령의 '농업관'은 어떤지 궁금해서 부사장에게 살짝 물어봤다. 그는 카리모프 대통이야말로 농업에 아주 관심이 많다고 이내 대답을 했다. 농민에 대한 사랑도 많다고 덧붙였다. 나중에 더 잘 살아야 할 대상이 바로 농민이라는 인식을 가질 정도로 확고한 농업관을 갖고 있는 대통령이라는 이미지가 확 들어왔다. 이 말을 듣는 순간 무척 부럽다는 생각으로 가득했다. 선진국이 농업에 관심과 애정을 많이 갖고 있듯이 우즈베크 역시 농업비중이 큰 때문이기도 하겠지만, 농업에 대한 높은 가치관을 갖고 있음을 확인하게 됐다.

시장에서 만난 반가운 사람은 고려인 상인. 고려인 니가이씨(여자, 당시 57세)는 "장사는 하루가 잘 되고, 하루는 안 되는 날이 많다. 그렇기 때문에 걱정을 하지 않는다. 또 정부로부터 도움을 받고 있어서 걱정을 하지 않는다"고 말했다. 우즈베크 사람들의 살아가는 모습은 대체로 이렇다. 아마도 행복지수는 우리나라보다 높지 않을까 하는 생각도 들었다.

그러면서도 그는 "돈을 벌면 한국에 가고 싶다고 했다. 너무 가고 싶다"고 애원하듯 말했다. 한국에 있는 친척은 다 돌아가시고 없지만, 고국에 대한 그리움이 사무쳐 오기 때문이라고 울먹였다. 장사를 잘해서 부모의 나라를 가고 싶다는 말을 연이어 꺼내는 모습을 지켜볼 때 순간 마음이 찡하게 울렸다. 고려인들은 김치 외에도 고춧가루, 산초, 간장 등을 주로 판매하고 있었다. 우리에게 너무나도 익숙한 화투도 잘 보이는 곳에 두고 판매했다. 누가 사가는 사람이 있을까도 생각했지만, 고려인들은 여전히 화투놀이를 좋아하고 있어 구입해 간다며 걱정하지 말라는 농도 건넸다. 우리나라에서는 '화투문화'가 서서히 자취를 감춰가고 있는데, 우즈베크 고려인들은 아직도 즐긴다니 그저 놀랍다.

시장 주변에는 인력꾼들도 많이 보였다. 이들은 하루 2만 숨, 우리 돈으로 1만6,000원 정도 번다고 했다. 택시도 가끔 보이기는 하지만, 자가용으로 손님을 태우고 돈을 받는 모습이 더 잦다. 도로변에는 영업용 자가용을 줄지어 세워 놓고, 손님을 찾는 장면도 퍽이나 인상적이다. 시장에서 판매하는 농수축산물이 모두 싸 보였으나 우즈베크의 최저임금이 월 15달러라는 점을 고려할 때 현지인들에게는 다소 부담스럽다는 생각도 들었다. 물가를 우리 기준으로 보면 싸다는 이야기가 어울릴 것 같다.

시장에서 판매하는 수박 한 개 가격은 우리 돈으로 약 1,600원. 토마토 1kg은 4,000원, 물고기(잉어) 한 마리는 1,600원, 쌀 1kg은 2,000원, 쇠고기 1kg이 2,500원, 양고기 1kg 2,000원, 돼지고기 1kg 5,000원, 닭 한 마리 4,000원 등 싼 편이다. 특이한 점은 이슬람문화 때문인지 돼지고기는 상대적으로 비싸다.

▶서구형 소비패턴

우즈베크는 전형적인 '농업국가' 다. 생활수준이 그만큼 여타 구소련 공화국보다 낮다는 뜻이다. 자동차와 가전제품의 보급률도 아직 낮다. 독립 이후 자본주의 제도의 도입과정, 특히 국유재산의 사유화 과정에서 부유층이 형성된 반면 극빈층도 생겨나는 양극화 현상도 뚜렷하다. 강하게 버텨 주어야 할 유통망은 국영으로 운영되는 상점이 대부분이다. 최근에는 외국기업과 합작한 민간도·소매상의 역할이 커지는 추세다. 내륙에 위치한 우즈베크의 지리적 여건은 경제발전의 최대 장애요인이자 물류이동 역시 불편해 수출을 할 때 가격경쟁력이 낮은 편에 속한다. 납기 지연 등 경쟁력을 떨어뜨리는 부정적인 요인이 추가적으로 생길 여지도 많다. 그럼에도 불구하고 우즈베크를 지렛대로 하여 유럽 등지의 더 큰 시장을 내다본다면 결코 부정적 요인만 있는 것은 아니라는 해석이 가능하다. 위험이 높은 곳에 이익이 많다는 '투자의 원칙'을 되새겨보면 답은 나온다. 그만큼 무시할 수 없는 시장이다.

식품가공산업도 각광받을 것으로 전망되고 있다. 전체 소비재 생산금액의 3분의 1이상을 식품가공산업이 차지(2006년 기준 가공식품 생산량 1조6,990억 숨)하고 있다. 식품산업의 잠재력은 더 커질 것으로 보인다. 통조림, 채소, 과일, 과일주스, 육류제품, 유제품 등이 소비시장의 주류를 이루면서 수출의 주요 품목이 되고 있다. 식품부문에 대한 외국인의 투자는 그래서 더 활발해질 것으로 보인다. 그러나 역시 식품유통의 대부분을 소수의 정부산하 기업들과 일부 개인 기업들이 장악하고 있는 점은 약점으로 꼽힌다. 슈퍼마켓이나 소매식품점 등은 이들로부터 식품을 공급받아 판매하는 구조다. 슈퍼마켓 같은 소매점은 다양하고 좋은 품질의 제품을 갖추고 있지만, 가격이 비교적 높아 중산층 이상 소비자들만이 이용하고 있었다.

우즈베크에 머물고 있는 동안 바라본 특이한 점은 외국인은 주로 슈퍼마켓에서 쇼핑을 하고 있었다. 나라마다 흔히 볼 수 있는 백화점도 우즈베크에서는 찾아보기 어려웠다. 대신 대형 슈퍼마켓이 부유층을 겨냥해 다양한 상품을 판매하고, 일반 소비자들은 주로 대규모 재래시장이나 작은 식품점을 이용한다.

우즈베크의 식품가공 산업은 GDP의 2% 내외로 아직은 낮다. 식품가공산업에 종사하는 인구도 총 생산가능 인구의 1.0%에 불과하다. 식품가공 기술의 부족으로 부가가치창출 능력도 떨어지고 있다. 고급가공기술 도입과 품질관리시스템을 개선한다면 농식품 수출국가로서의 잠재력은 아주 클 것으로 예상되는데, 아직은 아닌 것 같았다.

식품가공 부문의 업체가 차지하는 비중은 우즈베크 전체 기업의 4분의 1을 차지할 정도로 숫자상으로는 많다. 그만큼 우즈베크의 식품가공업산업은 아주 영세하고, 소규모로 이뤄지고 있다는 것을 반증해준다. 기계, 전력, 화학, 건설 등 2차 산업이 크게 발달하지 않은 경제구조로 인해 식품가공업체의 비율이 상대적으로 높지만 조업률은 그다지 높지 않다.

그렇다고 희망이 없는 것은 아니다. 이미 외국에서는 우즈베크를 수출 유망지역으로 보면서 대비하고 있다. 우즈베크 정부가 세계은행, 아시아개발은행(ADB), 국제개발처(USAID), 유럽부흥개발은행(EBRD) 등과 함께 농업과 식품가공업의 발전을 위한 장기계획을 세우고 있는 점도 주목할 필요가 있다. 우즈베크 정부의 계획에 따라 코카콜라 등 글로벌 외국기업들이 우즈베크 진출을 도모하고 있다. 우즈베크는 기본적으로 농산물 및 식품가공업에 장점이 있기 때문에 산 · 학 · 연 협동체제의 보완, 최신의 생명 공학적 기술의 도입, 무역자유화의 진전 등에 따라 식품가공업이 꾸준히 성장할 것으로 예상된다. (우즈베키스탄 농업투자환경 조사보고서, 한국농어촌공사, 2009. 12. p30)

한식의 세계화를 모토로 다양한 제품개발과 연구 노하우를 쌓고 있는 우리의 축적된 기술이 이제 막 발돋움중인 우즈베크에 접목한다면 '윈·윈'하는 길이 열릴 것이다. 우즈베크의 풍부한 자원, 특히 농업부문의 잠재력을 내다보면서 우리의 앞선 기술과 유통 노하우를 차근차근 접붙인다면 부가가치는 더욱 커질 것이다. 더 나아가 이런 일을 고려인들과 연계해 세밀하게 파고든다면 우리가 자랑하는 김치, 간장, 된장 문화를 전하고, 그토록 바라던 '세계 소스시장을 선점'하는 교두보 역할도 가능하지 않을까 하는 욕심도 밀려온다.

▶수출의 청신호, 생선

우즈베크의 농식품 가운데 수출이 차지하는 비율은 7.9%, 수입은 8.1% 수준이다. 이 중 수출의 경우 목화가 전체의 17.2%다. 신선농산물 대량생산 국가이기 때문에 일부 품목(오렌지, 바나나)을 제외하고 과일과 채소는 수입을 하지 않는다. 다만, 통조림 과일은 수입을 하고 있다. 또 생선이 많아 통조림으로 만들어 수출하는 산업이 커지고 있다. 실제로 우즈베크 재래시장에서 민물생선을 많이 볼 수 있었다. 생선을 통조림으로 가공한 다음 러시아나 EU 등에 수출을 꾸준히 하고 있다는 이야기도 현지에서 설명을 들을 수 있었다.

반면 육류와 육류제품은 생산은 하지만, 공급은 충분하지 않다고 했다. 특히 닭고기는 소비자 수요에 맞추기 위해 정기적으로 수입을 하는 품목으로 꼽힌다. 닭고기 주요 공급자는 EU, 터키, 미국 등이다. 미국 제품은 직접 수입을 하지 않고 러시아나 카자크 등을 통해 들어온다는 것이다. 우리나라가 육류제품, 특히 닭고기를 우즈베크로 수출하는 방안을 장기적으로 준비한다면 비전이 보일 것이다.

이중의 나라로 둘러싸인 내륙국가인 탓에 식품의 수입은 타슈켄트 공항을 주로 이용하고 있다. 우리나라 제품은 블라디보스토크를 경유해 철도로 운송되기도 한다. 앞으로 철도를 이용한 농식품 수출의 길이 다각도로 열릴 것으로 전망되기 때문에 이 또한 우리에게는 기회의 요인이 될 것으로 보인다.

다만, 우즈베크는 강력하게 자국의 산업을 육성하는 정책과 엄격한 외환 통제로 까다로운 수입 관리체제를 유지하고 있는 점이 제약요인이다. 또 고율의 수입관세를 유지하고 있는 점이나 일부 수입품에는 고율의 소비세도 부과하고 있다. 자국 내의 수입대체산업 육성을 위해 특정품목에 대해서는 사실상 수입을 금지하고 있는 셈이다. 수입계약 등록 및 환전 제한 등의 제도를 볼 때 수입은 사실상 정부에 의해 통제되고 있다. 우즈베크 수입업체들은 계약 체결 후 자국의 거래은행, 대외경제부, 세관에 계약을 등록해야 한다. 이를 근거로 수입통관 및 판매, 수입대금 결제를 위한 외환 매입자격이 주어질 정도로 제약이 많다. 사전에 이러한 점을 꼼꼼하게 따져보고, 향후 전망도 예리하게 내다보면서 수출 전망을 세워야 실패가 없을 것이다. 우즈베크로의 수출 가능성이 높으면서도 제약요인도 덩달아 많다는 점을 동시에 고려해야 한다는 것이다.

▶국가주도의 농업육성 정책

다른 독립국가(CIS) 회원국들과 마찬가지로 우즈베크도 1991년 소연방에서 독립한 이후 개혁으로 인한 후유증을 앓고 있다. 그러나 비교적 좋은 기후조건으로 인해 농업의 전망은 밝다. 이런 점에서 본다면 우리나라의 농업 및 농가공산업이 우즈베크에 진출한다면 값싼 노동력 등을 바탕으로 중앙아시아와 러시아 시장을 공략할 수 있는 유리한 발판을 마련할 수 있다는 계산이 나온다. 또 우리나라의 식량문제 해결을 위한 해외 식량기지 건설 차원에서도 연해주와 더불어 결코 무시할 수 없는 조건을 갖춘 나라가 바로 우즈베크라고 해도 지나친 말은 아닐 것이다. 우즈베크를 기반으로 인근 CIS 국가들로 넓혀 나가는 전략도 구사할 수 있다. 중앙아시아 국가들은 소련연방으로부터 독립한 1991년 이후 러시아와 더불어 농업부문에 있어서 상당한 변화가 뒤따른 것이 사실이다. 가격 자유화와 생산수단의 사유화 등 사회주의적 요소를 제거하는 데 많은 노력을 기울였다. 우즈베크 정부는 국가경제의 중추적 역할을 하고 있는 농산업의 발전을 위한 여러 가지 정책적 노력을 기울이고 있지만, 정체상태를 벗어나지 못하고 있다. 정부의 간섭을 배제하고, 공정한 시장경제 체제 구축과 농기계 · 비료 · 농약 · 종자산업의 활성화, 농지매매 및 임대차 시장 활성화 등이 요구되고 있다.(우즈베키스탄 농업투자환경 조사보고서, 한국농어촌공사, 2009. 12. p39)

우즈베크가 식량자급을 위한 밀 산업과 목화산업이 아직도 국가의 통제 하에 놓여 있어 시장기반에 경쟁체제를 도입하는 데는 분명 한계가 있다. 또 난립한 바자르(시장)도 농민들의 수확물을 안전하게 받아들이지 못하고 있다. 중요한 것은 우즈베크가 경제활동인구의 상당부문을 차지하고 있는 농업분야에 대한 개혁을 계속 추진하고 있다는 점이다. 집단농장 대부분도 이제는 민영화되고 있고, 농촌에서도 상당 규모의 이익을 창출하는 농장주 계층이 생겨나고 있다.

농경지의 절반 이상에서 염기가 있는 문제점을 해결하기 위해 농경지 개간 펀드를 재무부 산하에 설립(2007.10)하는 등 다양한 대책도 내놓고 있다. 농경지 생산율 증대를 위해 농경지 개간과 관개수로, 저수지 정비 등의 사업도 진행하고 있다(농경지 개간 펀드 약 7,700만 달러, 2008~2012). 여기에는 러시아를 비롯한 20여개 기업이 참여하고 있어 우리 기업들도 이에 대한 관심을 가져볼만 하다.

그러나 우즈베크에서의 토지 사용에는 한계가 있다. 우즈베크는 강력한 농업육성 개혁정책에 따라 농업생산이 증가하고 있고, 정부의 곡물 증산정책으로 곡물 경작면적과 생산량도 늘고 있다. 하지만, 토지의 사적소유가 엄격하게 금지돼 있다. 다시 말해 농민들은 영구임대방식 등의 형태로 토지를 빌려 농사를 짓고 있다. 농민에 대한 임대권은 지방정부의 재량으로 박탈될 수 있다. 이는 농민들의 경작의욕을 떨어지게 하는 구조적 약점이다.

우즈베크는 국영농장이 존재하지만, 농업 산출의 상당 부분은 개인의 경작에 의존하고 있다. 정부의 농업 및 제조업 육성정책이 공존하는 가운데 농업의 비중은 차츰 줄고 있다. 다만, 정부의 농산물 수입 감소정책에 따라 식용곡물의 자급률은 증가추세다. 정부의 곡물수매제도가 생산자의 의욕을 떨어뜨리는 요소로 작용되고 있는 점은 어떤 형태로든 해결해야할 과제다. 우즈베크 정부가 농산물을 저렴한 값에 강제로 매입하고, 이를 다시 높은 가격에 독점으로 수출하는 구조다. 여기에서 생기는 수익금은 국내 제조업에 대한 보조금으로 재분배되거나 정부의 재정수입으로 흡수되고 있다.(우리농식품의 CIS 지역 수출 전망 우크라이나 · 우즈베키스탄 – p123).

우즈베크 정부는 곡물수매제도의 폐지와 농업생산시스템 개편 추진, 수익성이나 장래성이 없는 농업협동조합 해체, 소규모 자유 농가화 추진 등 농업의 진흥과 개혁을 위한 다양한 형태의 지원정책이 추진되고 있어 앞으로 어떤 형태로 정착될지 귀추가 주목된다. 피할 수 없는 개방경제 체제로의 급속한 전환으로 인해 우즈베크의 농업정책도 많은 변화가 있을 것으로 미뤄 짐작해 볼 수 있다.

▶속도 내는 농업개혁

구소련으로부터 독립한 초기(1989~1992)에는 농업개혁을 위한 기본 구상이 계획경제로부터 시장에 기반을 둔 시장경제로의 변천에 초점이 맞춰졌다. 그 결과 개인 보조적 농가의 지속적 발전 덕분에 주민들에게 계속적인 식량공급과 지속가능한 농업을 이루는데 기여했다. 2단계로 추진된 사영화 개혁기간(1992~1993)에는 농업부문의 선도적 국가라는 경험을 바탕으로 농업발전을 위한 독특한 방법을 채용했다. 1991년 독립 이전 농업생산은 콜호즈(Kolkhoz · 집단농장)와 소프호즈(Sovkhoz · 국영농장)로 이루어져 있었다. 그러나 독립 후에는 다른 농업조직체들이 많이 나타나기 시작했고, 이 단계에서는 가축혈통 유지와 육종, 시험장, 연구기관 농장을 제외하고는 모두 민영화했다. 1991년의 경우 우즈베크에는 1,294개의 집단농장과 1,009개의 국영농장, 1,655개의 개인농장, 210만의 개별 보조농가가 있었다.

독립 이후에는 농업개혁에 따라 농장 형태가 세 가지로 이뤄지고 있다. 우선 농업협동체가 있다. 500~600ha의 면적을 보유한 거대한 협동조합은 생산자재의 공급과 농기계 서비스, 저장 · 수송 · 가공 등을 포함해 여러 가지 부수적인 활동을 하는 조직체 역할을 했다. 이 조직체는 전략적 곡물인 목화와 밀의 생산을 담당했던 예전의 집단농장과 국영농장을 합법적으로 승계한 형태다. 다시 말해 토지는 정부에 속해 있고, 조합은 농업을 목적으로 무기한 사용권을 받아 운영하는 시스템이다. 대신 조합은 매년 초 정부로부터 생산량과 파종지역에 관한 지시를 받는다. 두 번째 형태인 개인농장은 합법적 실체의 지위를 가진 독립된 경제주체다. 이들은 평균 35~50년간 토지 장기이용권을 가지고 있으며, 정부로부터 할당된 30ha의 토지를 운영한다. 개인농장은 지방정부 및 협동조합으로부터 독립적이지만, 목화와 밀처럼 정부에서 지시한 곡물도 생산해야 한다. 물론 채소나 멜론과 같은 과일도 생산하고 있다.

마지막으로 데칸(Dehkan), 즉 소작농은 평균적으로 0.16ha의 토지를 보유하고 있는 영세한 가족농이다. 많은 데칸들이 임차를 통해 평균 1.2ha 정도를 경작한다. 데칸은 합법적일 수도 혹은 아닐 수도 있다. 그리고 토지 이용권은 삶을 영위하는 동안 가족에게 부여하기도 하고 상속하기도 한다. 2003년 이후 수익성이나 장래성이 없는 농업협동조합을 다시 소규모 자유농가로 재구성했다. 이로써 소규모 자유농가의 형태가 우즈베크 농업부문에서 가장 중요한 형태가 되고 있다.

3단계 개혁은 농업생산 진흥과 기업가 정신의 도입(1994~1996)으로 요약된다. 이 단계에서는 거시경제 지표의 개선, 재정정책 적용의 촉진, 곡물 자급자족을 위한 프로그램 채택, 다양한 형태의 소유권을 가진 농업회사 설립, 서비스와 기반시설 프로젝트 착수 등으로 집약된다. 4단계는 법률적 틀과 형태를 갖춘 농업조직의 설립(1996~2000)으로 해석할 수 있다. 농업생산자들의 권리를 보호할 수 있도록 했고, 수익성이 낮고 재정상태가 나쁜 영농조합들은 개인농장으로 전환했다. 농업개혁의 급속한 발전은 물론 농업 부문과 연관된 토지법, 협동조합법(Shirkats), 개인농장법, 데칸법, 물 사용법을 제정했다. 1991년 1월부터는 세금의 9가지 형태를 대신해 통합된 토지세가 도입되기도 했다. 2000년 이후로 분류되는 5단계 개혁은 농업경제의 개방과 개혁의 심화로 평가할 수 있다. 2003년부터 경제개혁의 새로운 단계가 국가의 농업무문에서 시작되었다. 2004~2006년에는 개인농장의 발전구상 등이 주된 이슈였다. 우즈베크에는 439개의 협동조합법, 18만 개 이상의 개인농장, 430만의 데칸농가가 있다. 이들은 우즈베크 농업생산품의 99%를 차지한다. 우즈베크 정부는 목화와 밀 등 곡물들에 대해 정부가 구매하는 시스템을 구축하고 있다. 다시 말해 정부가 농가로부터 일반 시장보다 낮은 가격에 구매하는 구조다. 농민들은 정부에서 구매하는 물량보다 더 많이 생산하면 시장에서 가격을 협상하여 판매할 수 있으나 부족할 경우에는 시장가격보다 낮은 값에 정부에 판매한다는 이야기다. 물론 농민들은 농사를 짓는데 필요한 농자재 등을 구입할 때에는 정부로부터 지원을 받게 된다. 세계무역기구(WTO)가 인정하는 보조금(Green box)은 연구개발 분야 지원금, 해충방제, 개인교육 훈련 지원금, 검사 서비스, 기반시설 서비스, 자연재해 보상, 환경보호 프로그램 비용, 지역 보조프로그램 비용 등이 있다. (우즈베키스탄 농업투자환경 조사보고서, 한국농어촌공사, 2009. 12. p44)

▶한 · 우즈베키스탄 농업교류의 큰 희망, 유전자원

우리가 우즈베크에 대해 관심을 가져야 하는 것은 농업부문만 고려해도 분명한 이유가 있다. 아시아와 유럽을 잇는 신 실크로드의 요충지를 확보한다는 측면에서 바라보면 더욱 그러하다. 아직도 우즈베크에 고려인이 많이 살고 있다는 현실적인 이유만도 충분하다. 동포 입장에서 들여다보면 더 이상의 설명을 하지 않아도 된다. 유사시에 대비한 해외 식량기지 확보 차원은 또 어떤가. 내륙국가여서 물류의 한계성과 우즈베크 현지에서 생산한 농산물을 국내에

 그러나 물류의 한계가 넘을 수 없는 벽이라고 한다면, 현지에서 생산한 다음 러시아나 유럽 등지로 수출을 하는 방안도 고려될 수 있다. 더 적극적으로, 주체적으로 관계증진을 개선할 필요가 있다는 이야기다. 우즈베크는 밀 등 곡물과 육류는 자급을 한다. 그러나 채소는 주로 노지재배를 하기 때문에 품질과 수급불균형의 문제점이 나타나고 있다. 이에 대한 대안으로 한국형 비닐하우스의 우즈베크 보급을 고려해 볼 수 있다. 그 중심에 우리나라 '농업기술의 메카'인 농촌진흥청이 있다. 농진청에서 현재 하우스 기술 보급에 힘쓰고 있는 점은 시의적절하다고 판단된다.

우리가 우즈베크와 농업부문에 대한 교류의 폭을 넓히고, 지속적으로 우호적인 관계를 맺어야 하는 가장 큰 이유 가운데 하나가 유전자원의 확보다. 특히 내염성, 내한발성 등 중앙아시아 원산의 농업유전자원을 수집, 활용하는 것이 중요한 이유다. 우즈베크와의 멜론 및 검정수박 등 과채류와 사료작물의 신품종 육성, 포도 양조기술 등은 협력연구가 긴요한 분야이다. 농진청은 2009년부터 우즈베크에 중앙아시아 거점의 해외농업기술개발센터(KOPIA)

염분이 많은 논에서 자란 벼가 쭉정이로 변한 모습. 사진제공=농촌진흥청

를 설치하여 기술지원과 협력 사업을 펼치고 있다. KOPIA는 앞으로 현지 농업환경을 분석하고 기술정보를 축적, 단계별 시범사업과 농업기술 교육을 실시하고, 양국 간의 기술협력을 통해 윈·윈 할 수 있는 전략을 수립, 추진해 나갈 것으로 기대된다. (우즈베키스탄 농업투자환경 조사보고서, 한국농어촌공사, 2009. 12. p. 49)

우즈베크는 중앙아시아 가운데서 농업환경이 좋은 편이어서 기대감도 커지고 있다. 구소련 시절부터 국가 주도의 농업연구 또한 활발하게 이루어져 온 점도 강점이다. 다만, 물이 부족해 농업생산성이 떨어지고 종자개량 등의 기술이 낮은 점은 단점이다. 그러나 관개수로가 잘 돼 있어 어느 정도는 극복할 수 있다고 한다. 어떻든 이런 측면에서 보면 우리나라의 선진 농업기술이 우즈베크에 들어갈 여지는 더욱 많아지고, 가까운 이웃으로 다가설 명분도 커질 것이다. 무엇보다도 우즈베크가 구소련 시절 각 CIS지역 농산물 생산기지 역할을 맡은 점에서도 주목할 필요가 있다. 농업종사자가 많은 것도 강점이다. 제조업이 발달하지 않아서 청정농산물 재배조건을 갖춘 점도 미래 소비자들에게는 긍정적인 요인으로 작용할 것이다. 과수재배에 어울리는 토양(PH6.5~7.0)에다 일조량이 풍부한 점은 농사짓기에 아주 좋은 조건이다. 한마디로 말하면 토양오염이 거의 없을 정도의 '친환경 농산물 생산기지' 조건을 갖춘 곳이어서 더욱 구미가 당긴다.

다만, 규모화된 영농에 필요한 트랙터 등 농기계의 노후화는 시급히 해결해야 할 과제다. 우리나라의 우수한 농기계와 기술 인력을 우즈베크 현지에 접목시켜 농업협력이 확대되면 상호 이익 구조로 만들 수 있다. 농기계업계가 이런 점을 깊이 있게 연구할 경우 틈새시장도 기대해볼 수 있다.

거듭 강조하지만 우즈베크의 농업분야에 투자할 경우 신중해야 한다고 전문가들은 주장한다. 또 한국 사람이 우즈베크에 진출한다고 해도 자신의 이름으로 농지를 임대받기가 쉽지 않다는 점도 주목할 필요가 있다. 대부분 현지인 명의로 빌려서 농사를 지어야 한다는 이야기다. 지난 2007년도에 우즈베크 총리가 한국을 방문했을 때 한국기업의 우즈베크 농업 진출을 희망한다고 했지만, 아직까지 외국인의 농지 사용권 취득 보장에 관한 구체적인 법령이 마련돼 있지 않아 한계가 있는 것이다. 그만큼 희망의 땅이면서도 농업분야 진출에는 제약이 여전히 있다.

물론 규정상 외국인도 농지임대(30년 내지 50년)가 가능하다. 그러나 현실적으로 외국인이 자기 명의로 농지를 임대받기는 거의 불가능하다. 농지에 부과하는 세금은 1ha당 35,000~80,000숨이다. 집단농장이 해체되고, 이를 개인농장주에게 불하하는 과정에서도 고려인들은 의도적으로 소외돼 있다고 한다. 고려인이 농지를 임대받은 경우는 거의 없다는 이야기다. 이 때문에 고려인 농업인들은 인접한 우크라이나, 러시아, 키르키즈 등으로 옮겨가는 추세다. 아직까지는 개인이나 법인이 우즈베크 농업에 직접 투자하는 것에 대한 인센티브가 거의 없다. 다만, 국가적 차원에서 우즈베크의 천연가스자원 및 광물자원 확보를 위한 전략적 판단에 따라 농업 분야에 투자할 필요성은 있다. (우즈베키스탄 농업투자환경 조사보고서, 한국농어촌공사, 2009. 12. p135).

한국의 농업분야 투자는 공식적인 자료에 의하면, ITC.LCD(우즈벡 현지법인)이 유일한 것으로 알려지고 있다. ITC는 한국인이 현지인 명의로 토지를 빌려 한국산 비닐하우스를 이용해 고추·딸기를 재배, 현지에서 판매하고 있다. ITC는 2001년부터 토지 400ha를 빌려(35만 불 투자) 쓰고 있는데, 2008

년의 경우 딸기 구매를 요청하는 수요자가 너무 많을 정도로 인기를 끌었다는 것이다. 겨울철의 판매가격은 kg에 40,000숨 정도다. 또 2001년에는 한국산 고추(금탑) 100톤을 재배, 8개국으로 수출했고, 2005년에는 한국형 비닐하우스 설치로 한국 딸기 〈설향〉을 재배한 후 현지에서 판매하기도 했다. 또 한국형 사과(부사) 생육을 시험하는가 하면 양파 실험을 위한 채종도 하고 있다. 이러한 노력에도 불구하고 작물별 토양 분석에 따른 전문적 기술이 미흡해 재배에 어려움을 겪고 있다고 한다. 딸기는 배수가 잘되고 보수력이 있는 양토가 좋지만, 현지에서는 퇴비를 구하기가 어렵다는 것이 단점이다. 우즈베크 농업 분야에 진출한 외국기업도 많다. 인도를 비롯한 스위스, 사우디아라비아 등 94개 외국기업이 우즈베크 농업 분야에 진출해 있다. 넓은 땅과 잘 정비된 관수시설, 농사를 위한 천혜의 기후조건, 풍부한 노동력 등 농업여건이 매우 양호한 때문이다. 정부차원에서 외국인 투자유치를 위한 다양한 혜택을 제공하고, 인근 CIS국가로 농산물의 수출물량도 늘리고 있다. 따라서 국내 농업기술을 기반으로 투자를 한다면 여건은 우수하다고 할 수 있다. 다만, 중앙정부의 정책이 지방에까지 전달되는 과정에서 다소 어긋나는 경우가 있고, 농산물 가격 및 생산에 대한 정부차원의 통제가 이루어지기 때문에 철저한 시장조사와 세부적인 계약이 필요하다고 전문가들은 조언한다. 우즈베크에서 생산한 농산물을 육로와 해상을 통해 국내로 반입 시 현지 운송업체에서 대략 3.5불/kg 정도 비용이 소요되는 것으로 파악된다. 우즈베크에서 생산된 농산물을 국내로 반입할 경우 막대한 운송비가 들어가는 것도 약점이다. 따라서 한국기업이 우즈베크에 진출한다면, 현지에서 생산한 농산물을 국내로 들여오기 보다는 인근 CIS 국가로 수출하는 것이 더 합리적이라는 계산이 나온다. 또한 외국인 투자법인 및 현지인이 토지를 임대받을 경우 목화와 밀을 일정비율로 생산해야 하는 것도 제한점이다. 정부에서 목표 물량이 부족할 경우 타 농작물을 목화와 밀로 대체하여 심도록 강요하고 있어 민간단위에서 대규모 토지를 확보해 농업에 투자하는 것은 다소 위험성이 따른다는 지적이다.(우즈베키스탄 농업투자환경 조사보고서, 한국농어촌공사, 2009. 12. pp. 257-258)

우즈베크는 인구가 많고 인근 러시아를 비롯한 독립국가연합과 이란 등으로 뻗어나갈 수 있는 수출 전초기지로서의 가능성은 분명히 있다. 또한 우즈베크 정부가 외국으로부터 농업투자 진출을 원하고 있고, 저렴한 임대료 등 농업분야 진출에 있어서 장점이 많은 것도 사실이다. 정부 또한 농업의 중요성을 인식하고 다각도의 대책을 세우고 있다. 그럼에도 불구하고 자본주의식 경제운영에 대한 인식 부족과 국가 주도의 농산업구조, 이중육지폐쇄국가 등의 약점이 있어 우즈베크 농산업 진출을 희망하는 국가나 기업, 개인은 주도면밀한 중장기 로드맵을 세운 다음 신중하게 결정하는 것이 현명하다는 판단이다.

2. 두 개의 젖줄

우즈베크에서 가장 유명한 강은 아무다리야(Amudararya)와 시르다리야(Syrdarya)다. 아주 높은 산의 만년설이 녹으면서 두 개의 큰 강을 만들어 우즈베크 농업과 도시를 적시는 '젖줄'역할을 한다. 타지크에서 발원해 우즈베크와 투르크메니아를 지나 아랄해로 유입되는 아무다리야 강과 키르키즈에서 발원해 우즈베크와 카자크를 지나 아랄해로 유입되는 시르다리야 강은 우즈베크의 생명줄이다. 우즈베크의 땅도 대부분 이 두 강 사이에 있다. 이 두 강은 우즈베크에서 필요로 하는 물의 약 80%를 공급하는 중요한 수자원이다. 뿐만 아니라 목화 농사에 있어서도 중요한 생명수 역할을 한다.

한반도 면적의 두 배나 되는 우즈베크는 북쪽으로는 카자크, 동쪽으로는 키르키즈와 타지크, 남쪽으로는 아프간과 투르크메니아와 국경을 이루고 있는 내륙국가로 중앙아시아의 중심부에 동서로 길게 자리를 잡고 있다. 남동지역은 높고 서쪽지역은 낮은 지형 구조다. 동쪽 국경지대의 경우 1/5은 산악지방으로서 동북부 쪽은 텐산산맥의 산자락에, 서남부 쪽은 파미르 고원에 부분적으로 걸쳐 있다. 이 산악 고지대 가운데 높은 곳은 해발 4,000m가 넘는다. 산악 고지대의 눈 녹은 물과 지하수를 이용한 관개농업이 발달하여 비가 없는 사막국가인데도 세계적인 목화 생산국이 된 점은 그저 놀라울 따름이다. 북쪽과 남쪽으로 텐산산맥과 파미르고원에서 발원한 두 개의 젖줄, 아무다리야 강과 시르다리야 강이 없었다면 우즈베크의 농업은 아마도 희망이 없었을 것이다. 이들 하천의 중·상류는 건조지역인 데다 와디(하곡, 즉 사하라, 아라비아의 건조지역에 있는 간헐하천을 의미한다. 보통 마른 골짜기를 이루어 교통로로 이용되나 호우가 내리면 홍수 같은 유수가 생김)가 많아 더욱 그렇다. 우즈베크의 식생은 대체로 초지 및 관목림이다. 중·서부의 사막에서는 식생이 빈약하며, 1,200~1,500m의 산간 고지대에는 사막식물이 분포하고 있다. 또 동부지역의 해발 1,200~2,300m 산록에는 산지광엽수림이 형성돼 있다. 2,300m이상의 산록에는 침엽수림, 2,800~3,000m의 산지에는 아고산대의 초원이 펼쳐져 있다. 키질쿰 사막지대에는 사막토, 내륙의 침식지역에는 회갈색토, 하천연안에는 충적토, 구릉과 낮은 산지에는 회색토, 해발고도 1,200m

이상이 산록에는 갈색산지삼림토, 2,800m 이상의 고지에는 연한 갈색초원토가 분포하고 있다. (우즈베키스탄 농업투자환경 조사보고서, 한국농어촌공사, 2009. 12. pp 167-168).

우즈베크는 우리나라보다 위도(동경 56~73°, 북위 37~46°)가 약간 높다. 아열대와 온대지역 중간의 북쪽지대에 위치한 우즈베크는 강한 일사량을 비롯한 특이한 지표면과 대기 순환이 어우러진 전형적인 사막형 대륙성 기후다. 온도의 계절적 및 일교차도 심하다. 여름은 길고 무더우면서 건조하다. 봄은 습하고, 겨울은 따뜻하지만 변화무쌍한 기후를 보이고 있다. 특히 여름에는 최고기온이 42℃(평균기온 25~30℃)로 높다. 그러나 40℃가 웃도는 더위가 계속 되는 여름이지만, 습도가 낮아 건물 안에서는 오히려 시원함을 느낄 수 있다. 일교차가 심한 때문에 한 여름에도 밤 기온은 서늘하다. 반면 혹한이 빈번하고, 북부에서는 최저기온이 -38℃ 이하로 내려가기도 한다. 겨울의 최저기온은 -10℃ 이하(평균기온 2.8℃)까지도 내려가지만, 우리나라보다는 비교적 따뜻한 편에 속한다. 강우량은 봄에 30~50%, 여름 1~6%, 가을 4~44%, 겨울 25~40%로 분포하고 있다.

국토의 80% 가까이가 중앙아시아에서 가장 큰 사막인 키질쿰(Kyzylkum=붉은 모래라는 의미) 사막을 포함하는 저지대 사막 또는 평원으로 구성돼 있다. 가장 높은 곳은 남동부에 위치한 Adelunga Toghi로 해발 4,301m에 달한다. 우즈베크에서 가장 비옥한 곳은 페르가나 계곡. 이 계곡은 전체의 길이가 370km, 폭이 190km로 우즈베크와 키르키즈, 타지크 3개 나라가 공유하고 있다. 페르가나 계곡은 연간 강수량이 100~300mm이지만, 수로개발이 잘 돼 있다.

우즈베크의 작물재배 적산온도는 매우 높다. 주요작물의 재배지역은 4,000℃ 이상의 적산온도를 보여 우리나라 보다 훨씬 높다. 우즈베크의 연간 일조시간은 2,700~3,130시간으로, 맑은 날이 300일 이상 계속되는 것으로 측정되고 있다. 타슈켄트의 일조시간은 2,833시간이다. 우리나라의 일조시간이 2,170시간인데 비해 약 500~1,000시간 더 길다. 이런 일조시간으로 인해 과일의 당도가 높고, 품질 또한 좋다. 자연의 축복을 받고 있다는 표현이 잘 어울리는 땅이다.

강수량은 12월부터 4월에 집중되고, 지역에 따라 차이가 크다. 작물 재배지역의 강수량은 대략 100~400mm 범위에 속한다. 부족한 농업용수는 겨울철에 집중되는 강설 등에 의한 저수지 용수로 해결한다. 그만큼 높은 산에서 녹은 눈이 중요한 수자원 역할을 하고 있다.

우즈베크는 국토면적의 62%가 농업생산에 이용되고 있다. 또 경지면적의 대부분(96%)이 관개 면적이다. 1960년 이래 관개면적의 40~60%가 목화재배에 이용되었다. 그러나 목화는 물, 화학비료, 농약 사용이 많이 요구되는 작물이어서 과도한 관개에 의한 유입 수량의 부족 등에 따른 부작용도 나타나고 있다. 아랄해의 사막화와 관개수 및 토양의 오염, 토양 염분집적, 곡물 증산정책 등에 따라 목화의 재배면적이 차츰 줄고 있는 것도 이와 무관하지 않다. 물의 관개율이 아주 낮은 것도 고민이다. 40%의 물만이 멀리 떨어진 경지에 도달하고, 40%는 관개수로에서, 나머지(20%)는 관개 중에 사라지고 있다. 과도한 지하수의 개발로 인해 토양의 염분이 쌓이는 문제점은 여전히 해결해야할 과제다. 우즈베크는 대부분 인위적으로 물을 공급하고 있다. 오아시스나 새로운 관개경작지 개발을 위해 강과 저수지에 대한 중요성은 갈수록 커지고 있다. 우즈베크는 오래 전(BC 6C)부터 광범위한 관개작업을 해왔고, 지금도 강으로부터 물을 끌어들이기 위해 운하를 건설하고 있다. (우즈베키스탄 농업투자환경 조사보고서, 한국농어촌공사, 2009. 12. pp19~20)

강수량이 적다보니 농업의 대부분은 관개에 의존하고 있는 셈이다. 관개농지의 대부분은 목화를 비롯한 밀 등과 감자·채소·포도·멜론 등의 작물에 사용된다. 태양이 내리 쬐는 우즈베크는 특히 포도와 석류 등의 맛이 아주 좋기로 소문이 나 있고, 실제로 현지에서 먹어본 과일의 맛은 아주 훌륭했다. 하늘의 도움 덕분이다. 농사는 결국 하늘이 짓는다는 말은 지구촌 어디나 동일하다.

일조량이 풍부한 탓에 하우스 없이도 농사를 잘 지으면 맛있는 멜론을 얼마든지 수확할 수 있다. 7~8kg들이 한 개에 한국 돈으로 2,000원이면 아주 맛있는 멜론을 맛 볼 수 있는 기쁨도 현지에서는 넉넉하게 누릴 수 있다. 가격이 쌀 때는 우리 돈으로 400원이면 큰 멜론 하나를 구할 수 있다. 수박의 경우 9~10월까지는 노지에서 재배한 후 12~1월까지 저장한 다음 시장에 출하한다. 신선한 날씨 덕을 톡톡히 보고 있다. 가장 추울 때가 1월인데, 평균 기온이

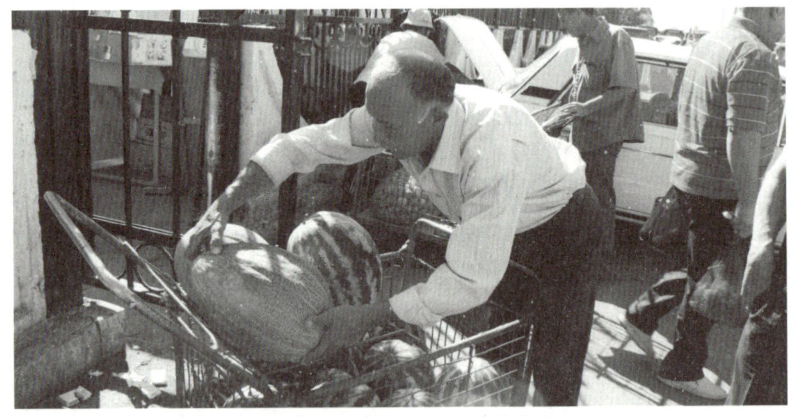

꾸일륙 시장 밖에서 판매하는 큼직한 멜론

1℃ 안팎이다. 12월은 3℃, 8월은 28℃다. 일조량이 풍부하고 지하수가 많아 농사짓기에는 아주 좋다. 3~12월 사이에 비가 오지 않아도 농사가 가능할 정도로 물을 마음껏 끌어다 쓸 수 있는 것 또한 장점이다.

우즈베크를 여행할 때 저렴한 비용으로 고기를 마음껏 먹을 수 있는 재미 또한 쏠쏠하다. 우리나라 돈으로 6,000원이면 고기와 과일을 실컷 먹을 수 있다. 음식비용을 걱정하지 않고 여행을 편하게 할 수 있는 곳이다. 우리에게 잘 알려져 있지 않는 나라 가운데 만족감을 많이 주는 나라가 바로 우즈베크가 아닐까.

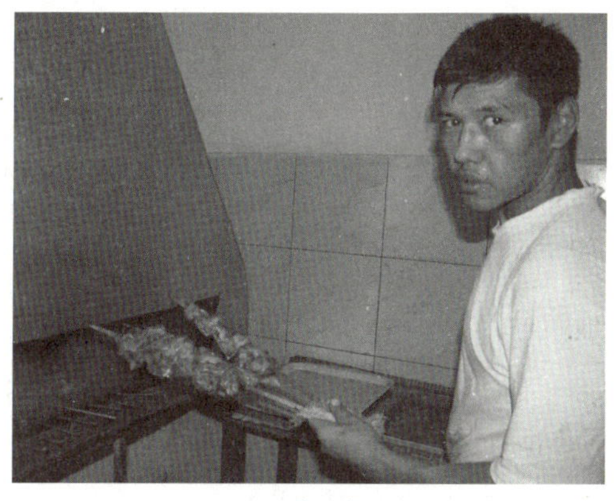

꼬지구이

대륙성 사막 기후대로, 고온 건조한 날씨가 장기간 지속되면서 여름에는 열대공기의 영향으로 매우 덥고 건조한 탓에 비가 거의 내리지 않는 반면 겨울은 여름에 비해 습도가 높고 눈이 많이 내린다. 우즈베크의 수도인 타슈켄트를 비롯한 사마르칸트, 부하라 일대를 직접 둘러본 결과 10월 초 때문인지 서늘한 기후로 인해 기분이 아주 상쾌했다. 아무리 걸어도 지치지 않는 기후는 분명 농사짓는데 축복의 땅이 될 것임에 틀림없다. 우즈베크의 서늘한 날씨 덕분에 10월에 주요 명소를 둘러보면 행복감이 두 배로 커질 것 같다는 생각도 지나친 말이 아니라는 것을 현지에 가보면 누구나 마음껏 느낄 수 있을 것이다.

공기가 좋고 건조한 지역이라서 농약을 거의 쓰지 않고도 농사를 지을 수 있는 점도 축복이라면 축복이다. 햇빛이 워낙 강해 천연 살균제 역할을 한다고 할 정도로 따스한 빛으로 인해 친환경농업 도입 또한 쉽다는 생각이 든다. 이러한 자연적인 이점은 앞으로 우즈베크의 농업발전, 특히 친환경농업발전에 크게 기여할 것이다. 당연히 습기가 없다보니 물건이 상하지도 않는다. 여름에 온도가 40℃까지 올라가도 실내는 시원한 나라가 우즈베크다. 언제나 뽀송뽀송한 기후에서 살다보니 기분 또한 좋아진다. 이는 현지인의 입에서 나오는 자랑의 소리이자 이방인들도 금방 느낄 수 있다. 우즈베크에 있는 동안 좋은 날씨 덕분에 기분이 상쾌함은 물론 더 머물고 싶은 유혹에서 벗어나기 힘든 기억이 지금도 생생하다.

하지만, 우즈베크는 전체 영토의 70%가 황무지이거나 산으로 둘러싸여 있다. 인구에 비해 워낙 땅이 커서 그나마 다행이라는 생각이 들 정도다. 중앙부는 키질쿰 사막으로 둘러싸여 있어 농사가 어렵다. 구소련 국가 가운데 영토가 다섯 번째로 크고, 남한의 약 4.5배 면적이나 되니까 버텨내고 있는 것이다.

우즈베크의 젖줄인 두 개의 강이 워낙 맑고 깨끗하기 때문일까. 도심을 흐르는 물 또한 아주 맑다. 보기만 해도 시원함이 절로 느껴진다. 사막의 나라에서 어떻게 이런 깨끗하고 맑은 물이 도시를 적실까 할 정도로 신기하다. 시퍼런 물이 도심을 적시니 나라 전체가 푸르고 눈부신 느낌이다.

우즈베크의 전체 연 평균 강수량은 233㎜. 주로 11월~4월에 비나 눈이 내리며, 여름철에는 거의 맑은 날이 계속된다. 4계절이 뚜렷하지만, 겨울이 아주 짧다. 대신 봄은 긴 편이다. 여름은 뜨겁고 가을은 따뜻하다. 이런 날씨로 인해 밀과 보리는 겨울에서 봄까지 타슈켄트주, 사마르칸트주, 카쉬카다르야주 등에서 재배된다. 채소의 경우 타슈켄트주, 사마르칸트주, 수르한다랴주 등지에서 집중적으로 길러진다. 또 과일과 포도는 주로 동부지방에서 생산된다. 쌀은 시르다리야강 상류에서 관개시설을 이용해 재배되고 있다. 무엇보다도 1937년 시베리아 연해주에서 이주해온 고려인이 밀 증산에 큰 역할을 한 것으로 전해들은 때문인지 현지를 둘러보면서 뿌듯함도 많이 느꼈다. 중서부지역에서는 양, 염소, 육우 등을 많이 기르고, 동부는 젖소, 닭, 돼지, 양봉, 양잠업이 발달해 있다.

침간 산의 눈 녹은 물은 우즈베크의 생명수다. 한 여름에 40℃ 정도로 온도가 높이 올라가도 물이 워낙 차가워서 샤워를 하지 못할 정도라고 한다. 도심을 적시는 시원한 물은 침간 산에서 끊임없이 뿜어 대기에 가능하다. 고온에도 땀이 나지 않는 이유는 바로 침간 산의 눈 녹은 물 덕분이다. 그래서일까. 우즈베크인들은 불쾌지수를 그다지 느끼지 못한다고 했다. 도시 한복판에는 항상 맑고 푸른색의 물이 졸졸 흐르고, 곳곳에 있는 분수대에서는 시원한 물이 끝없이 뿜어내고 있으니 스트레스가 생길 것 같지도 않다. 설사 스트레스를 받는다고 해도 금방 사라질 것 같은 느낌이다. 물론 사람마다 생각은 다를 것이다. 이런 느낌은 오로지 필자가 감각적으로 느낀 여행자의 마음이다.

10월초 타슈켄트 시내를 흐르는 하천에서 한 여성이 수영복차림으로 물 마찰을 하며 운동하는 모습을 목격했다. 물이 어찌나 맑고 깨끗하면 한 중년 여성이 지나가는 사람을 전혀 의식하지 않고 물과 몸을 일치시킬까 하는 생각도 해보았다. 우리나라 도심에서는 보기 드문 장면임에는 틀림없다. 시퍼런 물을 한동안 바라보면서 풍덩 빠져보고 싶은 욕구가 강렬하게 솟구치는 이유 또한 너무 맑은 물 때문이다. 공원 곳곳에 돌아가는 스프링클러도 보는 사람들로 하여금 시원함을 더해준다. 호텔이나 주요 건물마다 뿜어대는 분수대의 물줄기로 인해 발걸음이 한결 가벼워지는 느낌도 여행객들을 기분 좋게 하는 요소다. 가로수마다 벌레들이 올라가지 못하도록 회색 페인트칠을 해놓은 모습은 마치 우리나라 거리에서도 흔히 볼 수 있는 장면을 연상케 한다.

타슈켄트 시내 하천에서 물 마찰을 하는 여성

아무다리야 강과 시르다리야 강은 우즈베크의 젖줄이면서도 인근 CIS 5개 국가를 거쳐 흐르는 관계로 인해 물 분쟁의 가능성도 전혀 배제할 수 없다고 한다. 이는 관개농업에 주로 의존하고 있는 우즈베크가 풀어야 할 숙제거리이 기도 하다. 더 큰 문제는 중앙아시아의 젖줄 역할을 하고 있는 아랄해의 물이 줄고 있다는 사실도 고민거리라고 한다. 지구촌이 '물 분쟁'으로 시달리고 있 는 모습처럼, 우즈베크에도 언제일지는 예상하기 어렵지만 물 때문에 걱정거 리가 크지 않을까 하는 생각도 든다.

3. 목화밭, 목화밭

우즈베크에서의 목화는 어떤 위치일까. 뭐라고 한마디로 표현하기는 어렵 다. 너무나도 중요하고 아주 특별해서다. 우즈베크 경제를 지탱하는 큰 버팀 목이 바로 목화다. 구소련 전체 면적의 1%에 해당하는 동부지역 페르가나 분 지는 소련 면화 총 생산량의 33%를, 비단의 35%를 생산할 정도로 '장미의 골 짜기', '흙속의 진주'로 불리고 있다.

우즈베크에서 목화가 차지하는 비중은 산업의 30%에 이른다는 점만 보아 도 더 이상 해석이 필요하지 않다. 목화의 1년 수출액만도 10억달러를 넘어서 고 있다. 경제활동 인구의 30% 안팎이 농업에 종사할 정도로 우즈베크에서의 농업은 상징적인 의미 그 이상이고, 특히 목화가 더욱 그렇다. 주요 공공건물 마다 목화문양을 그려 놓고 있는 것만 봐도 우즈베크와 목화는 불가분의 관계 라는 것을 확인할 수 있다. 목화가 국가의 기간산업이라는 사실을 현지에서는

우즈베크 식물산업연구소 목화밭. 사진제공=농촌진흥청

쉽게 느낄 수 있다. 기차를 타거나 자동차를 운전하면서 쉽게 보이는 목화밭, 목화밭, 목화밭….

우즈베크의 대표 농산물인 목화는 2007년 기준 총 파종면적이 약 145만 ha(총 생산량 약 372만톤)에 달하고, 전 지역에서 골고루 재배되고 있다. 그 중에 '카쉬카다리아(17만5천ha, 12%)'와 '부하라(12만7천ha, 8.8%)' 주에서 비교적 많이 재배되고 있다. 1ha당 수확량은 '부하라' 지역이 약 3톤으로 가장 높다. 목화산업의 총수입은 약 1조4,043억 숨(약 10억 달러), 총비용은 1조1,715억 숨(약 8억 달러)이다. 총 조수입에서 총 비용을 뺀 총소득은 약 2,328억 숨(약 1억6천만여 달러)으로 집계되고 있다. 목화 생산의 99%는 '페르메르(전업농)'가 담당하고 있다. 이들의 평균 농장규모가 약 27ha에 이르는 점을 고려하면 고용노동력 비용이 차지하는 부분이 상당함을 확인할 수 있다. 목화로 높은 소득을 올린다고 보기는 어렵다는 분석이다. 목화에 생산된 총 투입비용 가운데 평균적으로 인건비의 비중이 35%로 가장 높고, 이어 비료대(21.5%), 유류대(15.9%) 순이다. 수확 작업에 노동력이 집중 투입되고 있

다. (우즈베키스탄 농업투자환경 조사보고서, 한국농어촌공사, 2009. 12. p80)

목화 재배농장 〈황만금〉 농장의 예를 보자. 〈황만금〉 농장은 구소련 시대 '노동영웅'으로 추대되어 '금별(gold star)'을 받은 고려인 황만금(1997년 사망)씨의 이름을 따서 아직도 〈황만금〉 농장으로 불리고 있다. 구소련 시대 대규모의 콜호즈 농장으로 그 명성을 날렸던 농장이다. 현재 〈황만금〉 농장은 '페르메르'로, 타슈켄트 시 인근에서 목화, 밀, 사과, 오이, 토마토, 감자 등을 재배하고 있다. 1985년 12월 황씨는 '목화사건'에 휩싸여 체포되었다고 한다. 그는 기록 위조죄 혐의를 받았으며, 수사는 3년 6개월간 계속되었다고 한다. 황씨는 허위 진술을 서명하도록 강요를 받았다. 그러나 재판 시 모든 기록이 허위였고, 재산 횡령 사실이 근거 없는 것으로 인정되어 황씨는 석방됐다고 한다. 황만금 농장의 경우도 농지의 자기소유는 허용되지 않고, 49년간 국가로부터 임차하고 있는데, 임차료는 토지(단일)세만 내면 되고, 영농비는 '크레디트'로 대출받아 수확 후(정책대출) 대금을 정산한다고 한다. 황씨는 인근 농가(데흐칸=부업농 수준)에게 노동력 보유 현황 등을 고려해 1인당 약 2ha 정도 구역을 나누어 관리책임을 맡기는 방식으로 농장을 경영했다. 책임 관리를 하도록 하면서 성과(수확량)에 따라 개인농가별로 약간의 인센티브를 제공하고 있다. 그러면 농가들은 원가를 낮추기 위해 애쓰게 된다. 법적으로 '페르메르'의 임대차는 금지하고 있으나 현실의 '페르메르'들은 인근의 '데흐칸'들과 계약서 없는 형태로 사실상 임대차를 하고 있다. 고용노동자 개념이다. 농업 부문, 특히 목화생산 과정에 있어서는 더 자본주의적이라고 할 수 있다. 과거 〈황만금〉 농장의 농지를 경영하는 '페르메르'는 목화를 생산한 자리에 이듬해에는 밀을 심는다. 일종의 지력 유지를 위해 윤작을 하고 있는 셈이다. 구소련 시대 〈황만금〉 농장은 1ha당 4톤의 목화 수확량을 거뒀다. 농장 노동자들에게 일하기 좋은 조건을 만들어 준 것이 증산의 비결이다. 이를 위해 축구장을 만들어 주는가 하면 휴게실, 샤워장, 목욕탕, 화장실, 점심식사 제공 등 근로자들이 필요로 하는 것을 먼저 챙겨주고 해결해 주었다고 한다. 걱정 없이 열심히 일할 수 있는 여건을 만들어 주되 가족처럼 돌보아 주는 정성도 쏟았던 것이다. 이런 배려로 근로자들의 사기가 높아진 결과 높은 생산성으로 이어졌다. 독립 이후 우즈베크 농업은 집단농장 체제를 '쉬르캇(협동조합)', '페르메르', '데흐칸' 으로 분화하였다. 이러한 분화 및 생산 시스템의 변화는 과거의 집단농장보다 높은 생산력을 이끌어 냈다.

우즈베크 목화산업에 있어서 국가의 역할은 아주 크다. 목화 종자는 국가면화연구소에서 보급하는 종자를 구입해서 사용한다. 목화 생산에 필요한 영농비 지원과 관련하여 재무부 소속의 펀드, 일종의 면화 생산지원 펀드가 있을 정도다. 농가들에게 소요되는 영농경영비의 70%정도를 연 3% 이율로 융자해 준 다음 수확 후 당해에 상환하는 방식을 취하고 있다. 시중 금리가 14%정도인 점을 감안하면 상당히 큰 혜택을 주고 있다. 이런 특별혜택 융자를 주는 품목은 목화와 밀, 보리다. 다른 품목에 혜택을 주지 않는 이유는 채소와 과일의 경우 이윤이 70~80%로 높기 때문이다. 우즈베크에서 목화는 그만큼 국가 전략관리품목이라는 것이 여실히 드러나고 있다. 재배면적 및 생산량 결정 과정을 보면 농업부에서 매년 연말에 익년도 생산계획(재배면적, 물량 등)을 정하여 내각회의에 보고한다. 그러면 내각회의에서 검토, 조정한 다음 최종 재배면적을 확정하고, 인증서를 내려 보낸다. 지역에서는 할당된 면적을 각 '페르메르' 와 계약서를 작성하고 계약을 체결한다. 유류비, 비료, 농약 등 영농자금을 담당하는 농업은행(재무부-중앙은행-농업은행)으로부터 낮은 금리 (3%)로 특별 융자를 받는다. 정상적인 재배를 했음에도 불구하고 상환을 못했다면 구역청과 경찰에서 조사를 하고, 농민에게 책임이 있다면 일정한 책임이 따른다. 흉작으로 상환을 못하면 물론 경작권을 박탈당하기도 한다. 목화산업은 그만큼 '우즈베크의 모든 것'이다. 우즈베크에서의 목화는 중요한 외화 획득 품목이고, 찌꺼기는 종이와 배합사료의 원료로 활용된다. 또 기름(면실유)은 플로브(목화 씨 기름에 볶음 밥)의 기름으로 활용되는 등 쓰임새가 많다. 재배면적은 사전에 정책적으로 결정되고, 수확 후에는 전국 약 99개에서 목화 가공협회 공장에서 전량 수매해 가공한 다음 정부 지정 창고에 보관한다. 이후 대외통상부의 결정 하에 국제 면화가격 시세 등에 따라 러시아 등으로 수출한다. 목화의 자유로운 재배·유통·수출은 불가능하다. (우즈베키스탄 농업 투자환경 조사보고서, 한국농어촌공사, 2009. 12. pp90-95)

수확한 목화를 운반하는 모습. 사진제공=농촌진흥청

우즈베크 정부가 통제하고 있는 연합체가 대부분의 면화를 구매하고, 일부 소량은 개인 무역상들이 구매한 다음 수출을 한다. 그러나 이들 사영 무역상들은 권력 엘리트나 그들의 '측근들'인 것으로 알려지고 있다. 면화 전매업체는 구입한 목화를 공인 무역회사에 판매한다. 이들 무역회사들은 형식상으로는 사영이나 사실상 정부의 관리나 정부에 '끈을 대고 있는 엘리트 기업들'이라고 한다. 이 과정에서 전직 국가안전부 고위 관리가 장으로 있는 대외경제청이 상당한 영향력을 행사하는 것으로 알려지고 있다. 이들 무역업체들은 외국 면사 구매자와 구매계약을 하며, 이 과정에서도 '부패와 부정'이 만연되고 있다는 것이다. 결국 이러한 과정을 통해서 면화 수출을 통한 수익의 10~15%만이 농업 분야로 재투자되는 것으로 추정된다.

구소련 시대의 집단 및 국영농장은 1993년 일종의 협동농장회사(쉬르캇 · shirkat)로 전환되었으며, 1999년부터 쉬르캇을 페르마(ferma)라는 사적 농업 유닛으로 바꾸려는 개혁이 도입됐다. 개별 농민 가족들은 쉬르캇 관리자와 계약을 체결한다. 쉬르캇이 씨앗과 비료 등을 제공하고, 농민들의 생산품을 구매한다. 공식 통계에 의하면, 2005년 목화 및 곡물 생산량의 70%를 페르마가 생산한 것으로 되어 있으나 사실상 지방정부가 '국가주문'에 따른 생산량을 충족시키기 위해 쉬르캇을 지시하고 통제하고 있다. 할당된 생산량을 달성하지 못할 경우 쉬르캇 구성원인 농민들은 보상을 받지 못하며, 페르마의 경우 임차경작권을 상실하게 된다.

우즈베크 면화지대 창출 과정의 중요한 부문이 '노동력의 착취'이다. 면화 노동자들의 공식 임금은 월 6달러에 불과하고 면화 수확기에는 학생들, 심지어는 어린이들까지 거의 강제로 동원된다고 한다. 이들은 열악한 음식 및 주거환경에서 혹독한 노동을 강요당하고 있는 것으로 알려지고 있다. 환경정의재단의 보고서에 의하면, 우즈베크 페르가나(Ferghana) 지방에서만 한 해에 20만 명 이상의 어린이들이 면화 수확 노동에 동원되고 있다. (중앙아시아 정치 · 사회 · 역사 · 문화 대외경제정책연구원, 2009. 12월. pp 145~146)

목화가 갖고 있는 중요성만큼 말 못할 어두운 면도 있다. 아이들을 동원해 면화수확을 하면서 인권단체들이 문제를 삼고 있다는 이야기가 현지인으로부터 생생하게 들을 정도로 심각한 문제가 계속 야기될 것으로 보인다. 서방 언론 등에서 문제를 제기한 후 학생 등의 인력동원을 금지하고 있다는 이야기도 나오고 있지만, 2009년 우즈베크 방문 때 우연히 만난 한 지식인으로부터 이 문제는 여전히 진행형이라고 필자에게 살짝 말해준 기억이 생생하다.

목화밭의 어두운 내막을 더 자세하게 알아보기 위해 현지인을 만나 목화산업의 애환과 앞으로의 전망 등을 들어보려고 했으나 가이드나 현지인 모두 이 문제만큼은 피하는 모습이 역력했다. 국가가 관장하는 일에 개인이 끼어들면 무슨 일이라도 당할 것 같다는 인식이 기본적으로 깔려 있는 것 같았다. 농장을 가까이에서 잠시 볼 수는 있어도 수확 현장과 농장주로부터 목화에 대한 구체적인 이야기를 듣는 것 자체가 불가능하다고 했다.

그러면서도 현지인들은 학생들이 휴교 후 목화 수확에 동원하는 일이야말로 국가적으로도 아주 중요한 산업에 동참하는 것인데, 인권단체 등이 왜 참견하느냐는 식으로 볼멘소리를 내기도 한다고 했다. 목화에 동원되는 학생은 초등학생만이 아니다. 우즈베크의 많은 대학들도 9월 15일이 되면 농장에 가서 목화를 따야 한다고 한다. 대학생들은 농촌 봉사대원으로, 목화를 따기 위해 시골에 간다는 것이다. 대학교와 학과별로 목화 수확의 책임량도 주어지기 때문에 게을리 할 수 없다는 것이다. 대학교별로 시골지역을 분할해 맡게 되는데, 숙식은 스스로 해결한다. 시골의 학교를 빌려 숙소로 만들기도 한다고 했다. 남자와 여자의 숙소가 구분되지만, 밤에는 춤과 노래를 부를 수 있는 공간도 배려해 준다고 한다. 대학생들의 경우 개인당 목화 수확에 대한 책임량이 주어지는데, 남학생은 50kg, 여학생은 25kg을 거둬야 하루 일과가 끝난다고 했다. 목화 수확이 어려운 것을 감안하면 적지 않는 고통이 있었을 것으로 추정된다. 목화가 완전히 결실해 벌어진 것은 뽑아내기만 하면 된다. 그러나 벌어지지 않는 것은 빼내서 수확을 해야 하기 때문에 작업이 어렵다고 한다. 우즈베크의 대학은 매년 9월 15일에서 11월까지 목화 수확 기간에는 휴강 상태나 마찬가지일 정도다.

옛날 우리나라에서 보리를 밟거나 수확하는 데 학생들을 동원한 것과 비슷한 느낌이 들면서도 노동의 강도는 우즈베크가 훨씬 더 컸을 것으로 짐작된다. 대학생들이 목화를 따는 시기의 날씨는 대체로 낮에는 덥고 밤에는 무척 추울 때다. 낮과 밤의 일교차가 커 학생들은 건강관리에도 신경을 써야 한다. 일부 대학생들은 병원에서 건강검진을 받아 참여하지 않거나 돈을 내고 쉬기도 한다는 것이다. 결혼한 여학생은 목화 수확에 참여하지 않는다. 여학생들은 대학에 입학하자마자 곧바로 결혼하는 경우가 많다. 결혼 적령기는 남자가 18~20세, 여자는 16~18세다. 남자와 여자가 결혼을 하면 생활비는 부모가 책임을 진다. (우즈베키스탄에 가다-장훈태, p54)

우즈베크의 목화산업은 이처럼 겉보기와는 다른 아픔이 고스란히 배어 있는 느낌이다. 어린이 등을 목화 수확에 동원하는 일을 현재 법에서 금지하고 있어 '인권유린'이 없어졌다고는 하지만, 현지인들은 이에 전적으로 동의하지 않는 것 같아 하루 속히 어두운 그림자가 걷혀지기를 소망해본다. 목화밭 노래를 정겹게 불러본 기억 때문인지 목화 수확에 학생들이 많이 동원된다는 소식은 더욱 아쉬움으로 남았다. 목화가 우즈베크에서 중요한 산업이면서도 노동력 착취의 '공식적 수단'이 되고 있는 모습은 어떻든 바람직하지 않다. 물론 이 문제는 우리가, 또는 다른 어떤 나라가 간섭할 일이 아닌 우즈베크 스스로 필요에 의한 선택이라는 점도 동시에 고려할 필요도 있다는 생각이다.

4. 까레이스키가 쌓아올린 공, 김병화 농장

우즈베크에서 고려인을 만나는 그 자체만으로도 기분이 좋다. 또 뭔가 깊은 정도 느껴진다. 같은 핏줄이라는 생각이 강한 때문일 것이다. 그 가운데 가장 강한 끌림이 느껴지는 곳은 고려인 집단농장(콜호즈)이다. 1925년 창설된 집단농장은 1974년 김병화 농장으로 명칭이 바뀌었다. 한 사람의 위대한 업적이 스며있는 곳이기에 더욱 깊은 인상으로 남는 곳이다.

고려인 집단농장의 역사는 드라마틱하다는 표현이 잘 어울린다. 1937년 중앙아시아로 강제이주가 될 당시에 처음 정착했던 곳은 갈대밭이었다. 거칠고 험악한 땅에서 살아남는 일도 쉽지 않을 텐데, 고려인 가운데 역사에 길이 남을 인물로 평가받는 훌륭한 분이 있다는 이야기를 현지에서 들었을 때 그저 머리가 숙여졌다. 김병화 선생이 1940년부터 1974년까지 농장 대표를 맡으면서 주재국 고려인 중 유일하게 두 차례나 '노동영웅훈장'을 받았다고 하니 존경스러운 마음이 절로 든다. 그러나 안타깝게도 대표적인 고려인 집단농장은 경제적인 어려움 등으로 해체되고, 개인 영농회사로 바뀌고 있었다. 역사의 흔적만 간신히 느낄 수 있을 뿐이었다.

고려인의 영웅 김병화 농장을 찾아간 날은 2009년 10월 9일이다. 마침 한글날이다. 세종대왕의 위대한 업적, 이 땅에 우리글을, 세계만방에 떳떳하게 선포한 그 숭고한 뜻을 기념하기 위한 한글날에 또 다른 곳에서 고려인의 위상을 드높인 농장을 찾은 때문인지 흥분된 마음으로 가득 찼다. 서슬 퍼런 구소련 시대에 감시의 대상이 된 고려인. 그러한 고려인에다 민간인으로는 받기가 거의 불가능에 가까운 훈장을 두 번씩이나 받은 우리의 핏줄인 김병화 선생님의 업적을 이국땅에서 더듬어볼 수 있어서 매우 기뻤다.

집단농장 가운데 가장 모범적이고, 범죄도 없이 최고의 농산물 생산량을 까레이스키가 일궜다는 사실을 직접 눈으로 보고 듣는 순간 눈물이 절로 나왔다. 무엇보다도 강제 이주를 당한 고려인이 영웅상을 받은 것은 엄청난 일이 아닐 수 없다. 더욱 감동적인 것은 현지인이나 고려인 모두 김병화 선생을 존경하였고, 위대한 인물로 평가하고 있었다.

우즈베크의 이주 역사는 언제 부터일까. 1811년 홍경래의 난(조선 순조 11년에 평안북도 가산군에서 홍경래가 지방 차별과 조정의 부패에 항거하여 일으킨 농민 항쟁으로 이듬해 관군에게 진압됨) 때부터 시작됐다고 한다. 먹을 것이 없어서 13가구가 만주에 정착한 것이 시발점이다. 1869년 북한에서는 여름 장마로 인해 농사에 크게 상처를 입는 대흉년으로 굶어죽는 사람이 적지 않자 함경도, 평안도 등에서 만주로 이동한 것이다. 당시 함경도에서만도 776가구가 연해주로 이주했고, 1880년대까지 연해주에는 조선인이 러시아인보다 많았다고 전해질 정도다. 연해주에 살고 있는 조선인은 고려인(까레이스키)으로 불렸다. 당시 러시아 국적을 얻은 자는 토지를 소유할 수 있었으나 국적이 없는 자는 토지를 갖지 못해 더 힘들게 살았다. 1937년 연해주에는 조선인 20만 명이 거주한 것으로 전해지고 있다.

1869년에는 간도로 건너간 조선인들도 많았다고 전해진다. 간도 개척은 대부분 조선인이 한 셈이다. 한족이 이주한 때는 1880년 후반이다. 조선인들은 북간도(압록강)와 동간도(연변) 일대에서 거지생활을 하며 대부분 소작인으로 지독한 가난에 시달리기도 했다. 당시 일본이 전쟁을 일으키자 스탈린은 위기의식을 느꼈다고 한다. 스탈린이 고려인을 강제 이주시킨 이유는 고려인들이 극동 변방에서 일분군의 첩자 역할을 할 수 있다는 이유에서라고 했다. 또 중앙아시아의 척박한 땅을 고려인들의 뛰어난 노동력으로 땅을 일구겠다는 이유도 깔려 있었다고 한다. 여기에다 조선인과 중국인을 구별하지 못한 것도 위기의식을 느낀 이유 가운데 하나로 꼽히고 있다. 1895년 청ㆍ일 전쟁 때는 일본이 폐하고, 1905년 러ㆍ일 전쟁 때는 일본이 이기는 역사의 굴곡 속에서 사할린은 일본 땅(북해도)이 된다. 당시에 러시아는 일본에 대한 공포를 느낀 모양이다.

러시아는 결국 20만 명의 조선인이 일본의 첩자로 변할지 모른다는 걱정 때문에 비밀리에 강제이주를 단행하게 된다. 고려인의 수난사는 이렇게 시작됐고, 돌이켜보면 어안이 벙벙할 정도로 참혹을 당한 셈이다. 너무 억울한 일을 우리 조상들이 겪은 것이다. 1937년 9월에 단행된 강제이주. 소련군이 강제이주를 단행할 때 그냥 줄을 세워 화물차에 실어 보냈는데, 그 수도 18만 명이라고 했다. 9~11월에 6,000km나 떨어진 우즈베크로 대 이주를 시켰으니 참혹한 당시의 실상을 어느 정도 짐작해볼 수 있다.

시베리아행 열차에 몸을 실은 고려인은 우즈베크, 카자크 등지로 '죽으라고 그냥 내던져진' 것이나 다름없었다고 한다. 그야말로 열차는 '짐승 칸'이라는 것이다. 고려인들은 '한 무리의 짐승' 취급을 받았다고 현지에서 만난 생존자들은 전했다. 30~40일간 검은 빵만 주고, 5~6가구(25~30명)씩 빛도 없는 곳으로 끌려갔으니 그런 표현도 과장된 말은 아닐 것이다. 한마디로 고려인은 생존의 길을 찾아 제3의 길을 간 것이 아니라, 죽음의 땅으로 내쫓긴 것이다. 소비에트 정권의 채찍질에 만신창이로 흩뿌려진 유랑, 디아스포라(민족분산)가 된 셈이다.

이 과정에서 어린이 등 노약자의 60%는 죽고, 빛·물·식량도 거의 없는 상태에서 시체를 안고 달리던 기차가 서게 되면 파묻곤 하는 일이 반복됐다고 한다. 끔찍한 일이 벌어진 사이 고려인들은 중간 중간에 내리면서도 어디인지 모른 채 뿔뿔이 흩어졌다는 것이다. 이 이야기를 현지에서 생생하게 들으면서 정말 끔찍하다 못해 잔인한 버림을 우리 고려인이 당했다는 생각에 너무 속이 상하기도 했다. 이렇게 까레이스키는 수용하는 쪽의 준비도 없이 그냥 이곳저곳에 던져진 기가 막힌 일을 당했다. 한겨울에 갈대밭에 내몰렸던 당시의 고려인은 무슨 생각을 했으며, 모진 삶을 어떻게 헤쳐 나왔을까. 그것도 한두 명이 아니라 수만, 수십만 명이다. 당시 우즈베크에는 9만 명, 카자크에 8만 명 등 약 17만 명이 버려진 것으로 전해진다. 더 추운 카자크에 버려진 1만 명은 다시 우즈베크로 이주하기도 했다. 1926년 러시아 극동지역에 거주한 한국인이 16만7,400명 정도였다고 하니, 수많은 고려인이 살아남기 위해 얼마나 처절하게 몸부림 쳤을까 하는 생각만 해도 소름이 돋는다.

고려인 가운데는 겨울이 지나고 봄이 오면서 가지고 온 씨앗을 척박한 땅에

심기도 했다. 당시 땅은 많았으나 농사는 엉망이었다고 한다. 농사를 잘 짓는 고려인조차도 거둔 곡식으로 한 해를 겨우 풀칠했을 정도였다는 것이다. 물론 고려인 가운데는 김매기를 열심히 하면서 농사를 아주 잘 지어 현지인보다 10배 이상의 수확량을 올리는 놀라움도 과시했다고 한다. 당시에 벼농사는 거의 짓지 않았는데, 고려인들이 이곳으로 들어오면서 벼와 채소(배추·파 등) 농사를 성공적으로 지으면서 훌륭한 집단농장을 일궈냈다는 진솔한 영웅담은 감동 그 자체다.

소련정부(스탈린)가 대학살과 억압, 숙청을 끔찍하게 진행하면서 고려인에게 큰 공포심을 안겼던 때여서 더욱 그렇다. 당시 고려인들은 오직 살아남기 위해 조선말을 하지 않았고, 러시아말만 사용하는 고통도 감내해야만 했다는 고백을 현지에서 생생하게 전해들을 수 있었다. 그럼에도 불구하고 까레이스키는 변함없이 한국에 대한 강한 뿌리의식을 간직하며, 자긍심도 잃지 않았다. 고려인이 한국말을 하지 않았다는 것은 생존을 위해 어쩔 수 없는 상황으로 이해되기도 하지만, 다른 한편으로는 한국에 대한 정체성이 사라져가는 아쉬움도 남겼다. 약한 나라의 설움 때문이기에 충분히 이해가 되는 대목이다.

생존에 대한 처절함을 소련 당국도 미안하게 생각했을까. 드디어 1989년 고르바쵸프는 5차 공산당전당대회에서 "우리는 고려인에게 사과해야 한다. 박해했다. 보상해야 한다. 권리를 회복해야 한다"고 선언했다. 고려인에 대한 위대한 전환점을 예고한 말이다. 살아 있는 양심의 표현이라고 말하는 것이 온당하다.

이로써 고려인은 당장 소련에 부속되고, 공직에도 많이 나가게 됐다는 것이다. 지금은 많이 줄기는 했지만, 당시에는 권리가 어느 정도 회복됐다는 뜻이다. 공민권 회복, 즉 소련의 한 족속으로 지위를 인정받았다고 한다. 고려인도 소련 당국의 이러한 대우에 힘입은 탓인지 집단농장에서는 놀라운 수확량을 내면서 소련 전체에서 아주 모범적인 농장으로 인정을 받은 것으로 유명하다.

그러나 우즈베크가 소련으로부터 독립하면서 집단농장은 없어졌다. 물론 독립을 한 후에는 이 단어가 사용되지도 않고 있다. 당시 고려인들이 엄청난 고생을 한 때문인지 자녀들에 대한 교육열도 덩달아 높아 한국 못지않게 강했다. 이러한 교육에 대한 열정이 있었기에 자녀들은 역량을 마음껏 발휘하며 돈도 많이 벌었다고 한다. 자연스럽게 고려인은 독하다는 소문이 퍼졌다. 일각에서는 까레이스키는 사막에 떼어 두어도 살 수 있다며 대단한 핏줄로 각인 시켰다. 한국말을 잘하지는 못해도 한국인, 또는 러시아인이라는 큰 긍지를 가지면서 생존의 비결을 배우고, 더 나은 미래를 향해 질주본능을 내보이며 살았던 것이다.

김병화 선생에 대한 이야기를 미리 듣고 간 때문일까. 이중사회주의 노력영웅상 동상이 있는 김병화 박물관(타슈켄트 남쪽 위치)에 도착하는 순간 가슴이 찡하고 존경심도 가득 솟구쳤다. 한 번도 받기 어렵다는 노력영웅상을 두 번이나 받은 그 자체만 놓고 보아도 존경스러움이 절로 나온다. 김병화 선생이 노력영웅상을 두 번 받은 때문에 동상은 두 곳에 있다고 한다. 보통 하나는 태어난 곳에 세우는데, 고향이 북조선이라서 세우지 못했다고 한다. 이 이야기를 듣는 순간 우리가 꿈꾸고 소망하는 통일이 왜 어서 이뤄져야 하는지도 새삼 느끼게 해 주었다.

김병화 박물관 입구에는 김영삼 전 대통령이 하사한 시계도 보였다. 박물관 안의 가운데에 김병화 선생의 사진이 있고, 양쪽에는 이런 글귀가 있다. "(원쪽에는)이 땅에서 나는 새로운/(오른쪽)조국을 찾았다.”

김병화 선생과 함께 일했던 고려인은 현재 대부분 세상을 떠났다. 나이가 가장 많은 자는 96세가량. 이분들이 집단농장으로 올 때에는 대부분 8~10세였다. 박물관 안에는 김병화 선생이 사용하던 책상과 의자 등이 고스란히 간직돼 있었다. 김병화 선생은 1938년(가족은 1937년)에 우즈베크에 왔다고 한다.

김병화 박물관 내부 글귀

당시 군인들은 김병화 선생을 감옥에 넣어 일곱 달 동안 고통을 준 것으로 전해진다. 현지에서 전해들은 더 놀라운 사실은 이중노력 영웅상을 두 번이나 받은 김병화 선생이 세 번까지도 이 상을 받을 수 있었다고 했다. 그만큼 위대한 업적을 남긴 인물이라는 것이다. 안타깝게도 김병화 선생은 병으로 1974년 사망하면서 세 번째 수상은 물거품이 되고 말았다.

당시 김병화 농장 안에는 정미소와 자체 전기를 생산하는 발전기도 있었다. 또 비행기로 농약을 뿌리고, 목화를 재배할 정도로 기계화도 잘 돼 있었다. 김병화 선생은 새벽 6시 해가 뜨면 곧바로 회의를 진행하고, 농사일과 건축일 등을 각각 지시할 정도로 빈틈이 없었다고 했다. 저녁에는 아침에 지시한 대로 일을 했는지를 회의를 통해 꼼꼼하게 확인하며, 농장을 거의 완벽하게 운영한 것으로도 유명하다. 하루에 일한 것을 칠판에 개인별로 기록하며 철저하게 농장을 관리했다. 낮이나 밤을 가리지 않고 일에 몰두할 정도로 열정을 쏟은 인물이 바로 김병화 선생이다.

김병화 선생은 1947년에는 벼농사로, 1951년에는 목화농사로 노력영웅상을 받았다. 박물관에는 후루시쵸프와 함께 찍은 김병화 선생의 사진이 있을 정도로 구소련으로부터도 확실하게 인정을 받았다는 것을 확인할 수 있었다. 김병화 농장에서는 교육 또한 철저했다. 농장 안의 유치원에서는 아이들에게 러시아어를 가르치는 등 교육에도 열정을 쏟았다고 한다. 당시에는 러시아어를 하지 못하면 공부를 못할 정도여서 철저하게 준비할 했다는 것이다. 물론 농장 안의 유치원에서는 4~5세 아이들에게 한국어를 가르칠 정도로 조국에 대한 사랑도 잊지 않았다고 한다. 청년들의 경우 대학에 들어가기 위해 러시아어를 더욱 철저히 배웠다. 집단농장에서는 한 가족당 8~10명이 생활을 할 정도로 대가족제도의 모습도 고스란히 배어 있었다. 또 자녀를 많이 낳으면 상을 줬는데, 10명을 낳게 되면 어머니에게 영웅이라는 칭호도 주어졌다고 한다.

집단농장의 규모는 어느 정도일지 궁금해서 박물관의 기록을 유심히 살펴봤다. 김병화 농장은 1953~1980년까지만 해도 3,127ha로 규모가 매우 컸다. 1,924농가에 주민의 수가 무려 7,828명(우즈베크인 2,627명, 카자크인 2,013명, 한인 1,543명, 위구르인 847명, 러시아인 283명, 타지크인 250명, 투르크메니아 65, 기타민족 200명). 파종면적은 2,098ha. 작물별로는 목화 (1,053ha), 밀(800ha), 쌀(218ha), 황대마용(110ha), 채소(17ha) 등이다. 당시의 집은 갈대 등으로 지은 초가집이다.

김병화 선생은 1940~1974년까지 35년간 집단농장에서 봉직했다. 6대까지의 농장장은 한국인이었고(김병화 선생 5대 농장장), 7~9대는 우즈베크인, 10대 고려인, 11대 농장장(파르다 예브 압두카하르 2004~2005년)을 끝으로 농장은 막을 내린다. 농장은 현재 우즈베크 소유로 넘어갔다. 당시 김병화 선생과 같이 일한 고려인은 2009년 말 현재 6명 정도만 생존해 있었다.

김병화 박물관의 관장은 장에밀리아 안드레예브나씨(2009년 69세). 2009년 현지에서 만났을 때 4년째 관장을 맡고 있었다. 그의 남편은 장로지온씨

장에밀리아 안드레예브나 관장과 남편 장로지온씨

(2009년 72세). 1978년에 지은 박물관은 장에밀리아 안드레예브나씨 남편이 건축회장을 맡으며 지었다고 한다. 박물관장은 그러니까 고려인 3세인 셈이다. 그는 우즈베크에서 한국어를 가르치고 있다. 카자크에서 사범대학까지 나왔고, 타슈켄트 문화협회에서 한국어 강의를 하면서 박물관장을 의욕적으로 맡고 있는 모습이 참으로 아름다웠다.

박물관장은 김병화 선생께서는 살아 있을 때 동상이 세워졌기 때문에 20년간 자신의 동상을 보면서 출퇴근을 했다고 말해 주었다. 김병화 선생이 자신의 동상을 보면서 늘 출퇴근을 했다는 이야기다. 출퇴근을 할 때마다 자신의 동상을 보면서 마음 깊은 곳에서 매일 뿌듯함을 느끼고 있었다고도 전해주었다. 생전에 두 번의 훈장을 받은 사례는 거의 없는 일인데, 김병화 선생이 그 일을 마침내 이뤘으니 존경스러움이 저절로 생긴다는 것이 현지인들의 이야기다.

현지에서 가이드나 박물관 관계자들, 또 김병화 선생 이야기를 꺼내는 자마다 약간씩의 차이는 있어도 김병화 선생 생전에 벼와 목화의 수확량이 일반인보다 10~20배나 많았다고 자랑했다. 어떻게 이런 놀라운 수확량을 거둘 수 있었는지가 궁금하지 않을 수 없었다. 그 비결을 박물관장에게 여쭤봤다. 답은 의외로 간단했다. 열심히 일하는 것을 기본으로 해서라고 했다. 하루 일과에 대한 토론과 회의 등으로 정성을 다해 준비한 것이 비법이라고 소개했다. 밤 11시경에 잠자고, 새벽 5시에 일어나는 부지런함 또한 성공요인으로 지목했다. 농약은 거의 사용하지 않고 손으로 풀을 뗐다고 했다. 대신 흙물을 만들어 넣어 주며 작물을 튼튼하게 키운 친환경 농사에 중점을 쏟은 것이 비결이라면 비결이라고 알려주었다. 당시 농장에 생활하던 식구들은 대부분 대학을 다녔다고 했다. 박물관장의 자녀 5명도 모두 대학을 보냈다고 자랑했다. 집단농장에 거주한 고려인 역시 지금 한국에서 불고 있는 교육 열풍 못지않게 강했다는 것이다.

김병화 농장은 현재 용우치콜리 회사로 명칭이 바뀌었다. 이 회사는 국가로부터 땅을 빌려 농사를 짓고 있다. 고려인은 농장 근처에서 배추와 무 등의 농사를 짓고 있다. 주택에 달린 텃밭 형태에서 농사를 짓는다. 물론 우리가 생각하는 텃밭보다는 훨씬 큰 규모다. 김병화 농장이 없어진 것도 안타까운 소식이지만, 김병화 선생의 이름을 딴 고등학교(김병화고)도 2006년부터는 사라졌다. 조합(집단농장) 이름이 없어지면서 사라진 것이다. 마찬가지로 김병화 거리도 없어졌다는 이야기를 현지에서 들었을 때 정말 눈물이 핑 돌았다. 이름이 없어진 것에 대해 필자 뿐 아니라 고려인, 현지인도 매우 안타깝다고 했다. 그만큼 현지인들도 김병화 농장, 김병화 거리, 김병화 학교를 기억할 정도였으니 말이다. 이름이 계속 유지될 수 있도록 외교적 노력 등 다른 대안은 없었을까 하는 생각도 밀려왔다. 참으로 가슴이 아픈 일이 아닐 수 없다.

현지 고려인 문화협회 등에서 이름을 돌려달라고 우즈베크 정부에 요구도 했다고 한다. 우즈베크 젊은이들도 김병화 학교나 김병화 거리 등이 왜 바뀌었는지에 대해서 못마땅하다고 할 정도라는 이야기를 현지에서 들으면서 다시 회복시킬 수 있는 길이 열렸으면 얼마나 좋을까 하는 생각이 간절했다.

박물관장은 1994년 한국을 한 번 다녀왔다고 말했다. 그러면서도 김병화 이름의 학교 등이 없어진 것에 대해 한국측에 도와달라는 요구는 하지 않았다고 했다. 그는 한국에서 계속 관광객이나 사업차 들리는 사람들이 올 테고, 그때 김병화 선생 이야기를 전하겠다는 의욕만 내보였다. 더불어 한국인의 자긍심을 이국땅에서 갖도록 하려면 10평 남짓한 박물관만큼은 절대로 사라지지 않도록 현지 고려인은 물론 한국 모두가 깊은 관심을 지속적으로 쏟아야 한다고 호소했다.

박물관장에게 꿈이 뭔지를 물어봤다. 그는 고려인 후세들이 우즈베크어와 한국어를 잘하고, 공부도 잘해서 우즈베크나 세계 곳곳에서 두각을 냈으면 하는 것이 소박한 꿈이라고 힘주어 말했다. 이국땅에서 사는 고려인은 아직도 설움을 받고 있는 때문일까. 고려인은 농사를 짓고 싶어도 돈이 없어서 땅을 빌리지 못하고 있다고 한다. 비료 값이나 트랙터 등을 빌리는 비용도 만만치 않아서다. 사정이 이렇다 보니 고려인 자녀들은 대학을 졸업한 후 대부분 우즈베크에서 직장을 얻거나 그렇지 못할 경우 인근 러시아, 카자크 등으로 나간다고 한다. 물론 한국으로도 나가기를 희망하는 사람도 늘고 있다. 이국땅에서 갖가지 핍박을 받으면서 모질게 살아온 고려인들. 이미 그들의 자녀는 5대까지 뻗어가고 있다.

전북 남원이 고향이라는 박물관장은 고려인의 생활수준은 여러 가지 어려움 속에서도 비교적 좋다고 했다. 높은 교육열 덕분이라고까지 강조했다. 교육의 힘이 결국 고려인의 생명력을 길게 하고 희망을 일궈가는 원동력이 되고 있다. 그는 박물관만이라도 이름이 바뀌지 않고 계속 이어가야 한다고 재차 강조했다. 김병화 박물관이 계속 보존돼야 고려인의 자랑스러운 역사가 이곳을 찾는 전 세계인에게 중단 없이 소개되고, 특히 한국인들에게 자긍심을 깊이 심어줄 수 있기 때문이라고 했다.

한국에서 관광객이 계속 몰려올 것을 생각한다면 박물관의 존재 이유는 더욱 명확해진다는 설명이다. 박물관마저 없어진다면 고려인의 긍지와 자부심도 함께 사라질 것이기 때문에 박물관만큼은 어떤 이유에서든 결코 사라져서는 안 된다고 강조했다. 우즈베크 내에서는 나름대로 후계자를 계속 육성해 박물관을 잘 관리해나갈 것이라고도 했다. 그나마 다행스러운 점은 한국대사 관에서 운영비 등 일부를 지원하고 있어서 희망이 생긴다는 것이다.

고려인 후세들인 젊은이들 대부분이 한국말을 하지 못하고 있는 점은 안타 깝다고 했다. 젊은이들은 주로 러시아어나 우즈베크어를 사용한다. 이 때문 에 박물관장을 이을 후계자를 양성하는 일도 쉽지만은 않는 현실이다. 우즈 베크 젊은이들은 한국을 기회의 땅으로 인식하며, 한국어를 배우려는 열기가 뜨거운 반면 역설적이게도 고려인 자녀들은 인근 국가로 직장을 찾아 떠나다 보니 한국어를 배우는 일이 더 멀어지고 있다. 박물관에서 만난 김병화 선생 의 증손자(김창국, 현지인 이름 태스타니슬라브, 2009년 당시 43세) 역시 현 재 러시아에 살고 있는데, 한국말을 거의 하지 못하고 있었다. 대부분의 까레

김병화 선생의 증손자 김창국씨

김병화 박물관 전경

　　이스키 후손들이 김창국씨처럼 한국말을 잘 하지 못한다는 이야기를 전해 들으면서 마음이 몹시 무거웠다.

　　박물관 주변에서도 목화밭이 눈에 많이 들어왔다. 우즈베크 하면 목화가 떠오를 정도로 중요한 산업이어서인지 목화는 어디를 가도 쉽게 볼 수 있다. 목화에 대한 관심이 증폭돼 목화 사진을 찍고, 농장에서 일하는 사람들과 대화도 하고 싶었으나 뜻을 이루지 못했다. 목화 밭에서 사진을 촬영하다가 걸리면 '감옥을 갈수도 있다' 는 말을 듣고서는 이내 접어야 했던 것이 정말 아쉬웠다. 진짜인지도 모르지만, 적어도 우즈베크에서는 목화를 접하기가 어려운 것만은 사실이라는 것을 뼈저리게 느꼈다.

　　박물관이 있는 마을에서 김병화 선생과 함께 집단농장에서 일했다는 양 니콜라이 씨(77세(2009년), 양용혁 씨)를 만날 수 있었다. 그는 공부를 하기 위해 러시아로 갔다가 러 · 일 전쟁 때 이곳으로 들어왔다고 했다. 양씨는 아버지가 어떻게 죽었는지도 모른다고 했다. 밤에 이곳으로 와서 경찰이 아버지를 잡아간 이후로 부모의 생존을 몰랐다는 안타까운 말도 전해주었다. 김병화 박물관 주변 마을에는 2009년 10월 현재 고려인 25가구(400명 정도)가 살고 있다. 전체 가구 수는 250가구. 이곳 고려인들은 아무리 어려워도 자식 공부는 철저히 시켰다고 하나같이 강조했다. 고려인 자녀들 가운데는 대학을 수석으로 졸업할 정도로 능력이 탁월했지만, 일자리가 없어 러시아 등지로 많이 나간다고 했다. 최근에는 한국에도 많이 나가는 추세라고 양씨는 밝혔다.

양 니콜라이씨의 텃밭

양씨처럼 이곳 고려인 고령자들은 쓸쓸한 노후를 보내고 있는 모습이 역력했다. 현지에서 만난 까레이스키들은 자녀들이 타 지역이나 인근 나라로 떠나가는 모습을 안타깝게 지켜보고만 있을 뿐, 달리 말릴 수 있는 처지도 되지 못하는 현실이 가슴 아프다고 했다. 양 니콜라이 씨는 조합이 없어진 것에 대해서도 아쉬워했다. 김병화 선생이 살아있을 때 러시아에서도 김병화 농장을 모르는 사람이 없을 정도로 유명했는데, 김병화 선생이 사망하고 다른 회장이 들어서면서 조합이 쇠퇴하더니 결국 문을 닫았다는 것이다.

러시아 의과대학과 영국의 대학에서 졸업한 자녀를 두고 있다는 그는 손자는 다행히 서울에서 공부를 하고 있다며 자랑했다. 집 4칸에 달린 200평이 넘어 보이는 텃밭에서 그는 고추·토마토·배추·가지·양파·미나리·들깨·닭 등을 재배하며 기르고 있었다. 젊은이들이 우즈베크에서 생활하지 않는 이유는 월급을 많이 받지 못하기 때문이라고 했다. 결국 우리의 이농현상처럼 젊은이들은 도시나 타국가로 떠나가는 현상이 자연스럽게 이뤄지고 있었다.

우리나라 농촌의 어르신들처럼 나이 드신 분들만 마을에 남아 주말마다 찾아오는 자녀를 만나는 재미로 산다고 했다. 자녀들이 도와주지 않으면 생계가 어렵다는 이야기도 꺼냈다. 그는 5살 때 우즈베크로 와서 엄청난 고생을 했다고도 말했다. 양씨 집을 방문했을 때 9살 아래인 그의 부인 박라리 씨는 재봉틀을 아주 잘 다루고 있었다. 오래된 재봉틀로 옷을 만드는 모습이 옛날 우리네 부모들이 하던 모습과 다르지 않았다.

양 니콜라이 씨의 고향은 제주도. 그런데 한 번도 고향을 가지 못했다며 눈물을 글썽였다. 돈이 없어서 가지 못했다는 이야기도 들려주었다. 60살까지 농사일에 종사했다는 그는 소, 돼지, 닭을 기르며 한 때 230명의 직원을 거느

린 사장 직함도 갖고 있었다고 고백했다. 다만, 개인 소유가 아니어서 돈은 많이 벌지 못했다는 것이다. 당시만 해도 월급은 지금의 돈으로 계산해도 300달러나 됐다고 했다. 이 정도의 급여를 받았다면, 모스크바까지 나가서 점심을 맛있게 먹고 돌아올 정도로 꽤 잘 나갔던 시절이라며 당시를 술회하기도 했다. 그 때를 잠시 회상하며 만면에 미소를 보이던 양씨의 모습에서 고려인의 강한 자긍심을 읽어낼 수 있었다.

그랬던 그가 지금은 우즈베크 정부로부터 돈을 조금 받기도 하지만, 그 돈으로는 모자라 살아가기가 빠듯하다고 한다. 자식으로부터 손을 빌리지 않으면 삶이 고단하다고 했다. 현지에서 만난 고려인들은 우즈베크에서 힘겹게 살아오면서도 한국을 생각하면 늘 가슴이 찡하다고 했다. 또 조선말만 나오면 춤을 덩실 추며 울기도 한다고도 했다. 가보고 싶은 고국을 생각하면 더욱 그리움에 사무치는 법이다. 88올림픽 때는 조선 양반이 금메달을 목에 걸고 있는 모습이 너무 좋아서 박수치며 춤을 추었다며 당시의 모습도 생생하게 말해주었다. 고려인에 대한 자긍심은 그래서 지금도 아주 높다고 했다. 한국이 경제적으로, 문화적으로 위상이 올라간 때문이라고 했다. 축구 이야기도 꺼냈다. 2002년 월드컵 때 한국 대표팀의 명장 히딩크 감독을 또렷이 기억하며 당시의 흥분된 마음이 떠오른다고 말했다.

남과 북에 대한 묘한 감정도 이들은 가슴속에 지니고 있었다. 러시아에서 공부를 했다는 양 니콜라이씨는 김일성 주석에게 편지를 보내 평양에 있는 여동생을 어떻게 만날 수 있느냐고 질의도 했다고 한다. 여동생으로부터 편지를 받은 후 그의 어머니가 평양에 들어가서 둘이 끌어안고 많이 울었다는 경험도 들려주었다. 양씨의 어머니는 이후 조선에 들어가서 죽었으면 한다고 했지만, 뜻은 이루지 못했다는 것이다. 결국 그의 며느리가 한국에서 흙을 가져와 어머니 묘에 얹어 놓은 것으로 만족해야만 했다고 말했다.

김병화 박물관 주변은 대평원이다. 목화와 밀이 심겨진 넓은 땅은 참으로 부러울 정도로 넓다. 소들이 푸른 풀을 뜯어먹으며 여유를 부리는 모습도 곳곳에서 볼 수 있었다. 타슈켄트 시내에서 김병화 농장까지 가는 40분의 거리는 그리 멀지는 않았지만, 까레이스키에 대한 강한 향수 때문인지 가깝고도 아주 먼 느낌이 들었다. 박물관으로 가는 도로 주변에는 밀과 목화밭이 끝없이 펼쳐져 있고, 젖소들은 여유롭게 풀을 뜯고 있었다. 말을 타고 넓은 들판을 달리며 소를 모는 목부나 대형 트랙터로 옥수수를 수확하는 모습은 풍요로운 농촌을 상상하는데 부족함이 없을 정도다.

우즈베크 고려인의 역사에서 빠지지 않는 김병화. 그는 1905년 연해주에서 태어나서 공산당 활동을 한 것으로도 전해지고 있다. 다른 연해주 한인들처럼 중앙아로 강제이주된 직후 황무지에 물길을 놓고 벌판을 개간하고, 식량을 지원한 공로로 구소련으로부터 두 차례에 걸쳐 노력영웅 훈장을 받은 인물이다. 황량한 갈대밭만 보이던 죽음의 땅에서 노력영웅이 되기까지는 오직 살아야 겠다는 일념으로 땅을 일군 때문이라고 했다. 김병화 이름 세 글자가 또렷이 새겨진 박물관은 그 인물의 크기에 비해 단층짜리 '초라한 건물'이다. 몹시 안타까운 마음이지만, 언젠가 뜻있는 사람들에 의해 영웅 김병화의 업적이 새롭게 부각되기를 기대해본다.

5. 개방과 보존의 딜레마

"새 집으로 이사하기 전에 헌 집을 부숴서는 안 된다."

1990년 3월 대통령에 선출(1992년 12월 재선, 2000년 1월 재선), 2007년 12월 임기 7년의 대통령에 다시 당선된 우즈베크 이슬람 카리모프 대통령의 말이다. 현재 우즈베크 경제 체제와 정책방향을 대변하는 말로 집약된다. 우즈베크가 지향하는 경제 프로그램은 궁극적으로 '안정된 사회주의적 시장경제'다. 새로운 시장경제는 신중하게 한 단계, 한 단계씩 도입한다는 뜻이다. 세계 10위의 천연가스 생산국인 우즈베크는 금, 구리, 석탄, 은, 납, 아연, 철 등 다양한 광물자원이 풍부한 나라다. 우즈베크의 토지는 국유화 되어 있고, 장기(50년) 임대 방식으로 이용되고 있다.

그러나 건물·주택 등에 대해서는 소유권이 인정되고 있다. 구소련 시대의 국영기업과 농장의 사유화를 추진하고 있으나 아직도 주요 토지와 농장, 공장은 국유인 경우가 많다. 또 '거주 이전'과 관련, 수도인 타슈켄트로 전입하기 위해서는 거주지 및 직업 증명이 필요하다. 주요 산업의 공장들은 국가지분이 51%일 정도로 상당부분이 국가의 지휘와 통제 하에 놓여 있다. 전력 분야, 석탄산업, 지역난방시스템, 연료·에너지 공급시스템 등은 '연료 및 에너지 콤플렉스(FEC)'에 소속돼 국가가 관장한다. 석유와 가스 산업은 국영기업인 우즈베크 석유가스회사가 독점으로 운영한다. 주요 산업은 모두 국가가 가지고 있다.

우즈베크는 2003년 부분적인 환전자유화 제도를 도입했으나 실제로는 정부 당국에 의한 인위적 환율 조정이 이뤄지고 있는 이중환율 구조다. 다시 말해 공식 환율은 달러당 1,500숨이나 암 시장에서의 환율은 1달러에 1,750숨에 거래되고 있다고 한다. 이상한 점은 우즈베크인들은 은행 예금을 기피한다고 한다. 은행에 현금이 없어 예금 인출이 제대로 되지 않는 경우도 있을 정도다. 카드 보급 및 단말기기 설치 등 기본 인프라 역시 미흡하다. 신용시스템이 미비 돼 있는 데다 제도 운영 및 관리의 문제 등으로 지하경제의 비중이 큰 부분을 차지하고 있다는 이야기다. 제한적이고 점진적인 개방개혁이 이루어지면서 개방경제체제를 지향하고 있는 카자크와의 경제 격차는 그래서 더욱 심화될 것이라는 전망도 나오고 있다. 개방과 보존의 딜레마에 빠져 있는 모습이다.

남한 국토면적의 약 4.5배에 해당되는 우즈베크는 2007년 기준 GDP가 194억달러로 우리나라(9,699억 달러, 한국은행)와 비교하면 엄청난 차이를 보인다. 1인당 GDP는 약 720달러로 우리나라(약 2만불)의 3.6% 수준에 그치고 있다. 우즈베크의 농촌인구 비율은 1897년 81.2%에서 1990년에는 59.2%로 조금씩 줄었으나 1995년 이후부터는 다시 약간씩 증가하고 있다. 우즈베크 정부가 2006년 발표한 자료에 의하면 1995년 61.3%이던 농촌인구는 2002년 62.9%, 2005년 64.3%다. 농촌인구 비율이 조금씩 증가할 정도로 농촌의 중요성이 다시 커지고 있는 양상이다. 이는 도시화의 진전이 미흡한 때문인지 도시이주의 제한 때문인지 별도의 검토가 있어야 할 부분으로 지적되고 있다. (우즈베키스탄 농업투자환경 조사보고서, 한국농어촌공사, 2009. 12. pp50-52, 56)

그런데도 우즈베크의 중심산업인 농업의 비중은 줄고 있다. 국내 총 생산액 가운데 농업부분이 차지하는 비중은 2004년 26.4%에서 2007년에는 21.7%로 줄어 3년 사이에 무려 4.7% 포인트가 감소한 것으로 분석됐다. 농업과 관련해서 주목할 점은 농지 상태의 악화와 염분 피해, 물 부족 등의 문제점이 노출돼 있다. 아울러 농경지 면적도 줄고 땅의 상태도 나빠지면서 농업의 생산성이 떨어지고 있다는 것이다. 더욱 심각한 것은 농경지의 50% 이상에서 염기가 나타나고 있고, 이 가운데 16%의 농토는 심각한 수준이다. 이러한 상태를 극복하기 위해 우즈베크 정부는 2007년 10월 29일 대통령령(N YP-3932)을 바탕으로 농경지 개간 펀드를 재무부 산하에 설립, 2008년 1월 1일부터 추진중에 있어 관심이 모아지고 있다. 이를 토대로 2012년까지 농경지의 생산율 증대를 위한 개간과 관개수로, 저수지 정비 등의 사업을 진행할 계획이다. (우즈베키스탄 농업투자환경 조사보고서, 한국농어촌공사, 2009. 12. p64)

우즈베크는 집단농장 체제가 해체되는 과정에서 농업생산 주체가 3가지 형태로 나눠지고 있다. 우선 농업기업인 〈시르카트〉의 경우 농산물 파종면적이 2007년 기준 약 10만5,000ha로 미약해 본격적인 농업생산 주체로서 기능을 하기 보다는 농업생산을 지원(농기계 등)하는 역할을 하는 그룹이다. 또 다른 형태인 〈페르메르〉는 고용계약서에 의해 고용 노동력을 사용할 수 있는 기업가적(소유권은 없음) 경영체로서 우즈베크 농업생산의 실질적인 주체 역할을 하고 있다. 〈페르메르〉는 2007년 우즈베크 농작물 총 파종면적의 약 84.2%를 담당하고 있을 정도로 아주 중요한 역할을 맡고 있다. 마지막 한 형태인 〈데흐칸〉의 경우 법인을 설립해도 되고, 설립 하지 않아도 무방한 개인 또는 가족 노동력을 기초로 한 소규모 생산주체다. 〈데흐칸〉은 평균 농지면적이 0.11ha에 불과하며, 평생 사용권이 주어진 자택에 부속된 농지를 경작한다는 점이 특이하다. 중요한 사실은 축산물의 92.6%를 〈데흐칸〉이 담당하고 있다는 것이 그저 놀랍다. 467만3,000에 달하는 〈데흐칸〉은 가축을 방목형태로 기르며, 농후사료보다도 조사료에 의존하고 있다. 〈데흐칸〉은 축산물 생산의 핵심 역할을 하고 있다. 곡물(일반농산물) 생산은 〈페르메르〉의 비중이 57.3%로 가장 높고, 이어 〈데흐칸〉이 41.2%로 두 번째다. 2007년 기준으로 전체 농축산물 생산 비중에서는 〈데흐칸〉이 64.1%로 가장 높았으며, 이어 〈페르메르〉, 〈시르카트〉 순이다. 목화 재배의 99%, 누에고치의 84.2%는 〈페르메르〉가 담당한다. 우즈베크의 경영형태와 농업구조는 '다수의 소규모 데흐칸·축산' 과 '소수의 대규모 페르메르·목화' 구조로 특징지어진다. (우즈베키스탄 농업투자환경 조사보고서, 한국농어촌공사, 2009. 12. pp 69-74)

우즈베크 농지 임차료는 1ha당 약 300달러 수준이다. CIS국가 가운데 사회주의 색체가 가장 강하게 남아있는 모습을 읽어낼 수 있다. 또한 가공공장의 경우 지분의 51%가 국가 소유로 돼 있어 투자라는 관점에서 보면 이점이 별로 없다. 그러나 가공 유통시설은 기술수준이 낮고 설비가 노후화돼 외국 자본과 기술의 투자가 요구되고 있어 이 분야에 진출을 모색하는 것도 하나의 방안이 될 수 있을 것으로 보인다.

우리 기업 등이 우즈베크 농업분야에 진출을 모색한다면 우리의 기술적 우월성을 활용할 수 있는 종묘, 종자, 가공 등의 분야를 우선 검토해볼 수 있다. 중요한 점은 우즈베크 한 국가만 고려할 것이 아니라 인근 CIS국가나 러시아, 유럽 등으로 더 뻗어나가는 전략을 세운다면 밝은 면이 더 보일 것으로 판단된다. 다시 말해 우즈베크를 세계 시장 진출의 교두보로 활용하는 전략을 구상해볼 수 있다는 것이다.

6. 농(農)으로 여는 신 실크로드

비단길. 동방에서 서방으로 간 대표적 상품이 중국산의 비단이었던 데에서 유래한 실크로드(Silk Road). 서방으로부터도 보석, 옥, 직물 등의 산물이나 불교, 이슬람교 등도 이 길을 통하여 동아시아에 전해졌다. 실크로드는 동서를 잇는 오아시스 실크로드, 초원 실크로드, 해상 실크로드 세 갈래 큰 길이 있다. 이 중 초원 실크로드는 몽골 유목 기마민족 활동 무대인 동시에 유라시아 대륙 북방 초원지대를 가로지르는 교류의 길이다. 동북쪽 남러시아에서 시작해 카스피해 북안과 아랄해 남안, 고비사막 북단까지다. 여기에서 다시 동남쪽으로 화베이(華北) 지방과 다싱안링(大興安嶺)을 넘어 한반도까지 이어진다고 한다. 헤로도토스의 명저 〈역사〉에 나오는 스키타이의 동방 무역로도 바로 이 초원 실크로드에 속하는 것으로 전해진다.

당시 중국에서 수출되었던 최고의 가치로 여겼던 것이 '비단' 이라 해서 붙여진 비단길은 이제 천년을 훨씬 넘어(BC 2세기 후반의 한무제(漢武帝)) 새롭게 열릴 것이라는 희망의 목소리도 나오고 있다. '농(農)으로 여는 한·우즈베크 실크로드'도 그 희망의 하나가 될 수 있을 것이다.

가능한 노선을 우선 보자. 남북철도와 가능한 노선은 시베리아횡단철도(TSR), 중국횡단철도(TCR), 몽골횡단철도(TMGR) 등이 있다. 이 가운데 우리의 관심을 끄는 것은 시베리아 횡단철도. 러시아의 우랄산맥 동부의 첼랴빈스크에서 블라디보스토크까지 약 7,400㎞를 1905년에 연결한 대륙횡단철도다. 또 유럽과 극동까지 연결하는 모스크바-블라디보스토크간의 9,334㎞를 가리키기도 한다. 지난 2007년 한국의 남북연결철도인 한반도 종단철도와 연결하려는 시도가 아이디어 차원에서 거론됐으나 진전이 없는 상태다. 그러나 머지않아 남북통일시대에는 분명히 연결될 것이라는 전망도 나와 '철의 실크로드' 가 열릴 가능성도 배제할 수 없다. 이 철의 실크로드는 다시 농업을 연결하는 '농으로 여는 신 실크로드' 가 되기에도 충분하다는 것이 필자의 판단이다.

현재 상태로는 한국농업의 우즈베크 진출전망을 한마디로 말하기는 어렵다. 때문에 농산물 생산 그 넘어서 이뤄지는 '윈-윈 전략'차원에서 접근해보는 방안이 고려되고 있다. 우리의 앞선 농업기술과 자원이 비교적 풍부한 우즈베크와의 조합이 서로에게 유익한 결과를 기대할 수 있다는 점에서 창의적인 접근이 요구되고 있다.

우리나라의 교역 규모는 세계 10위 안팎이다. 지정학적으로 동북아의 한 쪽에 치우쳐 있고, 특히 분단 등의 조건은 그다지 좋은 편은 아니다. 그러나 생각을 바꾸고 상상력을 발휘한다면 교역규모를 더 늘릴 수 있는 여지는 충분하다. 서울에서 반경 1,000㎞ 내에는 인구 100만 명 이상의 도시가 무려 43개나 있다고 한다. 앞으로 TSR이 연결 될 경우 한반도와 유럽, 중국, 러시아를 잇는 새롭고 다양한 형태의 실크로드가 열리고, 특히 '농(農)으로 여는 신 실크로드' 가 펼쳐지면 새로운 세상을 향해 뻗어나갈 수 있는 우리의 꿈이 곧 현실이 될 것이다.

▶한국농업 진출 사례

중앙아시아의 경우 정치적으로는 사회주의, 종교적으로는 이슬람권이다. 따라서 우리나라 입장에서 보면 기업이든 개인이든 이 지역에 진출하는 것에 대해 뭐라고 한마디로 이야기하기는 쉽지 않다. 그런 가운데서도 개인사업자가 농업분야에 진출한 사례가 있어 눈여겨볼 필요가 있다. 채소 부문에 진출해 한국형 비닐하우스 설비를 시공해주고, 딸기와 고추 등을 직접 재배해 러시아에 수출하며 새로운 시장을 개척하고 있는 것이 대표적인 사례다. 2001년 진출(투자금액 약 35만 달러)한 ITC업체가 바로 그렇다. 이 회사는 비닐하우스 설비와 100ha의 땅을 빌려 고추와 딸기 등을 직접 재배하고 있는 것으로 알려져 있다. 무엇보다도 우즈베크에서의 공급이 부족한 시설채소 부분에 진출한 것은 고품질 채소시장을 선점할 수 있다는 점에서 매력적인 요소로 꼽힌다. 또 한국의 선진기술과 농자재도 수출할 수 있는 기반을 마련할 수 있다는 점에서도 의미 있는 시도로 평가된다. 다만, 품종이나 재배기술 등이 뒷받침

돼 우즈베크의 기후나 토양조건에서도 전천후로 성공할 수 있는 기술력을 확보하는 것이 시급한 과제로 꼽히고 있다. 다행스럽게도 이 부문은 농촌진흥청 해외농업기술센터의 기술지도와 협력이 지속된다면 어느 정도 극복할 수 있을 것으로 전망된다.

또 다른 진출 사례는 건조한 중앙아시아 기후조건에서 미래 목재 수요와 조림사업의 가능성을 보고 묘목을 키우고 육림조경 사업을 하는 케이스다. 2000년에 진출한 EURO CA는 묘목장 등 수십만ha에 가로수용 산림묘목 육성 등의 사업을 추진하고 있는 것으로 알려지고 있다. 우즈베크에서 육묘와 조림사업은 현재로서는 수요가 많지 않지만 경제발전과 더불어 임목 수요가 늘고 인근 국가로의 시장 확대 가능성도 있어 전망은 그리 어둡지만은 않다고 한다. 물론 자본회수의 기간이 길고 기술력에서의 리스크는 단점이 될 수도 있다. 경쟁자가 적다는 점은 오히려 강점이다. 도시의 기존 공원을 확보, 조경으로 한국문화와 이미지를 심는 우호증진의 상징을 조성할 수 있는 점도 긍정적이다. 한국 농자재 전시판매 종합센터 사업계획도 구체화하고 있어 농자재 수출에도 많은 도움이 될 것으로 전망된다.(우즈베키스탄 농업투자환경 조사보고서, 한국농어촌공사, 2009. 12. p37).

▶수출 유망품목

aT가 우즈베크에 수출 유망품목으로 꼽은 것은 음료, 차류, 소스류 등이다. 우즈베크의 음료생산량은 2006년 8,860만 리터에 달한다. 음료 생산방식은 러시아 등 외국 업체의 직접 투자에 의한 현지 생산이 주로 발달돼 있다. 러시아 업체와 카자크 업체가 음료 전체시장의 절반가량을 차지하고 있다. 현지

업체들은 1~7%의 시장점유율을 차지하고 있을 뿐이다. 우즈베크 음료시장은 주스 부문만 해도 한해 2,500만 리터 규모로 매력적이다. 더 중요한 사실은 앞으로 5,000만 리터까지 성장 가능성이 있는 것으로 전망되고 있다는 점이다. 음료시장의 전망이 밝음에도 낙후된 기반시설과 불투명한 투자환경, 전반적인 경제상황 등은 성장 가능성을 발목잡고 있는 요인이다. 음료 종류는 과일주스와 넥타가 대부분을 차지하고 있는 가운데 아이스티, 청량음료 등이 있다. 청량음료를 제외한 음료시장은 러시아와 카자크 업체들이 브랜드 경쟁을 치열하게 벌이고 있는 양상이다. 저렴한 원료와 싼 노동력 등을 고려한다면 음료시장 진출 전망은 결코 어둡지 않을 것으로 보인다. 다만, 음료는 환전제한 품목으로 돼 있어 우즈베크의 수입에는 한계가 있다.

현재 우즈베크의 1인당 음료소비량은 연간 평균 2리터로 러시아(15리터), 유럽(30리터) 등과 비교하면 적은 편이다. 하지만, 생활패턴이 서구화되고 있어 음료 소비문화도 바뀔 것으로 예상돼 향후 시장이 커질 것으로 예상된다. 우즈베크는 차를 음료처럼 마시는 전통이 있는 데다 싸고 맛있는 과일이 넉넉해 아직까지는 가공된 음료를 구입하는 수요가 많지 않으나 최근 이러한 소비패턴의 변화조짐도 나타나고 있다.

음료 종류에 있어서도 지금은 과일 및 청량음료 등으로 단순하지만, 비타민과 기능성 음료 등이 증가할 전망이다. 그렇지만 현지 소득수준에 비해 한국 제품이 비싼 데다 지리적 약점이나 까다로운 통관기준 등은 우즈베크 음료진출을 위해 우리가 풀어야할 숙제다. 다만, 우리가 기대할 수 있는 것은 한국기업의 우즈베크 진출이 활발해지고, 진출한 기업이 현지에서 좋은 이미지로 뿌리를 내린다면 음료시장도 덩달아 커질 수 있다는 기대감은 여전히 희망적이다.

거리 음료 판매 상점

음료는 그렇다고 치고, 차를 예로 보자. 우즈베크는 차 소비가 많은 나라다. 차는 전량 수입에 의존하고 있다. 한해 차류의 시장 규모는 3만 톤. 우즈베크 국민 1인당 2,650g을 소비하고 있다. 우즈베크로 차를 수출하는 나라는 중국(58%), 이란(25%), 스리랑카(4%) 등이 주류를 차지한다. 이밖에 그루지야, 러시아, 투르크메니아, 아랍에미리트 등이 있다. 다행인 점은 차류의 경우 수출 금지 품목이나 특별한 수입제한이 없다는 사실이다. 차의 종류와 브랜드는 200가지가 넘는다. 그 중에 〈Ahmad〉〈Impra〉〈Beta〉 등이 높은 시장점유율을 차지하고 있는 것으로 전해진다. 우즈베크에는 발효되지 않는 잎차인 녹차가 70~75%를 차지하고, 홍차는 주로 수도인 타슈켄트에서 소비되는데, 20~25%를 점유하는 것으로 알려지고 있다. 녹차의 신선한 맛과 향이 더위를 견디는데 도움을 주고 있어 차 소비가 늘고 있다. 최근에는 과일과 허브차의 소비도 증가추세다.

차를 마시는 방법은 전체인구의 90%가 우려마신다고 한다. 티백에 대한 수요는 7%정도에 불과하다. 고려인 가정을 방문했을 때나 우즈베크 현지인 가정에서 가장 먼저 접하는 음료가 차이고, 대화의 매개체 또한 차다. 차 문화가 잘 발달돼 있다고 볼 수 있다. 이렇게 시장규모가 커지는 차를 주로 수입에 의존하고 있는 점을 감안하면 한국의 차를 우즈베크로 진출시키는 도전은 시도해볼만하다. 물론 우즈베크의 경우 농촌인구가 여전히 많은 데다 한국이란 원산지에 대한 인지도가 아직은 약하고, 운송 및 통관이 쉽지 않은 점 등은 우리 차의 진출에 약점이다. 그럼에도 한국 자동차와 전자제품 브랜드 인지도와 연계해 새로운 마케팅 전략을 세우면 얼마든지 강점으로 바뀔 수 있다. 그러기 때문에 우즈베크나 인근 국가에서 열리는 박람회나 전시회 등에 적극 참여하고 홍보를 강화할 필요가 있다. 대한민국의 녹차를 비롯한 인삼과 홍삼차, 유자차, 대추차, 오미자차 등을 현지시장에 알리고, 시음회를 갖는 등 소비자의 니즈를 지속적으로 자극하는 마케팅 전략을 세우면 전망은 밝을 것이다.

소스는 전통적인 토마토케첩과 마요네즈가 90% 이상을 차지하고 있다. 샐러드, 바비큐 소스 등 기타 소스의 판매는 아직 규모가 적다. 중동, 아시아, 유럽의 문화가 혼합된 우즈베크는 이슬람교가 전체 인구의 90% 가량이어서 식문화가 중동과 비슷하다. 그래서 소스보다는 소금, 후추, 향신료, 기름 등을 더 많이 사용한다. 토마토 생산량이 많은 관계로 토마토 및 페이스트 수출을 많이 하고 있다. 우즈베크 산 페이스트는 러시아 시장의 14% 안팎을 차지할 정도로 비중이 크다. 토마토와 마요네즈를 제외한 기타 소스는 전적으로 수입에 의존하고 있다.

우리가 눈여겨볼 대목은 간장. 우즈베크가 간장 소비를 늘리고 있다는 점은 우리에겐 분명히 기회요인이다. 간장은 우리의 전통적인 맛과 혼이 담겨 있는 자랑스러운 음식이자 6·25때에는 굶어죽는 것을 막는 '효험'까지 있는 것으로 알려져 있어 '스토리텔링'식 마케팅 전략을 세운다면 가능성이 있다. 한때 수십년 혹은 수백년 묵은 간장과 된장 1kg에 무려 억 단위로 매매가 성사될 뻔했던 것도 대한민국 간장이 지닌 힘이다. 우리가 자랑스럽게 내세울 수 있는 것 가운데 하나인 간장에 대한 좀 더 세밀한 연구와 함께 우즈베크를 비롯한 세계 곳곳에 야심차게 선을 보인다면, 세계 소스 시장을 선점할 수 있다는 '행복한 상상'은 가능하다. 머지않아 이러한 상상은 현실이 될 것이라는 믿음도 강하게 생긴다.

다만, 우즈베크 국민이 액체 소스보다는 향신료를 더 많이 사용하고 있는 등의 소비패턴은 분명 구매력을 떨어뜨리는 요인이 될 수도 있다. 또 이슬람 문화권인 관계로 터키 등과 같은 주변국의 진출이 활발한 점도 우리가 넘어야 할 큰 산이다.

aT가 조사한 자료에 따르면 우즈베크로 수출되는 식품은 면류와 초코파이 등 일부 가공식품에 국한된다. 하지만, 18만 명 안팎의 한인 동포들이 거주하고 있는 현실을 고려할 때 배추·마늘·고추·부추 등 한국음식 재료용 채소 유통량도 커질 전망이다. 실제로 타슈켄트 재래시장에서 고려인이 만든 된장·고추장 등은 물론 채소·두부·김치 등 수 많은 반찬류가 판매되고 있었다. 놀라운 사실은 일부 식품점에서는 한국에서 수입한 고추장·된장·라면·과자 등을 판매하고 있었다. 이들 제품은 품목마다 다르기는 하지만 한국에서 판매하는 가격보다 2~3배 비싸다. 소량인 데다 정상적인 수입통관 절차를 거치지 않고 들어온 때문으로 추정된다. 소비층은 주로 한국 주재원 및 일부 고려인으로 보인다. 식품점에서는 오리온 초코파이 등 한국제품도 쉽게 눈에 들어와 향후 전망을 밝게 해 준다.

한국산 자동차와 전제제품을 아주 좋아하는 우즈베크 사람들은 아쉽게도 한국식품에 대해서는 고려인들이 현지에서 제조·판매하는 까레이스키 샐러드(Korean Salad)를 제외하면 그다지 관심을 보이지 않는다고 한다. 타슈켄트 시내에는 2009년 기준으로 약 10개의 한국식당이 있는데, 이들 식당에서는 현지에서 재료를 구입하고 있다. 현지조달이 어려운 품목만 개별적으로 한국에서 항공을 통해 들여온다고 한다.

특히 눈여겨볼 대목은 네슬레와 같은 다국적기업의 경우 현지생산을 통한 시장 선점으로 가격경쟁력과 인지도를 높이고 있다는 사실이다. 더 나아가 지리적, 문화적, 정치적으로 가까운 러시아, 터키, 유럽 제품의 가격경쟁력이 우위에 있는 상황에서 우리가 선택할 수 있는 폭이 좁은 것만은 사실이다. 게다가 우즈베크는 외화 부족으로 인해 외환에 대한 통제가 엄격해 송금 및 거래가 자유롭지 않다는 점도 약점이다. 음료와 제과류 등이 환전제한품목으로 지정돼 시장진출이 쉽지 않다는 얘기다.

그럼에도 불구하고 우즈베크에 식품산업 진출 희망을 가져야 하는 이유는 러시아를 비롯한 카자크·터키 등 더 큰 시장이 주변에 포진돼 있어서다. 현대적인 식품체인의 주 고객이 외국인과 고소득자인 데다 수입품이나 고급제품에 대한 소비층도 새롭게 나타나고 있는 점을 볼 때 우리가 장기적으로 우즈베크에 진출 할 명분이 될 수 있다. 우즈베크 사람들이 지금처럼 한국에 대한 이미지가 좋을 때 매장 내 판촉행사나 옥외광고 등으로 홍보전략을 세우고,

라면, 제과류, 분유, 소스 등 수출 유망 품목을 앞세운다면 향후 식품산업은 희망이 있을 것이다.

▶농업분야 협력

우리나라는 1993년 8월부터 '아시아 교류 및 신뢰구축회의(CICA)'에 옵서버로 활동하다가 2006년 6월 18번째 정회원으로 가입했다. 이후 2008년 6월 11일 서울에서 고위관리회의를 개최하는 등 CICA 활동에 적극 참여하면서 신뢰를 쌓아가고 있다. 특히 2008년 8월 카자크 알마티에서 개최되는 제3차 CICA 외교장관회의에서는 외교장관 선언문이 채택돼 CICA의 목표인 신뢰구축조치 이행을 위한 토대를 마련하기도 했다. 외교장관 선언문에서는 새로운 도전과 위협(테러, 마약 등), 인간(문화, 종교 및 문명 간 대화), 에너지 안보, IT, 농업, 환경 등 다양한 분야에서 회원국 간의 신뢰구축조치(CBMs)를 이행해 나가겠다는 것이 담겨 있다(외교통상부 2008년 8월 21일자 보도자료).

무엇보다도 우리나라 농촌진흥청이 우즈베크와의 농업외교의 틀을 힘차게 다져나가고 있는 점이 주목을 받고 있다. 2010년에는 간단한 농기계와 트레이 지원 계획을 세우는 등 앞으로 농업외교의 범위는 더욱 넓어질 것으로 전망되고 있다. 이미 우즈베크에 진출해 있는 ITC의 경우 타슈켄트에서 10동의 하우스에 딸기를 재배하고 있는데, 물량이 없어 팔지 못할 정도로 연착륙을 하고 있다는 반가운 소식도 들리기를 희망해본다. 그는 한국형 온실을 보급하는 데도 앞장서고 있고, 한국산 배와 사과도 유망하다고 보고 준비를 하고 있는 것으로 알려지고 있다.

또 김도한 씨가 타슈켄트에서 은행나무와 메타세콰이어라는 관상수를

100ha 정도 심고 있는 것으로 알려져 있는 등 한국인의 진출이 앞으로 어떻게 될지는 현재 진출해 있는 개척자들의 성공여부에 달려 있다고 할 수 있다.

그러나 현지에서 돈을 많이 모았다고 해서 모두 한국으로 가져갈 수 없다는 점은 걸림돌이다. 현지에서 벌어들인 금액의 20%정도만 가져갈 수 있는 현지 사정 때문이다. 물론 우즈베크의 관련 법, 제도가 바뀔 전망도 있어 앞으로의 상황을 속단하기는 어렵다는 점에서 다소 위안을 가질 수도 있다.

타슈켄트에는 최근 하우스재배 면적의 증가속도가 빠르다고 한다. 2000년에는 1,000ha에 불과했으나 2008년에는 4,000~5,000ha로 불어났다. 주 품목은 토마토, 딸기, 오이 등이다. 우즈베크는 토마토 생산량이 세계 5위이다. 토마토가 음식 재료로 빠지지 않고 등장하는 점도 주목할 필요가 있다. 현지에서 식사를 할 때마다 토마토가 늘 나오고, 현지인들이 즐겨 먹는 모습을 보면서 사랑받는 과채류임을 실감했다. 하기야 토마토야말로 과채류 가운데 우리 몸에 가장 좋은 것으로 알려진 때문에 지금 전 세계적으로 인기를 얻고 있지 않은가.

우즈베크는 생산·수확 후 관리기술이 낙후돼 있는 데다 긴 고온건기로 인해 원예재배가 제한돼 있는 점은 앞으로 우리의 기술이 스며들 여지가 많다. 또 유기물이 적고 토양개량의 어려움, 인력의존 재배, 농업소득 불안정 등은 원예 산업의 약점으로 지적되고 있다.(농촌진흥청, 국외상주연구원 및 해외 농업기술개발센터 소장 연찬회 보고자료, 2010.2.11).

이러한 문제점을 해결하기 위해 한국형 온실이 현재 우즈베크에 보급되고 있어 앞으로 어떠한 변화가 생길지 관심이 모아지고 있다. 농촌진흥청은 2009년 타슈켄트에 5동, 1,650㎡(1동 100평)의 한국형 온실을 지었다. 러시아어로

동영상을 만들어 온실을 짓는 방법을 현지 연구자와 농민에게 제공하기도 한다. 2009년에만도 현지에서 60동의 하우스를 짓는 기술을 제공했다고 농진청은 밝혔다. 농진청은 우즈베크 기술자와 농민이 자립수준에 다다를 때 까지 기술을 전파하는 일을 할 계획이라고 한다. 한마디로 우즈베크에 물고기 잡는 방법을 가르쳐 주면서 교류의 폭을 넓혀 나가고 있다는 전략으로 분석된다.

우즈베크 현지 관계자들도 2010년 2월 농진청 본청과 부산에서 온실재배 기술교육을 받으며 높은 관심을 보인 것으로 알려졌다. 매년 8명의 우즈베크인이 원예 및 사료분야에서 선진 한국농업 기술을 배우기 위해 연수를 받으러 오고 있는 점도 양국 간의 농업외교의 기반을 굳게 다지는 모습으로 평가할 수 있다. 우즈베크 현지인이 한국에서 농업기술을 배우는데 필요한 비용은 KOICA(한국국제협력단)가 부담하고, 프로그램 진행은 농진청이 맡고 있다. 제3세계나 빈곤국가, 저개발국가에 대한 KOICA나 농진청의 지원은 우리의 경제수준이 그만큼 올라섰다는 이야기임과 동시에 과거 우리가 잘 살지 못할 때 도움을 받은데 대한 답례라는 점에서도 의미가 크다. 특히 KOICA는 세계 74개국을 지원하고 있는데, 우즈베크에 지원하는 규모는 6위이며, 지원 금액은 937만달러 수준이다. 직업훈련원 건립과 전자도서관 구축사업 등도 지원하고 있어 한국에 대한 좋은 이미지를 지속적으로 심어줄 수 있을 것으로 기대된다.

그렇다고 해서 우리가 우즈베크에 일방적으로 지원하고 있는 것은 아니다. 우리나라와 우즈베크가 기술과 품종연구에 대한 윈·윈 전략을 쓰고 있다는 점을 고려하면 어느 한 쪽의 일방적인 지원이 아님을 알 수 있다. 우리나라가 농업분야에서 우즈베크에 기술을 전파하는 한편 우즈베크는 우리에게 아주 귀중한 유전자원을 제공하는 것이 대표적인 사례다.

우리의 유전자원이 세계 상위권에 기록돼 있는 점에 비춰볼 때 우즈베크와의 유전자원 교류는 중요성이 갈수록 커질 것이다. 농촌진흥청이 가지고 있는 총 유전자원 보유점수는 27만2,000점(미생물, 곤충, 가축 포함)으로 세계 6위 수준이다. 이중 종자(씨앗)는 17만8,000점(2010년 3월 11일 현재)에 달하고 있다. 주로 벼나 콩 등 곡류에 집중해 있다. 반면 우즈베크식물산업연구소는 5만2,000점을 보유하고 있는데, 이 가운데 채소와 과수 등의 유전자원이 강한 것으로 알려지고 있다.

우리나라와 우즈베크는 1995년 2월 16일 농업기술협력 양해각서(체결주체 양국 외무부)를 체결하면서부터 협력사업이 본격 추진되고 있다고 농진청은 설명했다. 이어 1995년 11월 15~21일까지 한ㆍ우즈베크 농업기술 협력가능성을 조사(농진청, 과기부, 경상대, 생명연 공동)하고, 이듬해인 1996년부터는 한ㆍ우즈베크 농업유전자원 공동 수집 및 이용연구에 대한 국제협력사업을 추진하고 있다.

이 사업으로 1996~2009년까지 유전자원을 수집한 결과 꽃피는 마늘을 비롯한 야생과수, 내염성 벼, 재래종 채소 등 2,219점을 현지에서 수집했다. 유전자원 교환의 경우 우즈베크식물산업연구소로부터 무핵포도 등 4,604점을 도입했고, 우리나라가 우즈베크식물산업연구소에 분양한 것은 벼와 콩 등 1,250점이라고 농진청은 설명했다. 또한 유전자원 전문가 교류에 있어서도 우리나라가 유전자원 수집단을 파견한 것도 2010년 기준 14회에 걸쳐 31명에 달하는 것으로 알려졌다. 우리나라가 우즈베크 자원 전문가를 초청하는 횟수도 2010년 기준 12회에 걸쳐 15명에 달하는 것으로 전해지고 있다.

꽃피는 마늘 탐색 수집.
사진제공=농촌진흥청

꽃피는 마늘 종자 수집하는
농진청 고호철박사,
사진제공=농촌진흥청

　그렇다면 이렇게 교류한 유전자원은 어떻게 활용되고 있을까. 종자 유전자원은 종자량이 부족하거나 활력이 낮기 때문에 일차적으로 증식을 통해 저장고에 보존하고, 특성조사와 평가를 통해 품종육성 및 연구재료로 활용하고 있다. 과수·마늘 등 영양체 자원은 작목별 담당기관의 시험포장에서 보존하면서 품종육성 및 연구재료로 활용한다. 중요한 것은 중앙아시아 원산의 다양한 야생종들을 확보함으로써 농업유전자원센터의 종 다양성을 확대할 수 있다는 점이다.

　품종육성 및 선발의 의미도 크다. 농진청에 따르면 꽃피는 마늘을 활용하여 신품종을 1996년에 육성(다산, 화산, 천운)하는 한편 수량성이 높은 우즈베크 재래종 마늘을 선발하는 성과도 나타나고 있다. 또 내염성 벼(IT 214438은 내

염성 유전자 탐색 연구재료로 활용 중)를 연구재료로 활용하기도 한다. 포도
와 야생 과수류의 경우 품종육성 및 대목용 선발에 활용하고 있다. 이러한 연
구재료를 기반으로 논문게재(3편) 및 발표(2편)를 하는 등 활용가치가 높은 것
으로 분석되고 있다.

우즈베크를 포함한 중앙아시아는 많은 작물의 원산지인 중국(동남쪽), 코
카사스(북서쪽), 중동(남서쪽) 등에 둘러 싸여 있으며, 중요한 과수, 맥류, 채
소, 특용작물 등 17개 작물의 원산지다. 중앙아시아는 지리, 기후, 생태적인
특성으로 내염성 및 내건성에 강한 유전자원이 풍부하고, 우리나라와 위도도
비슷해 활용가치가 높은 특징이 있다. 내염성 작물로는 벼(IT 214438), 조, 옥
수수 등이 있다. 내한발성 및 내건성 작물은 밀, 사과, 살구, 비타민 나무 등이
있다. 또 고품질 다수성 채소의 경우 꽃피는 마늘, 대형 마늘, 양파, 당근 등이
있다. 이밖에도 무핵 포도, 야생 과수, 약용작물 등을 들 수 있다.

우즈베크식물산업연구소(UzRIPI)는 구소련 시절 러시아 바빌로프식물산
업연구소의 중앙아시아 지역시험장으로서 중앙아시아 원산자원 5만2,000점
을 수집·보존하고 있어 이들 자원에 대한 적극적인 도입이 필요할 것으로 보
인다.

이러한 노력이 끊임없이 이루어지면서 우리나라가 우즈베크에서 가져온 유
전자원은 2010년 3월 11일 현재 기준으로 6,328점에 이른다고 농진청 관계자
는 설명하고 있다. 물론 유전자원 도입에 따른 증식비용은 우리가 지불하고 있
다. 지구촌이 지금 '종자전쟁'을 벌이고 있는 상황에서 우즈베크는 우리나라에
게 무엇과도 바꾸기 어려운 소중한 자원, 지속가능한 자원, 고귀한 먹을거리 자
원을 지원하고 있다는 측면에서 결코 가볍게 넘길 사안이 아니라는 생각이다.

우리나라와 우즈베크의 네트워크의 힘도 서서히 나타나고 있다. 징기즈칸이 드넓은 지구촌 땅을 상당부문 점령한 힘도 결국 네트워크에서 비롯됐다고 한다. 농업기술 네트워크는 지구촌의 미래가 먹을거리와 직결되고 있다는 점에서 볼 때 아주 중요한 의미를 담고 있다. 한국 해외농업기술개발(KOPIA) 우즈베크센터를 통해 현지인과 같이 연구하며, '친 한국 과학자'를 네트워킹하는 일을 비롯한 현지에서의 재배기술을 정착시키는 교류활동 등은 우리나라와 우즈베크 모두에게 유익하다는 점도 점차 각인되고 있다. 이러한 네트워크의 힘은 품종연구기간을 단축시키는 등 유익한 결과로 이어지고 있다. 다시 말해 국내에서 교배육종을 할 경우 10년 정도 걸린다면 해외에서 도입할 경우 3년으로 크게 단축시킬 수 있어 시간적, 경제적으로도 큰 이익을 얻어낼 수 있을 것이다. 품종 개발기간을 절반 이상 줄일 수 있는 유전자원 교류의 힘은 다른 무엇과도 바꿀 수 없는 소중한 자산이다. 세계적인 기상이변이 계속 일어나고 있는 지금이야말로 수십 년씩 걸리는 품종육종 시간을 크게 단축시킬 수 있다면 미래의 먹을거리에 대한 불안감도 줄여줄 수 있을 것이다.

그만큼 우리나라가 우즈베크로부터 얻을 수 있는 농업유전자원의 가치는 크다는 해석이 가능하다. 우즈베크의 농업유전자원은 세계에서도 우수하다고 소문난 때문에 더욱 그렇다. 더욱이 우즈베크의 유전자를 곧바로 국내로 들여와 품종을 육성할 수 있는 점도 우리나라로서는 큰 강점으로 꼽고 있다. 우즈베크가 가진 유전자원의 강점은 한발, 내염 작물이 많아 이 유전자원 확보에 희망이 있다. 사료작물도 우리가 도입할 수 있는 희망적인 작물 가운데 하나로 평가받고 있어 우즈베크에서의 유전자원 확보에 대한 가치는 시간이 흐를수록 더욱 커질 전망이다.

우즈베크와의 공동연구, 즉 우리나라는 기술과 자본을 대고, 우즈베크는 유전자원을 제공해 1대 1로 사용할 수 있는 공동연구 기반을 다지는 점도 미래에 발전적인 결과를 기대하게 해 준다. 우리나라 농업의 메카인 농촌진흥청의 품종 육성은 60% 이상이 해외에서 가져온 유전자를 기본으로 육성하고 있다고 한다. 때문에 우즈베크의 우수한 유전자는 한국농업에 있어서도 아주 중요한 역할을 할 것으로 기대되고 있다.

우리가 유전자원과 관련해 우즈베크에 더 큰 관심을 가져야 할 이유는 '변이유전자'가 다양하다는 사실이다. 우즈베크는 그만큼 1, 2차 유전자원 원산지가 많다는 얘기다. 큰 마늘과 양파 등 1차 원산지와 사과, 포도, 멜론 등 2차 원산지를 포함해 우즈베크는 원산지가 무려 17가지나 될 정도로 유전자원 확보 면에서 우리의 중요한 파트너가 되기에 충분하다는 것이다.

지금 전 세계적으로 기후변화 등으로 인해 종자가 소멸하고 있는 상태에서 현지에서 품종을 연구할 수 있는 기반을 마련하는 것은 국가적으로도 매우 중요하다. 우리나라는 10만 종의 품종을 증식한 것으로 알려져 있는데, 이 가운데 현지에서 1만 종을 증식하면서 경비절감 등에도 큰 힘이 되고 있다. 우리가 일방적으로 받기만 하지 않고 우수한 능력으로 증식기술을 현지에 전수하는 등 그야말로 윈·윈 전략을 쓰고 있다는 점은 지속적으로 유전자원을 교류할 수 있는 발판이 될 수 있다는 점에서도 희망적이다.

농업유전자는 먹을거리와 직결되기에 다른 어떤 것보다도 그 가치가 크다. 농업유전자원은 지금은 물론 미래의 식량생산과 국가의 부를 창출하기 위해 활용되는 아주 유용한 유전재료이기 때문에 우즈베크와의 교류 협력은 긴밀하게 이뤄져야 한다는 생각이다. 특히 기후변화와 환경파괴로 인한 종자(특히 재래종)가 사라져가는 등 생물다양성이 감소하는 상태에서 유전자원의 확보와 보전, 지속적인 활용이 중요시되고 있다.

우리나라는 국제미작연구소(IRRI) 등 국제적 기관과 더불어 우즈베크·러시아·몽골·네덜란드 등 세계 80여 개 나라로부터 유전자원을 수집 및 도입하고 있다. 농촌진흥청 농업유전자원센터가 보존하고 있는 유전자원은 그래서 중요하고, 미래 녹색성장 희망의 보고가 될 것임에 틀림없다는 생각이다.

우즈베크의 농업여건은 일교차가 심해 과수의 경우 당도가 높고, 낮이 길고 관개가 잘돼 있다. 또 습하지 않고 병충해가 적은 이점도 있다. 이처럼 우즈베크의 농업여건은 굉장히 좋은 편이지만 투자여건 측면에서는 현지 정치와 경제 사정으로 성숙돼 있지 않다. 이러한 사정에도 불구하고 농업 전문가들은 앞으로 우즈베크 현지에 가서 농사를 지을 한국인이 많아질 것으로 보기도 한다. 이미 국내 지방자치단체 중심으로 우즈베크 현지를 둘러보며 현지 진출 타당성도 검토하고 있는 것으로 알려지고 있다. 특히 우즈베크의 약점인 수확 후 관리기술에 대한 투자전망이 밝을 것이라는 전망도 내놓고 있는 것으로 전해진다.

뭐니 뭐니 해도 종자를 확보할 수 있다는 점은 행복한 일이다. 세계가 이미 '종자 전쟁'을 벌이고 있는 상황이다. 인류의 생존을 좌지우지할 종자야말로 다른 무엇과도 바꿀 수 없는 소중한 자원이다. 그런 점에서 우즈베크로부터 들여오는 유전자원이 있다는 것은 양국 간의 협력에서 아주 중요한 요소로 작용함은 물론 농업분야의 지속가능한 발전을 서로 기대할 수 있게 해준다.

▶농업중심의 윈-윈 전략

우리나라가 우즈베크에 관심을 가지는 것은 우선 풍부한 우즈베크의 부존자원(천연가스, 금, 우라늄 등 세계 상위권)에 대한 접근통로를 얻기 위한 디딤돌이 될 수 있다는 점이다. 우즈베크가 희망하는 농업협력도 이미 진행되고 있다. 우즈베크는 특히 아시아와 유럽을 잇는 실크로드의 요충지, 지정학적 중심지로서 그 가치가 크다. 중앙아시아와 러시아, 유럽진출을 위한 산업 생산거점을 확보하는 차원에서도 우즈베크는 우리에게 중요한 전략적 요충지임에 틀림없다. 더 중요한 것은 고려인의 삶의 질 향상 측면에서도 결코 멀리해서는 안 될 일이라는 것이 필자의 판단이다. 집단농장 해체 후 농지분배 과정에서 차별대우를 받아 농지확보에 실패한 고려인들의 문제를 해결하는데 주도적으로 나서야 한다는 것이다.

우즈베크에 살고 있는 고려인들은 한 때 28만 명 수준으로 많았으나 젊은이들이 중심이 되어 해외이주가 진행되면서 지금은 18만 명 안팎만 살고 있다. 우즈베크를 떠난 고려인들은 러시아 남부, 우크라이나, 연해주 등지로 내몰리면서 고려인의 사회적 지위와 삶의 질 문제가 최근 강하게 대두되고 있다고 한다.

농산물시장 개방의 진전으로 과잉 또는 유휴상태에 있는 국내의 농업기술

인력과 자본재산업, 농업서비스의 새로운 고용기회를 우즈베크 농업 진출로 검토해볼 필요가 있는 이유도 바로 여기에 있다. 한국농업의 해외생산기지 확보를 위한 외연을 넓히고 새로운 시장을 개척할 필요성이 이미 학계나 산업체 등에서 제기하고 있는 상태다.

우즈베크 입장에서도 주요산업의 하나인 농업의 발전을 위해 외국의 자본과 기술협력을 절실히 요구하고 있다. 2007년 기준으로 GDP 대비 농업의 비중이 21.7%, 고용비중 27.9%, 면화가 전체 수출액의 19.4%를 차지하는 등 체제전환 후 소득구조의 양극화 현상이 심각해지고 있는 가운데 대표적인 저소득층인 농민들의 소득향상을 위한 정책의 적극적인 도입이 요구되고 있는 점을 감안할 때 한국의 기술협력이 큰 힘이 될 것이다.

따라서 우즈베크 정부의 강력한 통제 아래에 놓여 있는 주요 농산물(목화, 밀 등) 분야의 경우 우량농지 확보가 어렵기 때문에 이 분야의 진출은 사실상 어려울 것으로 보인다. 성진근 충북대 명예교수는 "고려인의 삶의 질 향상을 위한 근본적인 시책의 선택을 위한 양계 수직계열화 사업과 한국농업의 외연 확장을 위한 교두보 구축 차원의 우즈베크 농축산물 도매유통센터 사업의 진출을 적극적으로 추진하는 전략이 필요하다"고 주장했다. 성 교수는 회교국인 우즈베크는 닭고기 수입량이 육류 중에서 가장 큰 비중을 차지하고(2004년 닭고기 수입량은 5,837톤, 수입액은 7,167천달러) 있어 타슈켄트 근교지역 고려인 농장주변에 20ha 규모의 양계 클러스터 본부 설치를 제안하기도 했다. 다시 말해 고려인농가의 텃밭(200~300평)에 육계사육장을 설치하여 계열화농가로 육성하고, 농장본부에는 육계가공공장을 설치, 단일 브랜드육을 출하하는 수직계열화 경영체제 도입이 필요하다는 주장이다. 100만 수 규모의 육계농장 2개소를 고려인 집단농장지역에 추가 설치하면 현재 우즈베크 계육 수입량을 완전 대체하고, 인근 회교국가로의 수출산업으로 육성할 수 있다는 것이다.

한국농어촌공사가 2009년 6월 8일부터 30일까지 농촌진흥청, 농협중앙회, 농수산물유통공사, 민간기업 등 8개기관 8분야(11명)에서 농업지대의 농업개발 잠재력이 풍부한 우즈베크의 해외 농업환경을 조사한 결과 우즈베크는 CIS 5개 국가 중 사회주의 색체가 가장 강하게 남은 국가로 평가했다. 특히 목화, 밀, 보리는 국가의 전략적 관리 품목으로 생산에의 참여가 어려운 것으로 파악했다. 가공 유통시설은 전반적으로 기술수준이 낮고 설비는 낙후돼 있어 이 분야에 대한 외국자본 및 기술의 참여와 투자가 강하게 요청된다고 결론을 내렸다. 축적된 국내 농업기술의 기술적 우월성을 활용해 종묘, 종자, 유통, 가공 분야에 진출한 다음 우즈베크의 내수에 대응하면서 인근 CIS국가, 러시아, 유럽, 중국 등 진출 교두보로 삼는다는 방향 설정이 필요하다는 시사점도 얻었다. 아울러 유통 인프라가 미흡하고 계절별 농산물 가격 진폭이 큰 점을 이용하여 저온저장 및 가공분야 진출 가능성도 있다는 것이다. 우리나라의 발전된 농업과학기술을 이용해 곡물(식량) 등 토지 이용형 농업이 아닌 자본 기술집약적 품목(화훼, 딸기, 양계 등)에의 투자 참여 기회가 있고, 중장기적 전략적 관점에서는 공공과 민간이 상호 협력으로 양국 간 윈 · 윈 비전을 제시하고, 특정 농업프로젝트 사업을 중심으로 전개할 필요성이 있다. (한국농어촌공사 우즈베키스탄 해외농업환경조사, 2009.8).

주목해야 할 점은 우즈베크가 21세기 유라시아 시대에 전략적 요충지이며, 앞으로 열릴 남북통일 시대에 중요한 국가로 평가받고 있다는 점이다. 따라서 에너지와 자원외교에 국한해 이 지역과 교류할 것이 아니라 보다 더 큰 그림을 그리고 장기적인 교류의 전략을 수립해야 한다는 것이다. 이를 위해서는 우즈베크와 카자크의 고려인이 지속적으로 거주국에서 성장해야 하며, 특히 차세대 고려인 정치 · 경제인이 양성되어야 하는 과제를 안고 있다. 그런 점에서 상호 윈 · 윈 전략으로 떠오른 농업분야의 교류에 더욱 박차를 가해야 한다는 목소리도 커지고 있다. 우즈베크 고려인이 가진 문제점은 우즈베크어 습득에 대한 가치의 불인정, 거주국에 대한 감정적인 폐쇄성으로 인한 국가정체성의 혼란, 고학력 진출 감소에 따른 전문직 종사자의 부족 등으로 요약된다. 과거 소비에트 시기에 성공적인 정착을 일군 고려인 역사는 체제의 전성기에 전문직 종사자들의 배출에서 비롯됐다. 집단농장에서의 농업을 통해 축적한 부를 바탕으로 다음 세대들은 고학력 전문직에 진출했으며, 이것이 고려인의 존재를 인식시키는 기본이 되었다. 여기에는 당시의 공식어라고 할 수 있는 러시아어의 완벽한 습득이 고려인에게는 필수였다. 현재 고려인은 거주국의 공식어인 우즈베크어를 등한시하고 있다. (중앙아시아 정치 · 사회 · 역사 · 문화 대외경제정책연구원, 2009. 12월. pp 263~265)

우즈베크에서 주류사회의 중심인물로 자리매김을 하려면 우즈베크어를 능숙하게 구사해야 한다는 숙제를 지금 고려인은 안고 있다. 우즈베크의 문화와 법을 따르고 지키려면 이 문제는 피할 수 없는 과제다. 고려인들이 우즈베크에서 중요한 역할을 담당할 때에야 비로소 우리와의 관계가 더욱 깊어질 것이기 때문이다. 당연히 무역교류도 더욱 활발해질 수 있다.

우즈베크와 한국의 무역은 1992년 개시 이후 1997년을 정점으로 2002년까지 감소하다가 2008년 다시 증가했다. 1992년의 무역개시 원년부터 우리나라는 우즈베크에 대해 상품수지 흑자를 지속적으로 기록했다. 2000~2008년 동안 한국에 대한 우즈베크의 수출은 연평균 12.3%, 수입은 연평균 21.9%의 증가율을 기록했다. 우즈베크가 우리나라 무역에서 차지하는 비중은 수출의 경우에 2003년 이후 증가 추세를 보인 반면 수입은 1997년 이후 계속 하락세다.

품목별로 보면, 우리나라는 우즈베크로부터 농림수산물 및 광산물을 주로 수입하고, 공산품들을 수출하는 산업간 무역구조를 갖고 있다. 2008년을 기준으로 수출품의 경우 기계류가 79.3%로 가장 많고, 화학공업제품 6.3%, 섬유류 4%, 전자전기제품 3.3%, 철강금속제품 3.1%이다. 수입품은 광산물이 90.1%, 섬유류 5.2%, 농림수산물 4.3% 등이다.

기계류 수출 증가추세를 기반으로 우리나라 제품에 대한 브랜드 인지도가 지속적으로 높아진다면 농림수산물 수출금액도 커질 것으로 전망해본다. 특히 차류 등 식품분야에서 현지인들의 기호에 적합한 제품이 다양하게 출시될 경우 농식품 전분야로의 연쇄적인 상승효과도 기대해볼 수 있을 것이다.

Ⅲ
코리안 드림

1. 한글 따라잡기

　우즈베크 젊은이들의 '코리안 드림' 열풍은 식지 않고 있다. 2004년, 우즈베크 청년들이 산업연수생으로 한국에 가는 것을 크게 반긴 나머지 무려 100대 1이 넘는 경쟁률을 보인 것에서도 이미 확인됐다. 우즈베크 정부가 그만큼 한국에 대해 좋은 이미지를 갖고 있다는 해석이 가능한 대목이다. 우즈베크 정부는 고려인들에게 연간 세 번 한국에 방문할 수 있도록 길도 터 주었다. 우즈베크 정부가 한국 방문의 기회를 열어 두고 있는 것은 사실이지만, 상당수의 고려인들은 돈이 없어서 그립고 가고 싶은 고국을 찾지 못하고 있는 형편이다.

　그럼에도 '코리안 드림'은 식지 않고 있다. 이런 분위기는 한국어를 배우려는 열기에서 감지된다. 수도 타슈켄트에서만도 10개가 넘는 대학에서 한국어 강좌를 열고 있다. 다른 지역의 주요 대학들도 한국어 학과를 개설하고 있는데, 경쟁률이 높다는 점도 놀랍다. 실제로 필자가 우즈베크 현지에 방문했을 때도 한류 열풍을 타고 한국어를 배우려는 열기가 가득함을 엿볼 수 있었다.

한국어를 배우는 그 자체가 '신분상승의 기회'로 생각하고 있기도 하다.

우즈베크 학생들은 한글을 열심히 배워 한국으로 유학을 가는 꿈도 키우고 있다. 유학이 여의치 않으면 우즈베크 내의 한국기업, 또는 한국으로 건너가서 취업을 하겠다는 마음으로 공부를 하고 있다는 것이다. 우즈베크를 비롯한 CIS 국가마다 한글 열풍이 분다면 어떻게 될까. 우선 한국에 대한 위상이 높아지지 않을까. 한국에 대한 관심과 기대심리도 덩달아 높아질 것이다. 그 다음은….

한국제품에 대한 선호도가 높아져 국가적인 이득 또한 클 것으로 기대된다. 우즈베크인들이 한국어를 열성적으로 배우려는 욕구를 지속적으로 자극하는 일은 그래서 중요하다. 마찬가지로 고려인 2,3세대들도 한국어를 더 유창하게 배워서 한국에 대한 멀어진 관심을 되돌려졌으면 하는 마음도 간절하다. 한글을 모르는 젊은이들이 너무나 많기 때문이다.

우즈베크 내 고려인들에게 이 모든 짐을 맡기기에는 분명 한계가 있다. 우리 국가적인 차원에서 고려인 후세들이 한글을 사랑하고, 더 나아가 대한민국의 후손이라는 뿌리를 자연스럽게 깊이 내리도록 관심과 지원이 필요하다. 고려인 후손부터 한글 따라잡기 열풍 선봉에 서도록 배려가 있어야 할 것이다.

현지에서 만난 우즈베크 사람 가운데는 한국에서 돈을 벌어 자리를 잡았다고 맘껏 뽐내는 모습도 목격했다. 이런 모습을 보면서 우즈베크 사람들만이 아닌 우리 고려인 후손들도 한국에서 많은 돈을 벌어서 현지에서 주류사회로 당당하게 살아가면 얼마나 좋을까. 소수민족이 살아가기가 쉽지 않는 남의 땅이기에 더욱 그렇다. 고려인들은 지금에서야 우즈베크를 자신들의 나라로 생각하며 살아가고 있지만, 말 못할 아픔은 여전할 것이다. 경제적인 자립과 민족성, 언어 등의 문제도 늘 잠복해 있다고 한다.

고려인들이 한국에서 번 돈으로 우즈베크에 회사를 차려 젊은이들에게 취업기회를 제공하고, 한국행을 결심하는 젊은이들에게 꿈을 주는 교육에 재투자하는 '선순환 구조'로 사회를 유지하는데 기여한다면, 소수민족의 설움도, 소외감도, 외로움도 어느 정도 떨칠 수 있다는 생각이 가득하다.

지금도 한국에서 공부하고 있는 우즈베크인들이 많다. 이들이 한글과 한국의 앞선 기술을 부지런히 배워서 우즈베크에서 마음껏 꽃피울 수 있도록 여건을 마련해주는데도 힘을 보태야 할 것이다. 그들이 희망의 끈을 이어갈 수 있도록 꿈을 줄 이유가 분명 있기 때문이다. 첫째는 우즈베크에 고려인이 많이 있어서 그렇고, 국가적으로도 서로에게 유익을 줄 요소가 많은 때문이다. 개인이든 국가든 홀로 살아가기는 점차 힘들어지는 사회다. 네트워크의 힘이 절실히 요구되는 지금의 시대다. 그런 측면에서 보더라도 고려인이 많이 살고 있다는 것만으로도 우즈베크는 우리의 희망이 될 수도 있다. 그 희망은 핏줄의 이어짐이기도 하고, 자원의 주고받음도 가능해서다. 설령 서로가 원하는 것을 얻지 못한다고 해도 희망만으로도 관심을 가져볼 이유가 충분하다.

2. 한국에서 건져온 꿈

잠시 우즈베크에 머물렀지만, 현지인 몇 명으로부터 한국에서 꿈을 건져왔다는 이야기를 들으면서 무척 기분이 좋았다. '기회의 땅' 한국에서 번 돈으로 자리를 잡아가고 있다는 현지인들의 이야기는 오랫동안 들어도 따분하지 않다. 우즈베크 현지인들로부터 한국에서의 경험담을 들으면서 그저 돈을 벌었을까 하는 의구심도 가져봤다. 아니나 다를까 한국생활을 경험한 우즈베크인들은 (어느 정도 인지는 확인할 길이 없지만) 돈을 모으는 과정에서 많은 눈물을 흘렸다는 솔직한 이야기를 들을 수 있었다. 또 어떤 사람은 회사가 망해서 돈을 받지 못하고 눈물을 머금고 고국(우즈베크)으로 돌아와야 하는 억울함을 당했다며 한국을 기억하고 싶지 않다는 반응도 보였다. 어느 나라에서든 돈이 그저 모아지는 법은 물론 없을 것이다.

지난날 우리나라 사람들이 중동 사막에서, 독일 탄광촌에서 얼마나 눈물을 쏟으며 돈을 모았을까. 마찬가지로 우즈베크 사람들도 한국을 기회의 땅으로 보고 온갖 시련을 겪어낸 것을 상상해 보면 비슷한 아픔과 서러움을 겪었을 것이다. 오로지 돈을 모아 부자가 되어야 한다는 일념으로 버티어 냈다는 말이 옳다. 이를 악물고 돈을 벌어 고국에서 버젓한 사업체를 일궈야 한다는 생각에 모진 고통도 참을 수 있었다고 털어놓는 사람도 있었다. 그들의 이야기를 들으면서 마음속으로 눈물이 하염없이 흘러나오는 이유는 뭘까. 지금도 한국의 농장과 공장에서 모진 고통을 참아내며 오로지 돈을 모아 그리운 고국에 돌아가서 희망을 일구려는 수많은 외국인들의 모습을 자주 보아온 필자이기에 더욱 그렇다. 그들의 이야기는 이렇다.

▶사마르칸트의 마티 씨(2009년, 36세)

마티 씨는 서울, 전남, 강원, 제주 등에서 8년간 고생을 하며 돈을 벌었다고 했다. 그는 2006년 한국생활을 마감하고 고국으로 돌아왔다. 한국에서 한 일은 주로 목수일. 한국생활에 익숙해서일까. 그는 한국인처럼은 아니어도 말을 아주 잘 하는 편에 속했다. 한국에 있는 동안 온갖 역경을 이겨낸 덕분에 지금은 대우에서 만든 자동차로 운전기사를 하면서 아주 여유롭게 살아가는 모습을 읽어낼 수 있었다. 19세 때 결혼한 마티는 큰 딸(당시 16세), 막내아들(2세)과 같이 행복하게 살아가고 있다고 자랑했다.

사마르칸트 운전기사 마티

마티는 한국에서 돈을 벌던 당시의 상황을 말해주었다. 한국인에 대한 여러 가지 평가도 곁들였다. 한국인 가운데는 좋은 사람도 많지만, 못된 사람도 있다며 아주 자세하게 비교해가면서 설명했다. 그러면서도 그는 한국에서 번 돈으로 현재 우즈베크에서 자리를 잘 잡고 있다는 것이 중요하다고 강조했다. 아파트도 두 채(50평과 70평)나 구입했다며 흥분된 말로 꺼냈다. 그 중 한 채는 남에게 빌려주고 있다며 한국을 여전히 '기회의 땅'으로 인식하고 있었다. 돈의 힘이 이만큼 크다는 것을 한국에서 경험했다고 고백했다. 세계 어느 나라든 돈만 있으면 행복하지 않느냐는 말도 꺼냈다. 물론 정답은 아니다. 그럼에도 그는 돈이 있어도 잘 살아가는 것이 더 중요하다며 나름대로 삶의 철학을 고이 간직하고 있었다.

마티는 우즈베크의 결혼관에 대해서도 살짝 말을 꺼냈다. 〈코란〉 율법에는 4명까지 부인을 둘 수 있다고 했다. 왜 많은 부인을 둘 수 있는지를 묻자 마호메트가 아내를 12명이나 두지 않았느냐며 당연하다고 했다. 불쌍한 자를 구제한다는 차원에서 그렇게 한 측면도 있다는 것이다. 다만, 돈이 많은 사람은 더 많은 아내를 둘 수 있어 숫자를 4명으로 제한한 것이라고 설명했다. 그러면서 여러 명의 부인을 둘 때는 분명한 원칙이 있다고 강조했다. 부인에 대한 차별을 두지 않는다는 원칙이다. 인간에 대한 평등을 강조했다. 물론 위계질서도 반드시 지킨다고 했다. 여러 부인 가운데 특별히 좋은 사람이 있을 텐데, 차별 없이 대할 수 있을까 하는 의구심도 들었지만, 어떻든 기본 정신에 충실하면 가능하다는 이야기를 그에게 들으면서 신기하다는 생각도 들었다.

그는 또 우즈베크에서 가장 '독종'이 바로 고려인이라고 조심스럽게 말을 꺼내기도 했다. 고려인은 돈을 벌기 위해 시골에서 도시나 다른 나라로 떠나는 열망이 아주 강하다고 들려주었다. 고려인이 돈이 되는 곳으로 떠난다는 것은 그만큼 생활력과 배움의 열정이 강하기 때문이라고 긍정적인 해석도 내렸다. 그런 때문인지 우즈베크의 고려인들이 살고 있는 시골에는 젊은이는 거의 보이지 않고 노인들만 외롭게 살고 있는 모습이 눈에 들어왔다. 이농현상은 세계 공통적인 현상인가 보다. 돈이 되는 곳으로 사람이 모이는 당연한 현상은 끝이 없을까 하는 생각에 깊이 잠겨보기도 했다. 아마도 끝은 없을 것 같다. 예나 지금이나 지구촌마다 돈에 살고, 돈에 죽는 삶이 아니던가. 인생의 마지막에서는 물론 모든 것을 어쩔 수 없이 비워야 하기에 가능하겠다.

▶사마르칸트 기차역 카페운영 CEO 미샤 씨(당시 36세, 사마르칸트시 마트리트)

기차를 타기 위해 사마르칸트 역에 잠시 들렸다. 음료수를 마시기 위해 찾은 곳은 기차역사 안에 위치한 카페. 마침 카페를 2년째 운영하고 있던 미샤 씨가 자리를 지키고 있었다. 그 역시 한국에서 일한 경험이 있었다고 했다. 그는 1999~2003년까지 한국에서 돈을 벌었다는 이야기를 기분 좋게 말해주었다. 그가 일한 곳은 서울 면목 5동에 위치한 무스탕 공장. 미샤 씨가 한국에서 받은 첫 월급은 50만원으로 기억하고 있었다. 나중에는 120만원까지 올라갔다며 당시 월급 받을 때의 기분이 아주 좋았던 느낌이 새록새록 난다며 활짝 웃었다.

카페 운영 미샤

그는 한국에 있을 때 매월 받은 월급을 함부로 쓰지 않고 저축하는데 심혈을 기울였다고 했다. 그래서 꽤 많은 돈(4,000여만 원)을 모았다는 것이다. 이렇게 번 돈으로 집을 짓고 기차역에서 장사를 하는 기회를 얻어 어엿한 '사장'이 됐다고 자랑했다. 미샤 씨는 한국에서 고생한 보람을 이제야 서서히 느끼기 시작하고 있다고 말했다. 그는 자녀도 세 명이나 있는데, 2009년 당시 4살, 12살, 15살이며 모두 남자라고 했다. 딸이 없어서 약간 서운하다는 감정도 내비쳤다. 많은 외국인이 지금도 한국으로 가는 이유가 돈을 버는 목적이 가장 크듯이 그 역시 돈을 벌 수 있었던 한국이 그립다고 했다. 그러면서 한국을 가고 싶어 하는 사람들이 지금도 우즈베크에는 많이 있다고 알려 주었다. 한국행을 희망하는 우즈베크 사람들에게 나름대로의 노하우도 가르쳐 주고 있다고도 말했다.

미샤 씨는 기차역 안의 카페에서 하루 24시간 장사를 하고 있다. 밤에 손님이 더 많을 정도로 정신없이 바쁠 때도 많다고 했다. 한 달 순이익은 400달러 안팎. 우즈베크 교사의 월급이 150달러 안팎인 점에 비춰볼 때 미샤 씨의 수익은 꽤 괜찮다. 그는 분명 한국에서 꿈을 건져 올린 대표적인 사람 가운데 하나로 보였다. 그 역시 그런 해석에 동의하고 있었다.

그 인들 한국생활이 왜 힘들지 않았을까. 과거 한국에서 생활할 때를 기억하면 힘든 순간이 숱하게 많았지만, 돈을 벌어서 고국에 돌아가면 장사를 할 수 있다는 기대와 꿈을 고이 간직하고 있었기에 그에게 닥친 고난은 잠시일 뿐이었다. 그는 한국에서 번 돈을 기반으로 이제 우즈베크에서 더 큰 꿈을 펼칠 수 있는 기회를 잡아가고 있다고 자랑했다. 나중에 여유가 생기면 기회를 준 땅, 한국에 다시 여행을 가는 꿈을 세우겠다는 다짐도 하고 있었다.

한국이 기회의 땅이라는 이야기를 우즈베크 현지인들에게 들으면서 우리 고국에 대한 애국심이 순간 느껴지기도 했다. 어쩌면 우리가 당연히 여기고 있는 것을 외국인들은 아주 값지게 느끼고 있다는 것에 감사했다. 열악한 여건에서, 황무지에서 꽃을 피우듯 한국을 부러워하는 이방인들을 만난 것은 나에게 큰 행운이요, 행복이었다. 조국의 소중함을 다시 각인할 수 있어서 더욱 그랬다.

▶베스트 드라이버, 바자르 바이 씨(40)
우즈베크에서 취재 또는 역사 유적지를 탐방하는 동안 우리 일행을 주도적

바자르 바이

바자르 바이 씨는 한국에서 번 돈이 3,000만원이라고 했다. 한 달에 120만
원의 월급을 받아 알뜰하게 저축한 때문에 가능했다는 것이다. 그는 우즈베크
로 돌아와서 자동차를 구입해서 현지 여행사와 연계해 운전기사 일을 하고 있
다. 그는 지금의 생활이 아주 보람차고 스스로 생각해도 자랑스럽다고 자신있
게 말했다. 자신의 차량을 가지고 여행사에 소속되어 운전기사를 하는 직업은
우즈베크에서도 꽤 괜찮은 직업이라고도 했다.

그는 한국에 있을 때 고생도 아주 많이 했다며 고개를 숙이고 당시를 술회
하는 모습도 보였다. 한참을 생각하더니, 이제 다시는 한국에 가고 싶지 않다
는 뜻밖의 말을 꺼내기도 했다. 물론 우즈베크에서 어느 정도 자리를 잡은 때
문에 굳이 갈 필요가 없다는 해석이라고 곁들어 설명하기도 했다. 우리 일행
이 서운해할까봐 굳이 해석을 덧붙인 때문인지도 모른다. 어떻든 그는 지금
한 달에 400달러라는 적지 않는 급여를 받고 있어서 부족함이 없다고 했다.

이 정도의 급여라면 현지에서도 중산층 그룹에 속한다. 때문에 굳이 고생하면서 살아갈 이유가 없다며 이제는 여유를 갖고 살아갈 것이라고 다짐을 했다.

바자르 바이 씨는 무엇보다도 한국의 밤 문화가 추억에 많이 남는다고 했다. 술이 있고, 밤새도록 노래방에서 마음껏 부를 수 있는 역동적인 한국의 밤 문화가 뇌리에 오랫동안 남는다고 회상했다. 따지고 보면, 우리나라처럼 밤이 늦도록 네온을 화려하게 밝혀두고 술과 노래로 여흥을 즐기는 나라는 세계적으로도 그리 많지는 않을 것이기 때문에 기억에 오래 남는 것은 어쩌면 당연한지도 모르겠다. 역동적인 한국의 밤 문화, 여기에는 긍정과 부정적 요소가 동시에 들어 있어 뭐라고 딱히 말하기는 어렵지만, 외국인에게는 인상적으로 남는 것만은 사실이다. 그는 타슈켄트에서 100km나 떨어진 고향에는 두 명의 딸(16, 14세)이 있다며 자식 자랑을 늘어놓기도 했다.

경기 연천군 전곡에서 말을 기른 경험이 있다는 그는 불법체류자 신분으로 있으면서 마음을 조아리는 일도 많았다고 했다. 사실 한국 사람이 미국 등에서 불법 이민자로 살아가는 사람이 얼마나 많은가. 마찬가지로 지금 한국에는 도시든 농촌이든 불법체류자 신분으로 인권침해와 노동착취를 당하는 자들도 무수히 많은 것으로 알려지고 있다. 그렇다고 이들을 다 떠나보내면 농사는 누가 짓고, 공장은 누가 돌릴까 하는 걱정도 솔직히 드는 것이 우리의 현실이다. 합법과 불법의 경계가 분명히 그어지지 않는 '불완전한 공존의 사회' 가 지구촌 곳곳에서 이뤄지고 있다는 표현이 어울리는 말일 것 같다. 우리나라도 예외는 아니다.

그는 부화장에서 일을 할 때의 힘들었던 순간도 들려주었다. 2003년 조류인플루엔자로 닭이 많이 죽어 나갈 때 주인이 돈이 없다며 월급을 주지 않아 속이 많이 상한 경험도 있다고 말해주었다. 당시 닭의 70%가량이 죽어나가는 끔찍한 상황에서 주인의 심정도 이해하지 못하는 것은 아니지만, 먼 땅에서 온 이방인에게 일한 대가를 주지 않는 것은 오랫동안 나쁜 이미지로 남을 것 같다고도 말했다. 낯선 땅에서 온갖 모욕을 받고, 월급마저 받지 못하고 고국으로 돌아와야 했던 그의 심정은 아마도 시커멓게 타들어갔을 것이다. 한국인으로서 이런 이야기를 현지에서 들으면서 무척 미안한 마음이 몰려왔다.

바자르 바이 씨는 운전대를 잡으면서도 한국의 노래를 곧잘 부르곤 했다. 한국에 있는 동안 구입한 테이프를 틀어주며 친절함도 마음껏 보여주었다. 그는 한국에서 일하는 동안 배웠던 지방의 사투리도 곧잘 구사했다. 꼭 촌사람처럼 행동하고 말하는 그를 보면서 정겨움이 더욱 솟구쳤다.

한국을 경험한 많은 우즈베크 사람들은 현재 여러 분야에서 자리를 잡아가고 있다는 이야기를 현지에서 들으면서 뿌듯함도 느꼈다. 고통 다음에 오는 기쁨이라고 했던가. 한국에서의 열악한 근무환경에 대한 나쁜 감정도 많이 남아 있을 것 같았는데, 목적하는 바가 있어서인지 모든 것을 참아낸 결과 어느 정도 자리를 잡고 있는 모습은 참으로 아름다웠다.

지금도 한국에서 꿈을 키우며 정상적인 방법이든 불법체류자 신분으로 와 있든 모진 고통을 참아내며 일을 하고 있는 우즈베크인들이 많다는 이야기를 현지에서 들으면서 가슴이 답답하기도 했다. 인권유린 현장이 있기 때문에 떠오른 생각이다. 우리의 이웃이나 다름없는 우즈베크 사람들을 비롯한 외국 노동자들에게 정성을 다해 인간적으로 대해 주었으면 하는 마음이 간절하다. 우리 또다시 제2, 제3의 열사의 나라로, 독일의 탄광촌과 간호사로 가야할지 모르는 일이 아닌가.

3. 코리안 드림

　한때 우즈베크에서의 대우는 '성공신화' 그 자체로 통했다. 김우중 전 대우 그룹 회장이 쓴 책, '세계는 넓고 할일은 많다'를 오래 전에 읽은 경험이 있어서인지, 그 책의 의미와 가치를 현지에서 정말 많이 느낄 수 있었다. 책의 내용대로, 세계는 넓고 할 일이 많음을 절실히 느낄 수 있었기 때문이다. 대우가 승승장구했다면, 지금의 우즈베크는 어떤 모습으로 변했을까. 상상하기 어려울 정도로 우즈베크인들은 대우에 대한 좋은 이미지를 갖고 있었다. 대우가 해체된 지금의 우리 모습이 그저 안타깝다는 생각을 비로소 우즈베크에 와서 절실히 느낄 수 있었다. 아마도 대우의 성공신화가 이어졌다면, 한국경제에도 엄청난 힘을 보탰을 것이다. 그런 생각은 우즈베크에서 특히 강렬하게 꽂혔다.

기름을 넣기 위해 줄 서 있는 마티즈 사진제공=농촌진흥청

우즈베크를 포함한 5개 나라(투르크메니아, 키르키즈, 타지크, 카자크). 이들 나라이름의 끝은 모두 스탄이다. 스탄은 땅을 의미한다. 다시 말해 자기 민족이 사는 땅이라는 뜻이다. 앞으로 CIS 국가가 단일 통화권을 고려하고, 협력 또한 강화할 것이라는 소식을 현지에서 접하면서 '대우의 몰락'이 없었다면, 우리나라가 경제적으로, 문화적으로 성장할 수 있는 힘이 더욱 강력했을 것이라는 아쉬운 생각이 지금도 떠오른다.

물론 지금도 거리의 자동차 가운데 80%가 대우자동차일 정도로 막강한 힘을 보여주고 있다. 그러나 과거의 대우차와 지금의 차는 엄연히 다르다는 점이 안타까울 따름이다. 그래서인지 대우자동차를 거리에서 숱하게 봐도 그다지 기분이 좋지만은 않았다. 오히려 씁쓸해졌다. 대우가 뿌려놓은 씨앗이 이처럼 허무하게 막을 내린 이유가 뭔지 그저 답답할 뿐이다. 정치와 경제, 경제와 정치가 뒤섞인 한국사회의 단면이 부정적으로 자꾸만 느껴짐은 기회의 땅을 놓친 것이 너무나도 안타깝기 때문일 것이다. 물론 반칙은 용납되어서는 안 된다. 어떤 이유에서건, 명분에서건 그렇다고 생각한다.

우즈베크에는 한국 교민이 1,500명 안팎 살고 있다. 이 가운데 선교사가 절반가량을 차지하고 있다. 이 나라는 종교는 자유이지만, 선교활동은 하지 못하게 돼 있다. 허락을 받지 않고 선교활동을 하면 곧바로 추방을 당하는 '무서운 나라'다. 종종 선교활동을 하다가 추방당하는 한국 선교사도 있다고 한다. 그럼에도 불구하고 한국에 대한 이미지는 아주 좋다. 정치적으로, 경제적으로, 외교적으로 끊임없이 노력한 덕분이다.

주 우즈베키스탄 대사관은 한국에 대한 인지도가 급상승하고 있다고 밝히고 있다. 자동차와 가전제품에 대한 인지도가 특히 높다고 했다. 한국 가전제품이 우즈베크에서 차지하는 시장 점유율은 80%가 넘는 것으로 알려지고 있다. 대우차는 특히 국민차로 인식되고 있다. 젊은이들 사이에서는 대우차를 타고, 삼성·LG의 가전제품을 사는 것을 최고의 멋으로 평가할 정도다. 대우차가 과거 대우차가 아니어도 남아 있는 것은 '대우'라는 브랜드다. 이 브랜드가 원상태로 회복될 리는 불가능하겠지만, 과거의 대우를 기반으로 우리 기업이 우즈베크로 파고들 여지는 얼마든지 있다.

우즈베크에는 한국 드라마와 음악 등도 인기를 끌면서 '한류(韓流)' 열풍을 주도하고 있다. 드라마 〈겨울연가〉가 시청률 60%를 기록하면서 최고 기록을 경신한 바 있고, 〈별은 내가슴에〉〈이브의 모든 것〉 등도 상당한 인기를 누릴 뿐 아니라 비디오로도 출시되고 있다고 한다. 삼성·LG 등은 홍보 전략의 하나로 방송국 광고비 대신에 드라마 방영권을 우즈베크에 제공, 한류 열풍 확산에 일조하고 있다고 한다. 또 김덕수 사물놀이 등 공연이 격찬을 받은 바 있고, 우즈베크 국영 TV는 한국의 발전상 및 문화관광지 등도 자주 방영하며 높은 시청률을 보이고 있다.

청소년층의 '코리안 드림' 열기도 후끈거린다. 많은 우즈베크 청년들은 산업연수생으로 한국에 가는 것을 크게 기대하고 있는 모습이 현지에서도 쉽게 목격된다. 2004년 산업연수생으로 가는 경쟁률이 무려 100대 1을 넘어선 것을 비롯해 한글 열풍이 불고 있는 것에서도 읽어낼 수 있다. 마치 한국 사람들이 미국이나 유럽 등지로 꿈을 안고 찾아 갔고, 가고 있듯이 우즈베크인들도 한국 땅을 꿈의 대상으로 보는 시대로 바뀌고 있는 신호다.

우즈베크 내 타슈켄트 대학 등 주요 대학들이 한국어 학과를 개설해 놓을 뿐만 아니라 높은 경쟁률을 유지한 것도 이런 분위기를 잘 설명해준다. 우즈베크 사람들이 한국행을 선택하는 이유는 경제적 이유가 가장 크다. 돈을 벌기 위해서다. 그렇다고 이게 전부는 아닐 것이다. 한 마디로 표현하기는 어렵지만 뭔가 정서적으로, 심정적으로, 역사적으로, 미래지향적으로 '끌림' 이 있는 것이 더 큰 이유일 것이다.

미래의 꿈나무들인 우즈베크 청소년들이 한글을 배우려고 애쓰고 있고, 한국의 삼성과 LG 제품을 좋아한다. 또 우리의 드라마를 즐겨 보고, 국제결혼도 꿈꾸며 산업연수생으로 오려는 강렬한 동기는 왜 일까. 이를 여러 각도에서 분석해보고, 희망을 주는 방법도 연구하는 것이 서로에게 이로움을 줄 것이라는 생각이 강렬하게 파고든다. 아울러 영국, 프랑스, 미국에서 인기몰이를 하고 있는 K-POP 열기가 곧 중앙아시아에서도 거세게 불 것을 고려할 때 다각도로 준비하는 것이 미래를 밝게 열어가는데 힘이 될 것이다.

4. 우리 이웃

1991년 8월 31일 독립을 선언한 우즈베크. 얼핏 보기에는 관련성이 그다지 없어 보이는 우리나라와 우즈베크는 어떤 인연이 닿고 있을까. 결론부터 말하면 '동반자' 라는 개념이 가장 잘 어울린다. 우즈베크는 독립 다음해인 1992년 1월 29일 한국과 외교관계를 수립하고, 이듬해 12월 주(駐)우즈베키스탄 한국대사관을 개설했다. 또 1996년 1월에는 주한(駐韓)우즈베키스탄 대사관을 개설하는 등 발전적인 외교관계를 지속적으로 이어가고 있다. 1992년 카리모프 우즈베크 대통령이 첫 방한을 시작으로 1995년, 1999년, 2006년, 2010년

2월 등 자주 한국을 찾으면서 외교적 관계도 돈독해지고 있다. 우리나라에서도 김영삼 전 대통령이 1994년에 우즈베크 방문을 시작으로, 노무현 전 대통령은 2005년, 이명박 대통령은 2009년 5월 우즈베크를 국빈 방문한데 이어 2011년 8월에도 우즈베키스탄을 방문해 실질 협력 증진 방안을 협의한다고 청와대는 밝혔다.

아울러 양국 간의 과학기술협력협정(1992)을 비롯한 무역협정(1992), 문화협정과 항공협정(1994), 이중과세방지협정(1998), 범죄인인도조약, 형사사법공조조약(2003), 사회보장협정(2005), 외교관여권사증면제협정(2009) 등을 체결하며 우호관계를 발전시켜 나가고 있다. 물론 양국 의회 간의 교류 및 협력 강화를 목적으로 의원친선협회도 구성, 왕래를 하고 있다. 우리나라는 2007년 10월 기준 1억700만 달러(누계)의 EDCF(대외경제협력기금)를 지원, 41개국 중 8위를 차지하고 있다. 특히 2010년 2월 카리모프 대통령 방한을 계기로 EDCF 차관 보충 약정이 체결되어 신규과제 발굴 및 지원이 확대될 전망이라고 기획재정부는 설명했다(보도참고자료 2010년 9월 1일). 구체적인 내용을 보면, 2010~2013년까지 2억 달러의 차관을 지원하는 내용의 'EDCF 차관 보충 약정'을 체결했는데, 이는 2008년 5월 체결한 EDCF F/A(EDCF 차관에 관한 기본협정:2008~2011년간 1억2,000 달러를 지원)를 보충하는 약정이다. 이를 통해서 교육, 수자원관리, 에너지 효율화, 신재생에너지, 나보이 특구 조성 분야 등에서 신규과제가 집중적으로 발굴될 예정이다.

또한 기획재정부에 따르면 KOICA(한국국제협력단)가 우즈베크에 1991~2009년까지 총 3,700만 달러 규모의 무상원조를 지원했는데, 이는 CIS 국가 가운데 최대 규모다. 연도별 유상원조 규모는 2006년 373만 달러에서 2007년 322만 달러, 2008년 604만 달러, 2009년 937만 달러 등 증가추세다. 2010년에는 특히 연수생초청(97명), 봉사단 파견(57명), NGO(비정부기구) 지원 사업(1건) 및 프로젝트(5건) 등 총 1,232만 달러 규모의 무상원조를 제공할 계획이었던 것으로 알려졌다.

기획재정부는 또 KSP(지식공유사업)에 대해서도 2004년부터 세 차례에 걸쳐 정책자문을 완료했다. 즉, 우즈베크 경제개발정책 종합자문(2004), 경제자유구역 설치타당성 연구(2007), 나보이 경제특구 개발계획 수립 지원(2009) 등이다. 2010년부터는 우즈베크를 지식공유사업 중점국가로 선정, 앞으로 3년간 정책자문을 제공할 예정이라고 설명했다. 이를 통해 거시경제관리, 혁신촉진, 수출 및 투자확대 등의 분야를 중심으로 우즈베크의 중장기 발전전략을 수립한다는 것이다.

더 나아가 지금까지 5개 사업(완료사업=통신망현대화, 직업교육시설 개선사업, 진행사업=직업교육개발, 교육정보화, 심장수술센터 의료기기 공급사업)에 총 1억1,700만 달러를 제공했으며, 우즈베크 지원 요청사업 5건(1억5,600만 달러)은 검토 중이라고 기획재정부는 밝혔다. 지원 요청사업 5건은 나보이특구 상하수도 건설을 비롯한 서부우즈베크 상수도 건설, 3개 지역 상수도 건설, 199개 메티컬센터 엑스레이 공급, 지리정보시스템 구축사업이다. 이처럼 한국은 지금 우즈베크에 무상원조와 지식공유사업, 유상원조 등을 지원 또는 검토하면서 개발협력에 가속도를 내고 있다.

카리모프 우즈베크 대통령은 2006년 1월 '경제 개혁'을 주제로 한 연두 국정연설에서 각 정부 부처에 부실 공기업 및 공장들에 대한 민영화 방안 모색을 지시했다. 2008년까지 민영화 추진을 계획하며, 특히 석유 · 가스 · 항공 등

121개의 전략 업체들도 부분적으로 국가 소유의 지분을 매각하는 것을 계획하는 등 제한적인 시장경제체제를 유지하고 있다. 우즈베크가 개방적인 시장경제 체제로 변경될 경우 중앙아의 관문으로 기능을 하는 한편 해외로부터의 본격적인 투자 유입으로 인해 빠른 경제성장도 가능하다는 전망이다. 실제로 우즈베크의 경제성장률을 보면 2006년 7.3%, 2007년 9.5%, 2008년 9.0%, 2009년 8.1%에 이어 2010년에도 8.3% 안팎 등의 높은 성장률을 보이고 있다. 중앙아의 역사적·지리적 중심이자 최다 인구를 보유한 국가이면서 상대적으로 높은 교육수준 등 성장 잠재력이 풍부한 때문에 경제를 힘차게 밀어올리고 있는 것으로 분석된다.

특히 유가가 오르는 상황에서 우리가 관심을 가져야할 나라는 바로 실크로드 중심지인 중앙아시아다. 중앙아시아 카스피해 지역의 경우 석유(2,700억 배럴)와 가스(30조㎥)가 많이 매장돼 있어서 더욱 그렇다. 이 엄청난 매장량을 두고 옛 소련 시절의 영향력을 되찾겠다는 러시아와 '제2의 중동'을 차지하려는 서방 메이저사, 또 일본과 중국 등이 자원 각축전을 벌이고 있는 형국이다.

이 틈바구니 속에 한국도 우즈베크를 비롯한 카자크, 투르크메니아, 아제르바이잔 등과 전략적 동반자 관계를 맺으며 협력을 강화해 나가고 있다. 중동에서 명성을 쌓아온 한국 기업에게는 또 다른 희망의 땅이 되고 있는 셈이다. 우리 정부도 공적개발원조(ODA)를 최근 확대하고, 연수생 초청도 늘리는 등 먼 장래를 내다보면서 중앙아시아에 과감한 지원과 투자를 하고 있다.

우즈베크는 중앙아시아 통합전력시스템(CAPS)의 50% 이상 설비를 보유해 중앙아시아 최대 전력 생산국이자 순 수출국이다. 전력 수출은 1,690만 달러로, 주로 겨울철에 주변 타지크, 키르키즈, 아프간 등에 수출을 하고 있다.

우즈베크의 전략 분야는 석탄산업, 지역난방시스템, 연료 · 에너지 공급시스템 등과 같이 연료 및 에너지 콤플렉스에 소속되어 국가가 소유하고 있다. 우즈베크 정부는 2010년까지 전력 설비를 15% 확대, 약 10억 달러 규모의 투자를 계획하고 있다.

우즈베크의 잠재가능성을 보고 세계가 군침을 돌리는 상황도 지금 전개되고 있다. 미국의 경우 중앙아 지역에서 특정 국가나 국제기구의 패권을 저지하려는 입장을 보이고 있는 것으로 관측되고 있다. 또한 이슬람 근본주의 세력의 기지화 되는 것을 방지하는 것도 외교 전략의 주요 방향이다. 마약 유입 및 확산 방지, 에너지 자원 및 시장 장악, 민주화 지원 및 시민사회 건설 장려 등의 외교정책도 동시에 펴고 있다. 9 · 11 테러 이후 아프간 지역을 중심으로 하는 반테러 확산 저지와 중앙아에서 러시아와 중국의 영향력도 견제하고 있다. 미국은 2002년 키르키즈 마나스에 대규모 공군기지를 건설하고, 2004년에는 중앙아국가간 통상 · 투자 기본협력협정을 체결하는 등 중앙아 국가들에 대한 중국 · 러시아의 경제적 영향력 견제수단을 지속적으로 찾고 있다.

러시아의 경우 대외정책 1순위는 대 CIS 국가 외교다. 구소련의 일부지역으로 영향력 유지를 강화하는 한편 중앙아 거주 러시아인의 보호와 안전에 관심을 쏟고 있기도 하다. 중앙아 거주 러시아인 인구는 약 745만 명으로 추산(전체의 12.7%) 된다. 특히 카자크에는 인구 1,500만 명 중 러시아인이 30%(450만 명)를 차지할 정도로 숫자 면에서도 입지를 강화하고 있다. 중앙아의 대 러시아 지정학적 위치의 중요성을 감안한 러시아는 CIS 집단안전보호 조약의 일환으로 타지크 및 키르키즈에 자국의 군대를 주둔시키고 있다. 또 과격 이슬람 원리주의 세력의 북상을 방지할 'Cordon Belt' 를 만드는 한편 석유 등 전략 에너지의 공급처는 물론 도로, 철도, 파이프라인의 통과지인 점도 아주 중요시하고 있는 실정이다. 루코일, 가스프롬, 로스네프찌 등 러시아 거대독점자본을 활용한 중앙아자원개발에 박차를 가하기 위해 우즈베크, 카자크, 투르크메니아 천연가스와 카스피해 석유개발에도 속도를 내고 있다.

물론 중국의 움직임도 만만치 않다. 타지크, 아프간, 카자크, 키르키즈 등 중앙아 4개국과 3,780㎞ 국경을 공유하고, 신장지역 주민 약 40% 정도가 이슬람교도인 지정학적 연관성이 높아 관심을 쏟고 있는 것으로 알려지고 있다. 무엇보다도 신장 위구르의 분리주의가(역사적으로 중앙아와 교류) 국경안보 불안요소로 작용할 가능성도 있다. 이에 중국은 신장 등의 개발을 통해 상해, 광동지방 등 연안과 내륙 간 격심한 경제수준 차이를 해소함으로써 위구르족 분리주의자들의 영향력을 줄여가는 정책을 펴고 있다. 중국은 대서부 개발로 알려진 신장, 티벳, 청해, 사천 등의 개발을 통해 한족의 동 지역 유입을 촉진시키고, 위구르족 등을 원 거주지역에서 소수 민족화함으로써 내적인 안정과 통합을 추구하고 있다고 한다. 또 중앙아-카스피해 지역 국가들과의 관계를 강화함으로써 전략 에너지 자원을 확보하고, 이 지역 국가들에 대한 정치적 영향력도 넓혀나가고 있다.

일본은 중앙아 지역 영향력 확보를 위한 중국 및 러시아를 견제하고 있다. 일본은 중앙아에 대한 최대의 무상원조 제공국으로 영향력을 확보하고 있다. 이와 함께 석유와 가스개발 및 도입으로 전략물자 수입선 다변화를 추구하는 모습도 보이고 있다. 일본은 '중앙아-일본 대화(2004.12, 2006. 2 두 차례 외교장관회담 개최)'를 통한 영향력을 높이고 있다. 중앙아가 중국 및 러시아와 인접한 지역임을 보고 지렛대로 활용한다는 계산이다.

우리나라는 1994년 우즈베크 공화국과의 정부 간의 항공 업무에 관한 협정 부속서의 개정을 위한 교환각서를 시작으로 여러 가지 조약을 체결하며 우호 증진을 하고 있다. 우리 정부는 우즈베크, 키르키즈, 카자크, 타지크, 투르크메니아 등 중앙아 5개국과의 적극적인 외교적 노력으로 우리 기업들, 특히 에너지와 건설 분야에 활발한 진출을 추진하고 있다. 양측 간 인적 교류가 대폭 확대되면서 직항로도 하나씩 개설하고 있다.

'한 · 중앙아 협력포럼'의 조직으로 우리나라는 기존의 양자 외교 채널과 더불어 중앙아 지역 전체를 대상으로 하는 다자외교 채널을 추진하고 있다. 이 지역에 있는 '상하이협력기구(SCO)', '중앙아시아+일본협의체', '중앙아시아+EU 트로이카 외무장관회담' 등 여러 가지 협의체가 운영 중에 있는 가운데 '한 · 중앙아 협력포럼'의 창설은 한국이 세계 주요 국가들과 어깨를 나란히 할 뿐만 아니라 대 중앙아 다자외교를 펼치고 있다는 점에서도 의미가 깊다고 할 수 있다. 중앙아 지역이 과거 구소련의 일부로 있는 관계로 우리나라와의 관계를 맺기 어려운 정치적 상황에 있었지만, 최근 포럼 등을 통해 우리 기업과 학계, 문화계 등에서 적극 참석하며 협력관계를 증진시키고 있는 점은 아주 고무적으로 평가되고 있다.

성장잠재력이 풍부한 중앙아 지역이 이제는 '블루오션 국가'로 떠오르면서 세계열강의 각축전이 심화될 것으로 보인다. 이에 우리나라는 자본과 기술면에서, 중앙아는 에너지 자원과 노동면에서 각각 비교우위에 있는 상호 보완적 경제 구조를 갖추고 있어 상호 발전에 도움이 될 것으로 전망된다. 특히 이 지역에 32만여 명에 달하는 고려인이 살고 있다는 사실은 한 · 중앙아 관계 발전에 아주 중요한 역할을 할 것으로 보인다. 시베리아에서 이들 지역으로 강제 이주해 온 고려인들은 한민족 특유의 근면성으로 인해 존경받는 소수민족이란 점에서도 의미가 크다. 때문에 우리나라 기업 등의 진출을 지원할 든든한 후원자가 있다는 점에서도 미래의 전망을 밝게 점쳐볼 수 있다.

송민순 전 외교통상부장관은 2007년 12월 우즈베크를 공식 방문, '한 · 중앙아 협력포럼' 활성화 등 한반도 및 중앙아 정세에 대해 의견을 교환하는 한편 수르길(Surgil) 가스전 등 에너지 · 자원분야에서의 상호협력이 잘 추진되도록 요청했다. 이에 카리모프 우즈베크 대통령은 양국 간 '전략적 동반자 관계'로 발전을 기대하며 자동차, IT, 교육, 농업 등 다양한 분야에서의 실질적인 협력 확대를 희망했다.

이런 약속은 이명박 대통령이 2011년 8월 23~24일 우즈베키스탄 국빈방문 때 결실로 이어졌다. 양국은 산업자원협력 MOU(양해각서)를 체결하고, 특히 우리 정부는 4조5,000억 원대의 가스전 개발 및 가스화학 플랜트 건설 사업을 따내는 초대형 프로젝트(수르길 프로젝트) 추진으로 중앙아시아의 새로운 사업모델을 활짝 열었다는 평이다.

기획재정부는 2010년 9월 1일 '대한민국과 함께 르네상스를 꿈꾸는 우즈베키스탄의 불사조: Semurg(세물)'이라는 보도자료를 통해 수르길 가스전 및 플랜트 건설 사업 등 대규모 협력사업 추진을 통해 우즈베키스탄의 경제발전 및 산업다변화에 기여할 것이라고 밝혔다. 특히 수르길 가스전 개발사업은 우리 정부가 중앙아시아에서 추진하고 있는 협력사업 가운데 최대 규모(30억 달러)로 양국간 경제협력을 공고화 시킬 것으로 기대하고 있다. 수르길 가스전 개발사업은 2010년 2월 한 · 우즈베크 정상회담을 계기로 투자협정서가 체결되었으며, 사업실사가 완료되는 대로(2010년 내) 최종 투자 여부를 결정

할 예정(2011년 상반기까지)이라고 설명한 바 있다. 수르길 가스전 및 플랜트 건설사업의 규모는 30억 달러로, 석유공사 등이 참여하고 있다. 또 나망간-추스트 광구, 신규 5개 광구, 아랄해 광구, 우준쿠이 광구 등 탐사사업에 한국 컨소시엄이 참여하고 있다. 이밖에 알마릭 광산개발은 한국광물자원공사가, 우즈베크 철도현대화(17억 달러)는 한국철도시설공단이 참여하고 있다. 다만, 타슈켄트시 도심재개발사업은 사업추진에 애로를 겪고 있는 것으로 알려지고 있다.

중앙아의 최대 시장이자 교통의 요충지인 우즈베크는 이처럼 원유ㆍ천연가스ㆍ금 등이 풍부한 투자 유망국가로 손색이 없고, 인건비 또한 저렴하다는 점이 강점으로 꼽히고 있다. 우즈베크 노동부가 근로자총연맹(CFTU)과 협의하여 정한 최저임금은 2008년 말 20달러에서 2009년 12월 1일부터 적용되는 최저임금은 3만7,680숨(25달러)수준이다. 정부가 제공하는 일자리의 평균 임금은 2008년 기준 월 평균 141.6달러 수준으로, 2002년 52.1달러, 2004년 88.8달러, 2006년 111달러에 비해 상승추세다(주 우즈베키스탄 한국대사관 자료. 출처=러시아 투자연구기관인 르네상스 캐피탈).

IMF(국제통화기금) 자료에 따르면, 우즈베크 주요 수입 대상국 가운데 우리나라가 두 번째로 올라와 있다. 2007년 기준 우즈베크의 대외교역 현황을 보면, 1위가 러시아로 수입액이 15억2,000만 달러다. 이어 한국이 8억900만 달러, 중국 7억9,300만 달러, 독일 3억9,600만 달러, 카자크 3억8,900만 달러, 우크라이나 2억5,400만 달러, 터키 2억4,800만 달러, 벨라루스 1억200만 달러, 미국 9,800만 달러, 타지크 9,200만 달러 등의 순이다. 우즈베크의 주요 수출 대상국은 1위가 러시아로 14억9,400만 달러, 이어 폴란드(6억

3,400만 달러), 터키(5억5,800만 달러), 카자크(3억6,300만 달러) 등의 순이다. 주요 수출 품목은 원면, 식품류, 에너지, 금, 화학공업 제품, 기계류 등이다. 수입 품목은 기계와 설비류, 화학, 고무제품, 철, 비철금속 등이 있다. 수출로 경제를 튼튼하게 지탱해가고 있는 우리나라는 우즈베크가 중요한 경제 파트너임에 틀림없다.

5. 한국의 아줌마가 된 우즈베크 여성들

외국인 100만명 시대를 살고 있는 지금, 대한민국은 다른 나라와 마찬가지로 '다민족 국가'로 힘찬 발걸음을 내딛고 있다. 한국 남자와 혼인한 외국 여성은 국적별로 보면 중국이 가장 많다. 이어 베트남, 일본, 필리핀, 몽골, 캄보디아, 미국, 우즈베크, 기타 순(2007년 3월 통계청 자료)이다.

우즈베크 여성이 한국 남자와 결혼하는 건수도 증가추세다. 2000년 43명에서, 2001년 66명, 2002년, 183명, 2003년 329명, 2004년 247명, 2005년 333명, 2006년 314명으로 1만 명 대를 유지하고 있는 중국과 베트남 등에 비해서는 아직 적은 편이다.

그러나 고려인이 많이 살고 있는 우즈베크 현실을 고려할 때 앞으로 국제결혼 추이는 어떤 양상을 보일지 예측하기 어렵다. 현재 국내에 들어와 있는 우즈베크 여성들이 차츰 자리를 잡아가고 있고, 친인척을 통한 입소문이 퍼지면서 결혼으로 이어지는 사례도 생겨나고 있다. 특히 농촌총각의 40% 안팎이 국제결혼을 하는 추세인 점을 감안할 때 한국에서 가정을 이룰 우즈베크 여성들이 늘어날 것으로 보인다. 우즈베크가 130개가 넘는 다민족 국가로 구성돼 '세계 인종 시장' 이라는 말이 나오는 것처럼 우리나라도 곧 이렇게 되지 않는 다는 보장이 없는 시대에 우리가 지금 살고 있다. 세계 각 나라는 어떻든 다민 족 국가로 트렌드가 형성되고 있는 것이 엄연한 현실이다. 세계화의 물결이 빠르게 진행되면서 국가 간, 민족 간, 문화 간, 지역 간, 언어 간, 생활습관 간 장벽도 무너지고 있다. 우리가 그토록 강조하며 차별화해 온 '순혈주의' 도 이 제는 의미가 퇴색되고 있다는 이야기다. 또 이러한 현실을 냉정하게 수용해야 한다는 것이 시대적 과제인지도 모른다.

다문화가족이 증가하면서 문제점도 물론 나타나고 있다. 우리나라에도 프 랑스 등의 국가처럼 인종간의 갈등이 언제 불어 닥칠지 예상할 수 없다. 그럼 에도 국내에서, 세계적으로도 도도히 흐르는 국제결혼 추세를 막을 수는 없는 것이 현실이다. 한국은, 특히 한국의 농촌은 '다문화 시대' 를 앞서 열면서 기 대와 우려를 동시에 낳고 있는 상태다. 지금 농촌 초등학교의 상당수가 다문 화가족 자녀와 조손가정으로 구성돼 있는 점을 보면 미래의 모습을 어느 정도 읽어낼 수 있다.

다문화사회가 가져다 줄 기회와 더불어 위협요인도 상존할 것이라는 현실 적인 인식에 바탕을 두고, 멀지만 가까운 나라에 속하는 우즈베크인과 한국인 의 결혼에 대해 국민 모두의 관심과 지원이 필요하다는 생각이 든다. 순혈주 의만 고집하고 다민족 국가로서의 발전적인 전략이 부재할 경우 최근 노르웨 이에서 벌어진 끔찍한 사태가 지구촌 어느 나라에서든 또 일어나지 말라는 법 이 어디 있게는가.

노르웨이 연쇄테러 사건(2011. 7. 22일)은 유럽 극우주의가 극단적인 형태로 표출된 것으로 해석된다. 인종주의와 민족주의를 부추기는 극우파는 2000년 9 · 11테러 이후 반 이슬람 정서를 타고 유럽에서 급격히 세를 불리고 있다. 특히 평화와 복지의 상징이라는 북유럽 지역에서도 극우파 득세 현상이 가속되고 있다. 76명 생명을 앗아간 이번 노르웨이 사건 범인으로 체포된 안데르스 베링 브레이비크(32)도 2007년까지 노르웨이 극우정당인 '진보당' 당원이었다. 프랑스 독일 등 유럽 주류 국가들에서도 극우파가 발호하고 있다. 유럽 지역에서 극우파가 득세하는 현상은 제2차 세계대전 이후 신나치세력 준동과 밀접한 연관성을 지니고 있다. 유럽 극우파들은 공통적으로 이슬람권 민족을 포함한 이민족에 대해 배타적이다. 역사적으로 보면 나치의 우생학과 맥락을 같이한다. 독일 게르만인이 세계에서 가장 우수한 민족이며 유대인을 포함한 이민족은 열등하다는 인식은 오늘날 이민자를 배척하는 정서적 바탕이 되고 있다. 이번 총기난사 범인인 안데르 베링 브레이비크는 범행 직전 인터넷에 올린 글에서 "(다문화 사회에 대한)유럽의 내전이 시작됐다"고 밝혔다. 자신의 범행이 다문화 사회와의 전쟁 성격이라는 것을 밝힌 셈이다.

우리나라도 지난해 말 국내 체류 외국인은 126만 명, 국내 인구 대비 2%를 넘었다. 만6세 이하 다문화 가정 출신 아동은 9만3537명으로 같은 연령대 아동 가운데 2.9%에 달한다. 인구 구조만 놓고 봤을 때는 한국도 다문화 국가에 본격 진입하고 있다. 러시아나 유럽에 비해 국내에서 외국인에 대한 노골적 적대행위나 테러 등은 찾아보기 힘들다. 하지만 이들을 포용하고 함께 어우러져 살아가는 진정한 의미의 다문화 사회로 가기 위한 인식은 여전히 부족하다는 지적이 나온다. 인종과 종교, 출신 국가, 민족, 피부색 등 '다문화적 요소' 때문에 차별을 당했다며 국가인권위원회에 상담을 신청한 사례는 2006년 37

건이던 것이 2010년 94건으로 5년 사이 두 배 이상 늘어났다.

　일상생활에서 반다문화적 편견이나 ‘제노포비아(Xenophobia·외국인 혐오증)’ 등을 대놓고 드러내는 사례는 많지 않다. 하지만 익명성이 보장되는 사이버 공간에서 이 같은 모습을 종종 찾아볼 수 있다. 온라인 포탈사이트에는 ‘다문화정책 반대’ ‘다문화 바로 보기 실천 연대’ 등 국내에 거주하는 외국인들을 왜곡된 시선으로 바라보는 카페와 블로그가 여럿 개설돼 있다. 한 반다문화 인터넷 카페는 회원이 6000명을 넘는다. 전문가들은 우리 사회의 반다문화주의가 아직 우려할 만한 수준은 아니지만 다문화를 잘 받아들일 수 있도록 노력해야 한다고 조언한다. 한 전문가는 “한국은 다문화 경험이 짧아 지금부터 대비해야 한다. 특히 한국은 저출산 고령화 문제를 동시에 겪고 있기 때문에 외국인 유입은 필수인 만큼 우리가 이들과 어떻게 갈등 없이 어울려 살지를 고민해야 한다”고 말했다. 또 다른 전문가는 “한국의 교육과 법, 제도 등이 외국 사람들과 함께 살아갈 수 있도록 변해야 하는데 정부는 외국인 노동자와 이민자만을 대상으로 한 정책을 펴고 있다. 다문화 사회에 맞게 법과 제도는 물론 의식도 재사회화하는 과정이 필요하다”고 강조했다. (매일경제 2011. 7. 27일자 A13면)

　다문화를 바라보는 시각이 다양하고 우려 섞인 목소리도 계속 나오고 있는 것은 사실이다. 그럼에도 불구하고 이 땅에는 지금 ‘한국의 아줌마’로 살아가면서 지역의 일꾼으로 위력을 발휘하는 결혼이민여성들도 많이 생겨나고 있는 긍정적인 변화가 나타나고 있다. 2020년이면 농촌 학교의 절반이 다문화 가족 자녀들로 채워질 것이라는 각종 통계조사 결과를 보더라도 우즈베크 여성 또한 한국의 아줌마로 당당히 살아갈 것이라는 전망을 해볼 수 있다. 우즈베크에서 살고 있는 고려인들이 딸을 외국으로 시집보낼 경우 이왕이면 조국에서 신랑감을 맞고 싶다는 기대처럼, 한국의 아줌마가 된 많은 우즈베크 여성들이 친정 부모들의 바람대로 당당하고 떳떳하게 살아갔으면 하는 마음이다.

최근 강원도의 한 지역에서 우즈베크에서 시집을 온 여성을 만나서 이런 저런 이야기를 나눈 적이 있다. 고려인 후세인 그 새댁은 한국생활에 아주 만족스럽게 생활하고 있다고 말했다. 벼농사와 한우를 기르는 남편과 함께 행복하게 살아가고 있는 모습이 실제로 얼굴에 쓰여 있는 것 같았다. 우즈베크 새댁의 남편은 농사일이 힘들다며 농사일에 참여하는 것을 꺼리고 있지만, 재미삼아 농사일에 조금씩 관여하면서 현지화에 성공적으로 적응하고 있는 모습을 직접 보면서 많은 희망을 가져보기도 했다. 그렇게 할 때 마을 주민들과의 친근감이 생기고, 또 농협에서 하는 이민여성농업인들을 위한 교육에도 편하게 참여하며 동질감을 빨리 느낄 수 있다고 했다.

그 새댁은 한국에 온 다른 많은 고려인 후세들과 마찬가지로 우즈베크의 친정 부모들이 기뻐하시도록 열심히 살아갈 각오가 돼 있다고 자신감을 내보이기도 했다. 물론 자녀도 훌륭하게 키워 국제적인 인물로 키우고 싶다는 소박한 꿈도 피력했다. 부모님의 나라에서 시집생활을 하는 것이 그다지 서툴지도 않고, 특히 지역의 농협 직원들과 여성조직에서 정성껏 보듬어주고 있어 외롭지 않다는 고마움도 전했다. 시간이 흐를수록 마을 주민들도 아껴주어 '살맛이 난다'는 자랑까지 하면서 한국생활에 만족하는 모습을 보였다. '코리안 드림'을 서서히 실현해가고 있는 단면을 볼 수 있었다.

물론 현지화에 적응하지 못하고 이혼하거나 야반도주하는 사례도 농촌에서 벌어지고 있는 것이 사실이다. 필자가 자연스럽게 만났거나 취재 중에 알게 된 외국 여성들이 브로커의 유혹에 넘어가 금방 낳은 자녀를 남겨두고 몰래 도망간 이야기를 이따금씩 들었기 때문이다. 이러한 결과를 초래한 이유는 여러 가지가 있겠으나 우선 서로가 신상정보를 정확하게 공개하지 않고 국제결혼업체들의 상술에 넘어가 처음부터 잘못된 만남을 시작한 때문이 크다.

우리나라도 국제결혼 초창기에는 외국 여성들이 한국의 며느리가 되어 농촌에서 살아가는 모습이 어색했으나 이제는 자연스러운 모습으로 바뀌고 있다. 또 농촌 주민들 역시 색안경을 끼고 보는 모습도 차츰 사라져가고 있다. 우즈베크 여성이든, 베트남 여성이든, 조선족 여성이든, 캄보디아 여성이든 차별하는 모습이 서서히 걷히고 있다는 해석이다. 그들이 진정 우리의 이웃이라는 생각으로 지역주민들이 넓은 마음을 열고 있다.

앞으로도 우즈베크 등 중앙아에 살고 있는 고려인의 후손들이 한국 땅을 밟는 일은 더 많아질 것으로 보인다. 이왕이면 다홍치마라고 했던가. 고려인 후손들에 대한 진정한 배려와 관심으로 이들이 한국에서 생활하는데 덜 외롭도록, 이 땅의 한 국민으로 자긍심을 갖고 살아갈 수 있도록 우리 모두가 힘을 모았으면 하는 마음이 간절하다. 그래야 건강한 사회를 만들 수 있고, 인류 평화 공존의 장을 힘차게 펼쳐나갈 수 있기 때문이다.

IV

인샬라

1. 인샬라

'인샬라'. '신의 뜻대로' 란 이 말은 참으로 아름답고 곱다. 짧으면서도 강력한 이 단어보다 더 공평하고 따스함을 주는 말이 이 지구상에 또 있을까. 자신에 대해서는 겸손함을, 남에 대해서는 배려를 담은 이 말은 지구촌의 평화를 위한 뜻으로도 폭넓게 해석해볼 수 있다. 부자와 가난한 자, 건강한 자와 그렇지 못한 자, 배운 자와 문맹자와의 차이는 아주 지극히 계산적인, 인간의 생각일 뿐이다. 신의 입장에서 보면 '도토리 키 재기' 가 아닐까. 인간의 잣대가 아닌 신의 기준으로, 신의 뜻으로 사람이 평가받는 것이 온당하다. 신은 공평하시니까. 이런 가치관이 정의에 대한 답이 아닐까 싶다. 자신도 100% 알지 못하면서 남에 대해서는 너무나 잘 아는 것처럼 행동하고 판단하고 비판하는 시각은 그래서 버리는 것이 마땅하다. 신이 바라지 않아서 더욱 그렇다.

평화, 안정, 행복, 번영을 염원하며 살아가는 우즈베크 사람들. 중앙아시아의 내륙국가로 카자크(북서부), 투르크메니아(서부), 타지크(남동부), 키르키

즈(동부), 아프간(남부) 등과 붙어 있는 이 나라는 수자원이 풍부한 지리적 특성으로 인해 오래전부터 '실크로드의 중심지' 역할을 했다. 1개 특별시(수도 타슈켄트 · 돌의 도시, 인구 약 250만 명)와 12개 주(일반 광역 자치단체, 타슈켄트 · 사마르칸트 · 페르가나 · 나망간 · 부하라 · 안디잔 · 쥐작 · 시르다랴 · 카쉬카다랴 · 수르한다랴 · 나보이 · 호레즘), 그리고 대규모 소수민족 집단에게 부여한 자치단체로 독자적인 헌법과 법률을 보유한 1개의 자치공화국(카라칼팍 자치공화국 · 카라칼팍인 32.1%)으로 구성된 우즈베크는 알면 알수록, 깊이 파고들수록 신비스러움이 느껴진다.

우선 130개 민족이 모인 다민족 국가여서 더욱 신비롭다. 마케도니아의 왕 알렉산드로스 대왕(별칭 알렉산더 대왕, BC336~BC323)은 그리스 · 페르시아 · 인도에 이르는 대제국을 건설해 그리스 문화와 오리엔트 문화를 융합시킨 새로운 헬레니즘 문화를 이룩했다. 그 알렉산더 대왕의 동방원정 등으로 130개 민족과 문화가 혼재한 나라가 바로 우즈베크다. 그래서 혹자는 우즈베크를 '인간·인종 전시장' 이라고 부르기도 한다. 실제로 현지에 가보면 별의 별 인종이 다 모여 있다는 것을 실감하게 된다. 그러면서도 질서정연하고, 아주 평온하다는 느낌이 든다. 정으로 가득해 보이는 듯한 분위기도 물씬 풍겨 난다.

우즈베키스탄 대사관이 밝힌 자료에 의하면 국민의 대다수를 차지하는 우즈베크족은 15세기까지 킵차크 한국의 지배를 받던 유목민이었다. 그러다가 킵차크 한국이 무너지면서 남하했다. 16세기 초인 무함마드 샤이바니 때는 크게 팽창해 카자크족과 모굴리스탄 한국을 격파하는 한편 티무르 왕조를 멸망시켜 트란속시아나(현재 우즈베크 일대)를 장악했고, 호라산 일대까지 진출했다. 1510년 샤이바니 칸이 사파비 왕조와의 마르브 전투에서 패하여 영토 확장이 중단된 이후 우즈베크족은 기존에 점령한 중앙아시아 일대에 정착해 부하라 한국, 히바 한국을 세웠다. 또 약 200년 뒤인 1709년엔 코칸드지역에 코칸드 한(khan)국도 건국했다. 그러나 19세기 러시아 제국의 남하정책에 의해 압박을 받아 러시아 보호령이 되었고, 소련이 탄생한 직후인 1920년에는 완전히 합병되었다. 소련 지배 기간 동안 유목민과 무슬림들은 스탈린 집단 농장 체제에 강력하게 반대한 것으로 알려져 있다. 지금의 우즈베크는 소련 붕괴 직후인 1991년 12월 8일에 독립한 다음 독립국가연합(CIS)에 가입한 나라를 말한다.

우즈베크에는 구석기시대부터 문명이 존재한 것으로 알려지고 있다. BC 6세기에 페르시아, BC 4세기에는 알렉산더 대왕이 점령하기도 했다. 또 6세기 중엽 돌궐제국이 성립한 후에는 돌궐족이 본격적으로 들어와 지배를 했고, 이슬람 세력과 당나라 간 탈라스전투(751년)에서 아랍연맹군이 승리함으로써 이슬람권에 편입되기에 이르렀다. 탈라스전투의 당나라측 장수는 그 유명한 고구려 유민의 후예 고선지 장군이다. 이어 13세기에는 몽골의 지배를 받았고, 14세기 몽골계 유목민과 투르크계 민족을 주류로 이란계 민족과 혼혈로 '우즈벡 민족'을 구성, 중앙아 일대에 봉건제국을 만들었다. 우즈베크는 15세기말 징기즈칸의 후손인 투르크계 장군 압알 하일 칸이 킵차크 초원에 유목국가를 건설하고, 그의 일족과 그를 따르는 집단을 특별히 '우즈벡'이라고 부르면서부터 시작됐다. '우즈'는 자기 자신, 진짜 핵, 중심을 의미한다. '벡'은 부족장이라는 뜻이다.

우즈베크는 1369년 티무르가 티무르 제국을 건설하고(수도 사마르칸트), 일 칸국, 킵차크 칸국을 정복, 이란-중앙아 대륙을 통일, 이슬람 문명을 발흥시켰다. 아랄해에서 세력을 확장한 우즈벡 샤이반 칸은 1500년 사마르칸트를 침공, 티무르제국을 멸망시켰다(1507년). 몽골계 혼혈 유목민 출신인 아미르 티무르(1336-1405)는 징기즈칸의 유업을 이어받아 유라시아에 걸쳐 티무르제국(1369-1508)을 건설했다. 그는 군사적 정복뿐 아니라 문화창달에도 기여했다. 특히 푸른색을 좋아해 사마르칸트를 푸른색의 도시로 만든 인물로도 유명하다.

티무르에 이어 등장한 그의 손자 울루그벡(1394-1449)은 40년간 통치했다. 유명한 천문학자인 그는 당시에 십진법, 기하학, 삼각법을 도입하는 등 과학을 발달시켰다. 이로써 사마르칸트는 학문과 문화가 발전하는 계기를 마련했다. 그는 특히 시, 역사, 신학에 조예가 깊었고, 사마르칸트에 저명한 천문학자들을 모아 천문대를 세우고 천측표를 발표했다. 그러나 과학발전에 반발하여 종교를 우선시하는 이슬람 승려의 사주로 아들이 보낸 자객에 의해 피살

되는 비운을 맞았다.

이어 제정러시아 시대가 열렸다. 16세기 러시아의 이반 4세는 아스트라 칸 국 정복 이후 중앙아 진출을 본격화하면서 19세기에는 제정러시아에 병합됐다(1865-76년). 1877년부터는 제정러시아 통치에 반대, 독립운동을 전개했으나 실패했다. 러시아 알렉산더 2세는 코칸트(1875), 부하라(1873), 히바(1873) 등을 정복했다. 1897년 제정러시아는 철도부설, 면화수탈의 식민지 정책으로 우즈벡 농민을 몰락시키고 가난하게 만들기도 했다. 이어 1917년 10월 러시아 혁명을 틈타 타슈켄트에 자치 정부를 수립한 후 1918년 2월 '투르키스탄 자치공화국'을 수립했으나 볼세비키 혁명정부에 의해 해체되고, 1924년 소련이 중앙아시아 소비에트공화국을 민족단위 국가로 재편, 소연방에 편입시키면서 우즈베크 공화국이 설립됐다. 1936년에는 카라칼팍 자치 공화국이 통합되고, 1990년 3월에 대통령제 도입으로 카리모프 대통령이 선출되는 역사의 흔적은 아픔과 굴절로 요약된다.

우즈베크는 200년이 넘는 러시아의 '지배'가 없었다면 서남아시아 아프간 유형의 이슬람 국가로 변했을 것이라고 한다. 우즈베크는 구소련의 붕괴와 함께 1991년 9월 완전 독립 이후 이슬람화가 되었어도 러시아 문화가 여전히 남아 있다. 우즈베크는 이슬람교가 국교이기는 하지만 '느슨한 이슬람교'에 속하는 편이다. 우즈베크의 거리나 상점 간판은 대부분 러시아어로 돼 있다. 종교적으로도 우즈베크는 이슬람화가 더욱 공고해질 것이라는 전망도 나오고 있으나 인근 이슬람 국가와는 다를 것이라는 해석이 지배적이다. 우즈베크는 애국심이 낮고 발전도 더딘 편에 속한다. 게다가 부정부패가 심하고, 돈이면 모두 해결된다는 말도 현지에서 들릴 정도로 청렴도는 다소 떨어진다는 인상도 지울 수 없다.

우즈베크는 처음부터 그랬는지는 모르지만 선이 굵다. 첫날 묵은 우즈베키스탄호텔 바로 앞에 있는 컨벤션센터를 보면서 그런 생각이 더욱 들었다. 2009년 9월 1일 오픈한 이곳은 흰색 건물로 웅장하다. 중앙아시아에서 가장 큰 건물이라고 한다. 단독 건물로 따지면 필자가 한·미 FTA 취재차 미국에서 직접 바라본 백악관보다도 더욱 웅장하다는 표현이 어울릴 것 같다. 꼭 그렇다는 것은 아니다. 그만큼 멋진 건물로 평가받을 만하다는 이야기다.

건물이 얼마나 크고 화려한지 사진에 담아보려고 애를 써보았으나 경찰이 지키고 있어서 뜻을 이루지는 못했다. 우즈베크를 방문했을 때만 해도 이 건물은 완전히 완공이 되지는 않았다. 건물 주변에서 많은 사람들이 아름다운 건물을 잘 유지하기 위해 바닥을 닦고 건물 벽을 색칠하며, 막바지 작업을 하는 모습으로 아주 분주했다. 이 건물을 닦는 한 여성을 유심히 살펴보면서 재미있는 현상을 목격했다. 건물 주변을 한 시간 가량 산보를 하고 돌아와서 보아도 그 자리에 같은 자세로 앉아서 걸레질만 계속 하고 있었던 것이다. 주변에 청소하는 여성들도 비슷한 태도를 보였다. 여유를 부리는 것인지, 시간을 보내려고 하는 것인지 도대체 분간이 되지 않았다. 그것도 앉아서 손이 닿는 데까지만 걸레를 만지작거리는 모습이어서 그런 생각이 더욱 들었다. 어떤 여성들은 일을 하다가도 경비를 서고 있는 경찰과 재미있는 이야기를 오랫동안 나누는 모습도 눈에 들어왔다. 하얀 이빨을 서슴없이 드러내며 즐거운 대화를 나누는 모습이 아주 정겨워보았다. 이들이 무슨 말을 저렇게 재미있게 주고받을까하는 생각과 더불어 '느림, 여유의 미학'을 보는 듯 했다.

역시 '미녀국가'는 달랐다. 청소하는 아가씨들도 미녀다. 세계에서 손꼽히는 미녀국가에 속할 정도로 소를 모는, 밭을 가는 아가씨도 미녀라는 말이 나올 정도로 정말 미녀가 많았다. 현지에서 우즈베크 여성들을 보면서 이런 말이 꼭 틀리지만은 아닌 것 같다는 느낌이 들 정도였다. 다민족국가의 힘일까. 아름다움과 아름다움이 만나거나 아름다움과 약간 덜 아름다움이 어울려서일까. 다름과의 만남은 새로움을 창출하고, 더 큰 아름다움을 선물로 주는가 보다.

▶카리모프의 카리스마 정치

우즈베크의 철권 통치자로 널리 알려진 카리모프(Karimov)는 우즈베크 공산당 제1서기 출신이다. 1990년 4월 21일 우즈베크 공화국의 대통령으로 선출된 이후 현재까지 확고부동하게 자신의 권좌를 유지하고 있다. 비록 최근까지 서방세계의 지도자들이 '독재, 인권탄압, 언론탄압, 선거부정' 등의 이유를 들어 카리모프 정권에 대해 공공연하게 비난을 퍼붓기도 했다. 서방의 비난에 맞서 카리모프 대통령은 국가 주도의 경제회복을 통해 자신의 정권 안정을 도모해 나가고 있다. 카리모프 대통령은 우즈베크 국가전략의 기본방향으로 '우즈베키스탄의 행로(Uzbek's Path)'를 제시하기도 했다. 이 발전노선은 우즈베크의 독특한 문화적 전통과 유일성을 특히 강조한 정책이다. 카리모프는 강력하고 안정적인 우즈베크를 건설, 과거의 영광과 전통을 복원하려는 국가전략 방안을 구상하였던 것이다. 그런 맥락에서 보면 우즈베크 정부는 원칙적으로 독자적인 외교안보 노선 및 경제정책 방향을 모색해 나가고 있다. 한마디로 중앙아시아 지역의 대표 국가로 자리매김하는 데 국가발전전략의 핵심목표를 설정해 둔 셈이다.

우즈베크 정부는 독립 이후 주권국가를 건설해 가는 과정(특히 1991~98)에서 암묵적으로 '탈러시아'라는 기치를 내세운 채 상당히 독자적인 성격의 외교정책 노선을 모색해 나가고 있다. 오랜 기간 유지되었던 러시아로부터의 의존과 종속성에서 탈피하여 모스크바에 대해 최대한 주권국가로서 자신의 입장을 강화하고, 국가안보와 영토적 단일성을 위협하는 이슬람 급진주의의 세력의 창궐을 예방하는데 유리한 국내외 환경을 조성, 중앙아시아 지역에서 지도 국가의 책무 등을 담당하고 있다.(중앙아시아 정치·사회·역사·문화 대외경제정책연구원, 2009. 12월. pp 88~92)

카리모프는 경쟁 관계에 있는 씨족과의 관계 설정에도 특별한 관심을 쏟고 있는 것으로 알려지고 있다. 즉, 지방 이익을 조정하고 중재하는 '중립적 조정자'로서의 역할을 하고 있다는 평가를 받고 있다. 목화, 금, 천연가스로부터 파생하는 경제 및 준 경제지대를 카리모프와 씨족 엘리트들이 과점적으로 점유하고 있다는 것이다. 이를 바탕으로 가산연합의 멤버들은 권력과 부를 나누어 가진 채 상당한 자율성을 확보하고 있다. 이들의 기득 이익은 카리모프와 그의 정책결정에 상당한 정치적 제약요소로 작용하고 있다. 우즈베크에서의 개혁에 대한 저항은 가산연합의 '내부로부터의 저항'이라는 양상이다. 카리모프와 이들 가신들의 공생 관계는 카리모프의 의도, 의지와는 상관없이 경제개혁에 대한 인센티브를 현저히 낮추고 있는 셈이다.

풍부한 천연자원으로부터 유래하는 경제지대를 전유하고 있는 투르크메니아의 가산연합은 안정된 독재정권의 근간이 되며, 준 경제지대를 과점적으로 점유하고 있는 우즈베크는 상대적으로 취약한 편에 속한다. 특히 가산연합 내부의 경쟁과 갈등의 문제를 안고 있는 독재정권이라고 할 수 있다. 반면 북한은 어떤가. 투르크메니아처럼 강하고 안정돼 보이나 사실상은 정치지대의 취약성, 특히 군부에 대한 정치적 의존과 불법적 비 시장 거래에 따른 지대 발생의 불안정성으로 인해서 잠재적인 취약성을 안고 있다. 이러한 분석틀은 독재의 정치적·경제적 기원에 초점을 맞추어서 정치적 권위주의가 단순히 경제 자원으로부터 기인하는 문제일 뿐 아니라 정치적 및 경제적 자원을 어떠한 형태의 지배연합이 전유 또는 공유하느냐에 따라 그 상이한 형태가 결정된다. 우즈베크 정부가 통제하고 있는 연합체가 대부분의 면화를 구매하고, 일부 소량은 사영 무역인들이 구매하여 수출하고 있으나 이들 사영 무역인들 역시 통상 권력 엘리트나 그들의 측근들이다. 면화 전매업체는 구입한 면화를 공인 무역회사에 판매한다. 이들 무역회사들은 형식상으로는 사영이나 사실상 정부관리나 정부에 끈을 대고 있는 엘리트 기업들이다. (중앙아시아 정치·사회·역사·문화 대외경제정책연구원, 2009. 12월. pp 174~175)

▶아주 오래된 역사

사마르칸트 지방에 인류가 정착한 시기는 10만 년 전으로 추정된다. 기원전 8세기에는 고대 호레즘(투르크계 왕조중 하나)이 형성됐고, 이란 아카에메니드 왕조가 중앙아를 기원전 6세기에 점령하기도 했다. 알렉산더 대왕 정복(BC 329~326), 그레코 박트리아 왕국 성립(BC 250~140), 쿠샨왕조 성립(AD 1~4C), 페르시아계 애프탈리테 봉건국가 성립(AD 5~6C), 돌궐족(투르크족)의 본격적 유입과 지배(AD 6C), 아랍 정복 및 이슬람 전파(AD 7~8C), 카라칸·코레즘 한국 건설(셀축)(999~1219), 몽골제국의 침입(1219~1224)과 몽골제국 지배(차가타이 한국), 아무르 티무르 제국 건설(1336~1405), 울루그벡 지배(1409~1449, 사마르칸트 지역), 쟈리딘 무하메드 바부르 지배(1483~1530, 인도 무굴제국 창건자), 아무르 티무르 제국 멸망, 우즈벡인의 샤이반 왕조 건설(1530), 부하라·히바·코칸드에 한(Khan)국 건설(1500~1865), 코칸드 한국 제정 러시아에 합병(1865), 부하라 한국 제정 러시아에 합병(1868), 히바 한국 제정러시아에 합병(1873), 투르키스탄 공화국 해체, 우즈베크 공화국 분리(1924), 소연방 해체후 분리독립 선언(1991. 8. 31), 우즈베크 공화국 탄생(1991. 9. 1)이라는 역사를 낳았다.(실크로드 중심 우즈베키스탄 투자 가이드북, 국가정보원. 2006).

우즈베크의 민족은 중앙아시아와 아프간 북부 등에 거주하고 있는 북방 투르크계를 주류로 이란계와의 혼혈로 형성됐다. 우즈베크란 용어는 14세기 후반에 등장한 것으로 알려지고 있다. 킵차크 한국 영토 안에 초원에서 살고 있던 유목민족 전체를 지칭했으나, 15세기 중엽에 징기즈칸의 후예 압알하일칸이 킵차크 초원에 강력한 유목민 집단을 건설하자 그의 일족 등을 특별히 우즈베크라고 불렀다는 것이다. 초원으로 이주한 유목민은 정착을 하면서 우즈베크라는 민족명도 같은 지역의 투르크계 주민 전체를 지칭하는 명칭으로 발전시켰고, 13세기 중엽부터는 이슬람교를 수용했고, 16세기 이후에는 이슬람 종교가 일상생활에 전파되기에 이르렀다.

러시아는 우즈베크의 코칸드·히바·부하라 한국이 서로 각축전을 벌이던 중 19세기 후반에 코칸드 한국을 멸망시키고 부하라와 히바한국을 보호국으로 만들기 시작했다. 1867년에는 타슈켄트를 성도로 하는 투르키스탄성이 성립되고, 강력한 식민지 정책으로 철도 부설과 목화재배를 시작했다. 그러나 우즈베크 농민의 몰락과 빈민화가 가속화되면서 러시아에 대한 불만이 나타나기 시작했다. 특히 제1차 대전 중인 1916년 후반에는 징집 반대와 맞물려 민중봉기가 일어나기도 했다.

1917년 2월 제정러시아가 붕괴 된 이후 임시 정부인 투르키스탄 위원회와 함께 러시아인 철도 노동자를 중심으로 타슈켄트 소비에트를 성립했다. 타슈켄트 소비에트 정부는 1918년 2월 코칸드 자치제를 무너뜨리고, 5월 투르키스탄 자치공화국 성립을 선언한 것이다. 히바한국에서는 1918년 투르크멘 쥬나이드한의 독재가 우즈베크 농민을 억압하고 있었으나, 1920년 4월 혁명으로 호라즘 인민소비에트 공화국 성립 후 사회주의 공화국(1923. 10)으로 발전됐다. 이후 1924년 투르키스탄 · 호라즘 · 부하라 3개 공화국 재배치 계획에 따라 투르크멘 소비에트 사회주의 공화국과 우즈베크 소비에트 사회주의 공화국이 만들어졌다. 우즈베크 소비에트 사회주의 공화국내 자치구였던 타지크 공화국은 1929년 우즈베크 공화국으로부터 분리해 정식 공화국 지위를 획득했다(실크로드 중심 우즈베키스탄 투자 가이드북, 국가정보원. 2006).

우즈베크는 1991년 12월 취임한 카리모프 대통령이 장기 집권하며, 국정 모든 분야에 걸쳐 절대적인 영향력을 행사하고 있다. 1995년 3월 대선에서는 압도적 지지(91.9%)로 재선하고, 2000년까지 대통령 임기연장을 추진했다. 2000년 1월 대통령에 재선되고, 2002년 1월 대통령 임기 7년 연장 개헌을 했다. 이후 2007년 12월 대통령에 재선돼 지금까지 대통령 권한을 이어가고 있다. 사마르칸트 출신인 카리모프 대통령은 권력기관에 사마르칸트와 타슈켄트 양대 세력을 균형 있게 배치해 양대 세력 간 및 경제 · 외교 테크노크라트(기술관료) 간 경쟁을 유발하고 있다. 의회 내 야당세력은 정부에 대한 견제세력이 미약한 상태이며, 독자적으로 의회권력이 미비된 상태다.

의회는 단원제에서 상원(100석), 하원(120석)의 양원제로 전환(2004년 12월)했으나 2005년 총선결과 대부분의 야당과 무소속 의원이 친여 입장을 표명했다. 구소련 시대의 권위주의적 정치문화와 야당의 정치세력화가 미비 된 데다 우즈베크 지배계층(20만~30만명)의 개혁의지가 약한 등 정치개혁은 미흡한 상태다. 카리모프 대통령은 권위주의 통치방식과 비민주적 정책에 대한 국내외의 비난 무마에 주력하고 있는 것으로 전해진다. 우즈베크는 안정된 국가로서, 국민들이 변혁을 원하지 않아 소위 우크라이나의 '오렌지 혁명'과 같은 사태발생 가능성이 없다고 주장한다. 오렌지 혁명이란, 오렌지색을 상징색으로 내세운 우크라이나 야당이 대선(2004년 12월)에서 승리한 민주혁명을 의미한다.

우즈베크 독립(1991년 12월) 후 '우즈베크 이슬람운동(IMU)', '이슬람 자유당(HUT)'등이 '이슬람국가건설'을 표방하며 세력을 확산시켜 나가고 있는 것으로 전해지고 있다. 무장세력 700여 명이 키르키즈 인접 국경 4개 마을을 점령하고, 수도 진입도 시도(1999.8)하기도 했다. 카리모프 대통령 암살미수 사건을 비롯한 최근 경찰관 등을 겨냥한 자살폭탄테러(2004.3. 37명 사망)와 미국·이스라엘 대사관 테러(2004. 7. 7명 사망) 등 여러 건의 테러도 발생하고 있다.

우즈베크 정부는 이에 아프간 전 지원을 위한 미군의 주둔을 허용하고, 상해협력기구(SCO) 대 테러센터를 타슈켄트에 유치(2004)하는 등 테러 대응을 위한 대외협력을 강화하는 등 다양한 형태의 외교 전략을 구사하기도 했다. 그러나 미국의 야권지원에 반발해 자국에 주둔하고 있는 미군의 아프간 전 역할이 끝났다며 철군을 요구했고(2005년 8월), 그해 11월 21일 하나바드 기지

내 미군 잔류병력(90명)의 최종철수가 이루어짐으로써 미국은 우즈베크로부터 완전히 철수하기도 했다. 그러나 정치, 경제적 상황에 따라서 미국과 소련과의 관계개선은 얼마든지 뒤바뀔 수 있는 상황이 계속 전개될 것이란 전망도 나오고 있다.

130개 안팎의 다민족인 우즈베크는 우즈베크인이 80%, 러시아인이 5.5%, 타지크인 5%, 카자크인 3%, 타타르인 2.4%, 고려인 1% 등으로 구성돼 있다. 인구 증가율은 1.65% 정도이며, 1,000명당 출생률은 26명. 사망률은 1,000명당 8명, 평균수명은 64.1세(남자 60.67, 여자 67.69세)다. 구소련 시절에는 러시아어와 우즈베크어가 공용어다. 지금은 인구의 80% 가량이 우즈베크어를 사용하고 있다. 인텔리 계층을 중심으로 인구의 절반 이상은 러시아를 쓰고 있다. 1991년 독립 후 우즈베크어만 공용어로 인정했으나 관광소와 주요 호텔 등에서는 주로 러시아어를 사용한다. 영어가 점차 쓰이기도 하지만, 시민들 사이에서 간단한 대화로도 소통이 쉽지 않는 실정이다.

우즈베크어는 차가타이어로부터 파생된 언어다. 우즈베크어 명사의 70%는 아랍어 또는 페르시아어에서 빌려왔고, 19세기 말 러시아의 지배를 받으면서 러시아어 외래어가 대폭 증가했다. 우즈베크인들의 성명은 성, 이름, 부칭의 세부분으로 이뤄진다. 예를 들면 남자의 경우 아지모프(성) 루스탐(이름) 소비르비치(부칭)로 부른다. 기혼여성은 남편의 성, 본인 이름, 친정 아버지 성을 쓴다. 미혼여성은 본인의 이름과 아버지의 성으로 사용한다.

▶ 뻗어가는 우즈베크 경제

우즈베크 경제는 외형적으로 보면 성장세임에 틀림없다. 2000년 이후

4~7%대의 점진적 성장세를 보인 가운데 2009년 8.1%에 이어 2010년에는 8.3%로 추정되는 등 신장세를 이어가고 있다. 또 공식 실업률은 0.5% 안팎인 것으로 전해지고 있다. 그러나 실제로는 실업률이 5%를 넘는다는 이야기도 있다. 정확한 통계가 잡히지 않는 때문인지 아니면 다른 이유에서인지는 알 수 없지만, 일자리를 찾으려는 젊은이들이 많이 있다는 것을 현지인으로부터 들었다. 우즈베크는 노동력이 풍부한 점이 특히 강점이다. 사회주의식이기는 하나 의무교육이 잘 돼 있어 문맹률은 아주 낮다. 그만큼 고등교육을 받은 인구수가 많다는 이야기다. 또한 국민들이 근면하고 성실한 편이어서 인력조달 면에서도 여건이 좋은 것으로 알려지고 있다. 임금은 통상적으로 공무원 급여 수준은 월 5만 내지 10만 숨이다. 정부에서 정한 최저임금은 2009년 1월 현재 약 1만 숨. 그러나 외국어가 유창하고 컴퓨터 등을 잘 다루는 고급인력들은 숫자가 그리 많지도 않아 외국기관이나 기업들이 이들을 고용할 때는 현지화로 책정된 통상임금 이외에 별도로 달러로 임금을 지불하는 등 변칙적인 방법이 자주 동원되기도 한다. (우즈베키스탄 농업투자환경 조사보고서, 한국농어촌공사, 2009. 12. pp158-159).

우즈베크는 GDP 가운데 농업이 차지하는 비중이 25% 안팎이다. 여전히 1차산업 의존도가 높다. 국영기업 중심의 경제체제가 지속되면서 민간경제 기반이 취약한 구조를 안고 있다. 특히 농업분야는 개혁부진으로 인해 성장은 정체상태다. 무엇보다도 우즈베크의 최대 농업 생산물인 목화에 집중된 점이 향후 여러 가지 변수를 가져올 전망이다. 우즈베크 전체 수출의 약 20%를 차지할 정도로 목화 의존도가 높다는 것은 국내외 환경 변화에 따라서 농업이 차지하는 비중이 달라질 수 있다는 분석이다. 목화에 이어 수출을 많이 하는 분야는 광업이다. 금의 경우 목화에 이어 우즈베크 제2의 수출품으로 비중이 커지고 있다. 1차산업 위주의 우즈베크 경제구조는 목화·금 등 원자재 국제가격의 변동에 크게 영향을 받을 수밖에 없기 때문에 경제구조가 취약하다.

구소련연방 분리 독립 후 카리모프 대통령은 과감한 시장개혁 조치보다는 국가주도 경제개발로 점진적 시장경제체제로의 전환을 추구하고 있다. 다민족·다종교 국가의 특수성으로 인해 정치적 안정이 요구되는 상황에서 경제역시 획기적 변화를 추구하기 보다는 안정을 더 중시하는 정책을 펴고 있다. 독립 초기에는 정부의 재정적자 축소, 민간 경제부문 활성화와 경쟁력 강화를 위해 국영기업의 민영화에 노력하는 모습이다.

전문가들은 우즈베크와 관련해서 우호적인 외부 경제 환경 조성에 따른 안정적인 성장을 예상하고 있다. 또 국영기업의 민영화가 빨리 이뤄지고, 정부통제 완화 등을 통한 기업의 경쟁력 확충과 민간부문의 역할 강화정책도 계속 이뤄지고 있어 시장·개방 경제로 체질개선작업이 본격화될 것으로 내다보고 있다. 자유농가 육성과 전력 및 교통 인프라 관련 기업의 민영화 추진, 토지의 사적 점유, 소유 확대 조치 등도 체질개선의 하나에 해당된다. 생산량 기준 세계 8위(연간 약 85톤)인 금과 매장량 기준 세계 10위(약 6만6,000톤)인 우라늄, 추정 매장량 2,500만 톤으로 전 세계 매장량의 2% 가량을 점유하는 구리 등의 자원은 우즈베크 경제발전 전망을 밝게 해 주는 중요 자산으로 지목되고 있다. 또 5억9,400만 배럴로 세계 46위의 매장량을 보인 원유(CIS국가 중에는 러시아, 카자크, 아제르바이잔에 이어 4위), 세계 15위 수준인 천연가스(매장량은 전 세계 매장량의 1.1% 수준) 등 풍부한 잠재력을 가시하고 있기도 하다. (한국산업은행 산은조사월보 제624호, 2007.11. pp154-155)

　이러한 경제구조는 한국기업의 진출에 더욱 매력적인 요소로 작용하고 있다. 2006년 3월 카리모프 대통령 내한 시 양국 관계 장관 간의 에너지와 천연자원 개발 분야에서 전략적 협력을 추진하기로 합의하고, 2006년 8월에는 양국 간 천연자원과 통상협력에 관한 공동위원회 설립 합의 등 한국기업 진출의 발판도 서서히 마련되고 있다. 광업진흥공사는 우라늄 광산 개발을 위한 정밀조사를 진행하고 있어 2011년부터 연간 400톤의 우라늄을 생산할 것으로 예정돼 있다. 또 한국석유공사가 아랄해 가스전 개발사업(2006.8.30)을 비롯한 나망간 광구, 추수트 광구 등은 물론 한국가스공사의 2006년 3월 Uzbekneftegaz(UNG)와 양해각서를 체결하는 등 에너지자원 개발에도 적극 참여하고 있다.

　우즈베크 지도부는 정권 안정과 경제 활성화를 이루기 위해 새로운 경제정책 방안을 마련하고 있다. 이는 2006~2010년 우즈베크 5개년 경제발전계획으로 구체화되었는데, 이 정책의 핵심 내용은 경공업 육성을 비롯한 에너지산업의 활성화, 농업 생산량 증대, 운송부문 현대화, 정보통신망의 현대화 등으로 요약된다. 우즈베크는 풍부한 규모의 에너지자원을 보유하고 있음에도 불구하고 생산량은 대체적으로 자급자족 수준에 지나지 않았다. 이러한 이유로 인해 에너지산업의 현대화 정책은 우즈베크의 경제발전 잠재력을 증대시키기 위한 중요한 정책 방향이 되고 있다. 탈 소비에트 국가들 가운데 우즈베크의 경우 2008년 하반기 전 세계를 강타했던 국제 금융위기의 영향을 가장 적게 받은 국가라는 점도 눈여겨볼 대목이다.

　개방화시기에 세계 금융위기의 파급효과는 지구촌 대다수 국가들에게 심각한 경제적 타격을 입혔는데도 우즈베크는 전혀 다른 모습을 보여주었다.

2008년에는 9.0%라는 놀라운 수준의 경제성장을 기록하면서 국제 금융위기의 여파에서 멀리 벗어나 있었던 나라 가운데 하나가 바로 우즈베크다. 이는 우즈베크 정부가 수입대체산업을 전략적으로 육성함으로써 주요 생산물들을 자급자족 할 수 있는 환경을 조성하였기에 가능했다. 우즈베크는 따라서 외부적인 변수에 큰 영향을 받지 않을 수 있었다고 볼 수 있다.(경제·사회·역사·문화 대외경제정책연구원, 2009. 12월. pp 102~103) ·

우즈베크의 모든 농지는 국가 소유다. 농민들은 소유권 대신 30~50년의 임차경작권만을 가지고 있다. 국가 전매제도로 인해서 농민들에게는 생산물에 대한 사실상의 처분권이 없다. 어떤 농작물, 특히 목화와 밀 가운데 무엇을 경작할지도 국가가 정하고 있다. '국가주문' 이라는 구소련 중앙 계획경제체제의 모습을 그대로 유지하면서 목화 생산량을 지정하고, 생산된 거의 모든 목화는 국가에서 낮은 수매가격으로 전매한다. 낮은 독점가격으로 수매한 목화를 다시 높은 시장가격으로 수출하는 시스템이다. 국가는 그 차액을 지대의 형태로 챙기고 있는 셈이다. 농민들에게는 목화가 그다지 매력적이지 않는 작목이기도 하다.

우즈베크가 우리나라와 경제적으로 밀접하고도 가까운 나라라는 점은 시사하는 바가 크다. 우리나라는 러시아, 중국에 이어 세계 세 번째로 우즈베크에 수출을 많이 하는 나라이자 5위의 교역대상국이다. 기획재정부 자료에 따르면 2008년 우리나라가 우즈베크에 약 11억2,000만 달러를 수출하고, 2억6,300만 달러를 수입, 처음으로 교역량이 10억 달러를 넘어서며, 흑자를 기록하고 있는 대목에서도 경제적인 파트너임이 드러난다. 이어 2009년에는 11억5,000만 달러를 수출하고 4,700만 달러를 수입했다. 2010년의 경우 1~7월까지는 8억2,100만 달러를 수출하고, 1,400만 달러를 수입하는 등 연도별 수출입규모를 보더라도 우리에게는 우즈베크가 매우 중요한 경제 파트너임에 틀림없다. 우리나라가 우즈베크에 주로 수출하는 품목은 자동차부품을 비롯한 원동기 및 펌프, 자동차 등이다. 수입품은 우라늄, 천연섬유사, 면직물 등이다. 또 우즈베크 대외경제부에 따르면 2009년 3월 현재 약 313개의 합작법인에 우리기업이 관련되어 있고, 73개의 대표사무소가 운영될 정도로 기업진출도 활발하다. 우즈베크에 투자한 섬유업체는 7곳인데, 대부분 방직업체로 대우가 투자한 3개 공장과 하인텍스가 투자한 '나망간 텍스타일' 등이 있는 것으로 알려지고 있다.

▶친(親)과 용(用)의 대외관계

카리모프 우즈베크 대통령은 1990년 3월 대통령제 도입으로 최고회의에서 선출됐다(소련 우즈베크공화국 최고회의는 카리모프 당 제1서기장을 초대 공화국 대통령으로 선출). 그해 6월에는 국가주권을 선언했다. 그는 독립에 관한 국민투표를 실시해 98%의 압도적 지지를 얻었다. 드디어 1991년 12월 민스크 회의에서 소련의 해체가 선언되면서 다른 소련연방 구성 공화국들과 함께 독립을 획득했다.

1991년 8월 구소련 분리 독립 후 우즈베크는 중앙아 지역에서 비교적 정치적 안정을 유지했다. 카리모프 대통령은 1991년 12월 취임 이후 대통령 임기 연장을 위한 국민투표(1995. 3)를 실시하고, 2000년 1월 대선에서는 91.9%의 압도적인 지지율로 집권을 연장하면서 대통령의 권한을 강화하고, 민족주의에 입각한 세속주의를 건설한다는 기치 아래 자신의 통치방식에 도전하는 내부세력을 과감히 제거한 것으로 알려지고 있다. 2002년에는 대통령 임기를 5년에서 7년으로 연장하기도 했다. 뿐만 아니라 미국 주도의 대(對)아프간 군사작전에 적극 협조하고, 국내적으로는 반 회교 근본주의 정책과 우즈베크 회교반군 세력의 국가안보위협 사실을 부각시켜 자신의 권력을 강화한 것으로도 전해진다. 카리모프 대통령은 CIS 국가들과 유대관계를 유지하는 한편 서방권과의 협력을 모색하는 등 독자 외교노선을 추구하는 동시에 민족주의 성향도 일부 노출시키고 있다. 러시아와는 독립 후 탈러 정책을 추진해 왔으나 최근 친러 정책으로 급선회(2006년 5월 푸틴 전 러시아 대통령과의 '상호동맹조약' 비준서 교환하고, 에너지와 통상 등 실질협력 확대 합의)하는 등 나름대로의 정치적 입지를 강화시키는 전략을 채택하고 있다.

2008년 9월 푸틴 러시아 총리는 우즈베크를 방문, 카리모프 대통령, 미르지요예프 총리와 회담을 갖고 우즈베크에서 러시아로 수출되는 가스가격 인상문제, 러시아-우즈베크-투르크메니아 가스 파이프라인 증설 등 양국 간 실질협력 사항을 논의하기도 했다. 2005년 안디잔사태(2005년 5월 동부 안디잔주에서 민주화를 요구하는 무장 시위 발생. 주민 수백 명이 정부군의 무력진압 과정에서 사망하고 난민 500여 명이 인근 국가로 피신하는 사태) 이후 미국 등 서방의 정치개혁 및 인권개선 압력에 대한 반발로 러시아와의 전통적인 협력관계를 복원하고 있다. 러시아는 이에 19세기 말과 20세기에 약 130년간 우즈베크를 간접 지배했던 과거 역사문제를 극복하려는 노력도 지속하고 있다. 반면 미국과는 다른 양상을 보이고 있다. 9·11 사태 이후 대 테러 전 동참 및 미군 주둔 허용 등 적극적으로 협력해온 우즈베크는 안디잔 사태 이후 민주화와 인권문제로 양국관계가 악화되고 있다. 이전에는 우호적 관계였다.

실제로 우즈베크는 2001년 10월 수도 타슈켄트 서남부 소재 하나바드 공군기지의 대미(對美) 임대협정 체결 등 미국의 대(對) 아프간 군사작전에 적극 협조했었다. 2002년 3월에는 우-미 전략적 동반자 관계를 선언하고, 2003년 3월에는 미국의 대 이라크 군사작전에 대해서도 지지를 표명했다. 또한 주요 정세불안 요인인 이슬람 근본주의, 마약의 우즈베크 유입 및 중앙아 확산 저지를 위한 협력 확대 등 우호적인 관계를 지속적으로 유지했다. 사이가 좋았던 우즈베크와 미국 사이에 틈이 벌어진 것은 안디잔 사태 때문이다.

미국은 그럼에도 불구하고 우즈베크에 대해 원조 및 IMF 등 국제금융기구의 경제지원 조건으로 정치 · 경제 개혁과 더불어 인권개선 등을 지속적으로 요구하고 있다. 그러다가도 우즈베크의 민주화 부진을 이유로 지원규모를 대폭 감축(2002년 2억1,980만 달러에서 2004년 5,060만 달러)하는 '채찍과 당근 정책'을 쓰고 있다고 할 수 있다.

우즈베크는 자국의 특수성을 감안한 대통령 중심정치, 점진적 정치개혁, 정부통제 하의 시장경제, 인권문제 개선에 대한 독자 개혁 추진 입장을 견지하면서 마찰이 계속 생기고 있다. 카리모프 대통령은 2005년 1월 14일 서방이 야권을 지원, 정부 전복을 기도한다고 비난을 한 것으로 알려지기도 했다. 안디잔 사태 이후 2005년 7월에는 상하이협력기구(SCO) 정상회담시 러 · 중과 함께 중앙아 주둔 미군철수를 요구하고, 그해 11월에는 우즈베크 하나바드 미군 공군기지를 폐쇄하는 일련의 사태도 보였다. 이러한 대외관계 노선은 우즈베크만 쓰지는 않을 것이다. 어느 나라든지 자국의 경제적, 정치적, 문화적 상황에 부합하지 않으면 '동지에서 적으로', 또는 '적에서 동지로' 흐름을 바꾸기 때문이다.

어떻든 우즈베크는 친러, 반미 성향으로 급선회하는 모습이 최근의 분위기다. 우즈베크의 복잡한 대외관계는 이 지역 주변 국가들이 러시아 중심 혹은 중립국으로 대외관계를 유지하는 것과 다른 양상을 보여주고 있다. 물론 시간의 흐름에 따라 방향은 얼마든지 틀 수 있을 것으로 전망된다.

구소련 붕괴 이후 중앙아시아 5개국들은 공통적으로 탈러시아를 표방하며 토착민족 중심의 민족주의 정책을 바탕으로 국가 건설을 진행했다. 그러나 이러한 내부적 상황과는 달리 카자크, 키르키즈, 타지크의 대외관계는 러시아로부터 벗어날 수 없게 되었으며, 투르크메니아는 중립국을 선포, 독자적 외교 정책을 구축했다. 투르크메니아의 경우 러시아와 직접적인 연관성(국경, 민족분포 등)이 없었기 때문에 러시아를 대외관계의 중심에 두지 않은 것으로 해석된다. 카자크는 러시아와 직접적으로 국경을 맞대고 있는데, 자국 내에 카자크인의 비율이 1997년까지 전체 인구의 50%를 넘지 못했고, 카스피해 개발 이전까지 러시아에 의존적인 경제구조를 가지고 있었기 때문에 러시아 중심의 외교관계를 벗어나지 못하고 있다. 키르키즈 역시 국가 전반에 걸쳐 러시아를 벗어나 생존하기가 힘든 상황이어서 대외관계의 중심을 러시아에 두고 있는 것으로 해석되고 있다. 그러나 우즈베크는 복잡하게 그것을 변화시켜왔다. 우즈베크는 카자크, 키르키즈, 타지크처럼 직접적으로 러시아에 의존적인 내부 상황을 가지고 있지 않은 탓에 탈러시아적인 대외관계를 구축할 가능성이 어느 국가보다 높게 평가받고 있다. 러시아와의 직접적으로 국경을 맞대고 있지 않고, 전체 인구에서 우즈베크인이 80% 이상을 차지한 데다 탈러시아를 표방하는 우즈베크 민족주의 등이 복합적으로 어우러진 때문으로 풀이된다. 우즈베크는 키르키즈의 레몬혁명 이후 러시아와 우호적인 관계 개선에 집중하다가 2007년 카리모프 대통령이 실질적인 3선 연임에 성공하면서 최근 다시 러시아와 멀어지는 행보를 보이는 듯하다. (우즈베키스탄 대외관계의 특수성 이해-친(親=정치적, 경제적 상호이익을 제공해 주는 개념)과 용(用=일시적으로 양국이 정치적 혹은 경제적 상호이익을 달성하는 것)의 관계를 통한 재해석을 중심으로, 중소연구 제33권 제2호, 2009 여름. pp 210-211).

　중앙아시아 가운데에 위치하고, 2,600만 명 안팎의 인구와 풍부한 농산물과 지하자원을 보유하고 있는 지정학적으로 상당히 중요한 국가이기 때문에 미국과 러시아가 우즈베크에 영향력을 가지려고 한다. 이는 실질적으로 중앙아시아 전체의 질서를 자국에게 유리하게 이끌어 갈 수 있는 토대로 보기 때문이다. 미국과 러시아가 우즈베크와 외교관계를 구축하는데 공을 들이고 있는 이유다. 우즈베크는 친미와 친러를 통해 상호간 이익이 없었기 때문에 미국과 러시아를 오가는 대외관계를 보여주고 있다. 이는 친을 대신하여 용의 개념으로 양국 간의 관계가 형성된 것으로 이해할 수 있다. 우즈베크와 관계를 서두른 국가는 터키와 이란인데, 이들은 공통적으로 이슬람 국가이다. 여기에 사우디아라비아까지 가세해 수니, 시아, 세속적 이슬람을 표방하는 대표적인 이슬람 3국이 자국의 종교를 해당국가에 전파하고자 치열하게 경쟁했다. 사우디아라비아와 이란은 우선적으로 해당국에 사원건립과 복구에 재정적인 지원을 하면서 정신적 유대감을 강조했다. 세속적 이슬람을 표방하는 터키는 해당국의 국가발전 모델을 자국의 것으로 벤치마킹하도록 유도했으며, 경제적 진출과 투자에 집중했다.

　우즈베크는 독립 초기에는 터키에 관심이 많았다. 투르크계 민족이라는 역사적, 문화적 공통점과 세속적 이슬람 국가로서 어느 정도 경제성장을 달성했다고 인정하고, 해당국의 발전모델로까지 심각하게 고려한 것이다. 그러나 초기에 터키가 우즈베키스탄과 교류한 내용과 터키 스스로가 가지는 경제적 문제점으로 인해 발전적인 방향으로 나가지는 못했다. 중국의 대 중앙아시아 전략은 군사안보와 경제발전, 서북지역 민족문제 등 세 가지 문제와 관련해 매우 중요한 의미를 지니고 있다. 특히 저가공산품이 자국의 산업발전에 방해요인이 될 수 있다는 이유 등으로 중국과의 교류에 일정한 거리를 두었다. (우즈베키스탄 대외관계이 특수성 이해-친(親)과 용(用)의 관계를 통한 재해석을 중심으로, 중소연구 제33권 제2호, 2009 여름. pp 214-215).

친의 관점인 정치·경제적 상호이익의 틀에서 우즈베크는 미국을 제외한 다른 국가들과 공동의 이익을 찾지 못했다. 카리모프 대통령은 신생독립국인 자국을 경제적으로 단기간에 고도성장시키려는 목적과 러시아를 견제하는 대안세력으로 미국을 끌어들이려는 세력 균형적 질서를 추구했기 때문에 이슬람 국가들과 중국 등이 적합한 대상이 아니었다. 이란과 사우디아라비아는 경제적으로 상호이익을 제공하기에 부족했고, 특히 종교적 관점에서 접근했기 때문에 더더욱 우즈베크에 적합하지 않았다. 터키도 민족적 동질성을 바탕으로 해당국의 경제적 진출을 통해 상호이익을 추구하고자 했으나 상대국의 한계를 느낀 우즈베크는 적극적이지 않았다. 반면 미국은 다르다. 미국은 지정학적으로 우즈베크가 필요했으며, 해당국 역시 러시아를 견제해줄 미국이 필요했다. 그러나 미국은 자국의 대외정책 기조를 우즈베크에 요구하고, 우즈베크는 이를 수용하지 않았기 때문에 결과적으로 가능했던 친의 관계가 이뤄지지 않았다. 우즈베크는 용의 관점에서 중국, 러시아와 경제적 교류를 전개했다. 특히 러시아는 우즈베크 정부의 탈러시아 정책과 자국의 내부적 혼란에도 불구하고 해당국과 무역에 있어서 1위를 지속적으로 유지했다. 이는 정치적으로 탈러시아를 추진하는 우즈베크의 한계를 보여주는 대목이다. 그러나 러시아도 제1의 무역국이지만 이를 통해 우즈베크와 정치적으로까지는 친의 관계로 발전하지 못했다. 중국 역시 우즈베크와 친의 개념보다는 용의 개념에서 교류를 진행했다. 주목받는 부문은 단기간에 고도의 성장을 달성한 국가를 선택해 자국의 경제발전 모델로 적용하려고 시도한 카리모프 대통령에게 적합한 국가가 바로 한국이라는 점이다. 러시아에 이어 한국은 1990년대 중반까지 무역에 있어서 2위를 차지했으며, 해당국가에 자동차, 전자, 방직 등 2차 산업과 3차 산업까지 투자하여 적극적인 경제관계를 형성했다. 그러나 한국은 정치적으로 해당국가에 영향을 주지 못했기 때문에 친의 개념으로 보기는 어렵다. 1998년 아시아금융위기로 한국의 대우를 비롯한 주요 기업이 철수하면서 현재 용의 교류마저도 위협받고 있다. (우즈베키스탄 대외관계이 특수성 이해-친(親)과 용(用)의 관계를 통한 재해석을 중심으로, 중소연구 제33권 제2호, 2009 여름. pp 210-218).

그러나 중국을 비롯한 韓·日은 물론 동남아국가들과도 실익확보 차원에서 적극적인 관계발전을 모색하고 있는 점에 비춰볼 때 미국과의 관계회복 또한 자국의 이익에 부합할 경우 언제든지 가능할 것으로 전문가들은 전망하고 있다.

우즈베크는 전통적으로 권위주의적 정치문화가 자리를 잡으면서 건전한 야당 세력이 자리를 잡지 못하고 있는데다 서민의 경제상황도 더디게 진행되고 있다. 특히 일부 불만세력이 이슬람 근본주의자들과 연대해 지하활동을 전개하는 등 정치적 · 사회적 혼란 가능성도 상존하고 있는 실정이다.

우즈베크는 여전히 지정 · 지경학적으로 중요한 가치를 지니고 있다. 우즈베크의 대외관계는 해당국이 의도하지 않았다고 하더라도 중앙아시아를 중심으로 나아가 유라시아 전체 국제질서에 변수로 작용할 것이라는 전망이 우세하다. 미국이 우즈베크 내부문제를 걸고 해당국의 가치를 폄하하고 있지만, 오바마 행정부 이후 양국 간의 관계가 어떻게 변화될 지 추측하기는 힘들다. 러시아 또한 중국과의 공조를 맞추며 상하이협력기구(SCO)를 중심으로 유라시아에서 미국의 세력 확장에 대응하고 있으나 결국 우즈베크의 역할이 중요하다는 것을 인식하고 있다. 미국이 그루지야, 우크라이나, 아제르바이잔처럼 각국의 내부문제를 무시하고 전략적으로 외교관계를 개선하였던 것처럼 우즈베크에 접근한다면 중앙아시아의 질서는 달라질 것이다. (우즈베키스탄 대외관계이 특수성 이해-친(親)과 용(用)의 관계를 통한 재해석을 중심으로, 중소연구 제33권 제2호, 2009 여름. p 234).

우즈베크의 대외관계를 통해 실리를 추구하려면 먼저 해당국 스스로 변해야 한다는 목소리가 높다. 국제표준의 경제시스템 도입과 민주주의와 인권 개선 등이 필요하다는 얘기다. 현지에서 카리모프 대통령에 대한 이야기를 들어보는 기회를 가졌다. 카리모프 대통령은 독립 이전에는 서기였다고 했다. 카리모프 대통령은 특히 "모든 사람은 평등하게 태어났다"며 자유에 대한 개념을 강하게 가지고 있다는 것이다. 미국의 독립선언서를 인용하며, 독립정신을 중요시 한다고도 했다. 그러면서도 2003년에는 우리나라의 광주사태처럼 미국과 서방외교 단절을 선언하고, 중국과 상하이 협력을 통한 러시아와의 관계 설정에 나섰다.

지금은 다시 친 서방 정책을 펴면서 줄타기 외교를 계속하고 있다는 평가를 받고 있다. 타국과의 관계설정은 이렇게 적극적으로 나서고 있으나 경제는 뜻밖에도 침체상태다. 자원이 풍부하기 때문에 눈치를 볼 일이 없어서라는 해석도 나온다. 게다가 무려 72년간이나 러시아의 지배를 받으면서 친미를 지향했다가 다시 반미, 그리고 또 다시 친미 등 줄타기 외교는 언제 끝날지 현지인들도 장담할 수 없다고 보고 있다. 실리외교를 선택하겠다는 의미로 받아들여진다.

이러한 정치적 틈새가 이어지고 있는 가운데 한국과는 경제 파트너의 관계를 최근 잘 맺고 있어 희망적이다. 남한 면적의 4.5배나 되는 거대한 땅에서 나오는 자원의 이점을 살려내고 있다는 해석이다. 그만큼 카리모프 대통령은 실리외교에 밝다고 할 수 있다. 우즈베크는 특히 친 서방정책을 쓰다가도 내정간섭이라는 이유로 미국 대사관을 철수시키는 등 왔다 갔다 하는 외교 전략을 쓰는데 정평이 나 있어 우리와의 관계 또한 앞으로 어떻게 전개될지는 아무도 장담할 수 없다. 그러나 정치적으로나 종교적으로, 민족적으로 볼 때에 우리와의 관계는 우호적인 관계로 진행될 가능성이 높은 쪽에 무게를 두고 있다고 해석할 수 있다.

우즈베크는 한때 아프간과의 전쟁을 치를 뻔 했다고 한다. 다행스럽게도 우즈베크가 다시 러시아로 붙으면서 전쟁은 피할 수 있었다는 것이다. 만약 아프간과의 전쟁이 발생했다면, 지금의 우즈베크는 어떤 모습을 하고 있을까를 생각만 해도 복잡하고, 또 끔찍하다는 생각이 떠오르지 않을 수 없다. 서방과 러시아를 오가는 정책을 펴다보니 국민소득 1만 달러 시대를 연 카자크에 비해 경제적으로 처져 있는 것은 부담으로 남는다. 3,000만 명에 육박한 우즈베크의 국민소득이 2009년 현재 3,000달러 안팎에 머물고 있는 것을 볼 때 어느 정도 짐작할 수 있다. 풍부한 자연자원에 비해 경제적인 부국은 아직 만들어 내지 못하고 있다. 어쩌면 정치적인 이유로 인해 유리한 자원을 제대로 활용하지 못하고 있다는 지적이 옳다.

우즈베크는 누가 뭐라고 해도 에너지 강국이다. 주민들의 한 달 가스비가 1인 기준으로 우리 돈으로 환산하면 1,000원이면 충분하다. 전기도 마찬가지다. 다만, 산유국이면서도 기름은 1리터에 1,000원으로 그다지 싸지 않다. 기름 정제 시설이 없어서다. 원유 덩어리를 팔고 정제 후 다시 구입하는 구조로 인해 국민들이 기름 값의 혜택은 그다지 보지 못하고 있다. 이 또한 앞으로 경제발전 정도에 따라 크게 달라질 전망이다. 자원을 많이 가진 나라의 특권은 분명 있게 마련이기 때문이다.

우즈베크에서 잘 사는 사람들은 단독주택(일명 땅에서 산다고 하여 '땅집'으로 부른다)에서 살고 있다. 이런 인구 비율은 약 20%. 나머지는 서민 아파트에서 살고 있다. 우즈베크도 그만큼 소득 양극화가 심하다는 증거다. 소득 하위계층의 경우 벌어들이는 수입에 비해서 물가가 비싸다는 불만의 소리가 자주 나온다고 한다. 우즈베크는 인구 2,800만 명 안팎 가운데 50만 명 정도가 아주 큰 부자라고 알려지고 있다. 다른 나라와 비슷하게 '부익부 빈익빈' 현상이 심하다. 흥미로운 사실은 부자들이 한국 의료관광에 높은 관심을 보이고 있다고 했다. 한국의 의료기술을 그만큼 신뢰하고 있다는 해석이다. 지금 세계 선진국마다 펼치고 있는 의료관광 붐이 이미 우리나라에도 일고 있어 머지않아 우즈베크 부유층이 한국으로 의료관광 러시를 이룰 것이라는 전망도 나오고 있다.

우즈베크의 학제는 초등 5년, 중등 3년, 고등 3년 등 11학년제다. 9학년까지는 의무교육이다. 국영방송의 경우 채널이 2~3개가 있고, 전체 텔레비전 채널은 20여 개에 달하나 대부분 러시아 채널이다. 이는 총 220년간 구소련의 지배를 받은 때문으로 풀이된다. 그런 때문일까. 고령자들은 지금도 러시아 시절이 그립다고 한다. 당시 러시아 시절이 지금보다 복지제도가 잘 돼 있어서다. 우즈베크는 중앙아시아 가운데 유일하게 지하철이 있다. 현지에서 들은 이야기로는 모스크바가 함락할 경우에 대비해서 우즈베크에 지하철을 만들었다고 한다. 공장 또한 많이 있었지만, 지금은 문을 많이 닫고 기술이전도 받지 못하고 있다. 러시아 시절이 그립다는 이유는 경제적으로나 복지측면에서, 또한 일자리 확보 등이 지금보다 훨씬 좋았다는 것을 의미한다.

우즈베크 귀염둥이 초등학생들

우즈베크의 주요 에너지원은 가스, 석유, 석탄 등이다. 전체 에너지 생산량 가운데 가스가 85%, 석유 13% 등 전통적인 화석연료가 에너지 생산량의 대부분을 차지한다. 유엔개발계획(UNDP)에 따르면 우즈베크의 신재생에너지

(수력, 태양열, 풍력, 지열)는 2006년 기준 총 생산 가능 잠재력이 510억 TOE(에너지의 양을 나타내는 단위. 1석유환산톤은 석유 1톤을 연소할 때 발생하는 에너지)에 달하고, 현재의 기술수준을 감안해 추정한 생산 가능량도 1.79억 TOE다. 이 수치는 매년 생산되고 있는 석유와 가스 등 전통적 연료 생산량의 3배에 이를 정도로 잠재력이 많다. 특히 태양에너지는 가장 유망한 분야로서 잠재 생산 가능량이 509.7억 TOE, 기술적 생산 가능량은 1.76억 TOE로 추정되고 있다. 에너지 자원만큼은 넉넉하다는 것은 익히 알려진 사실이다.

카리모프 대통령은 고 박정희 대통령을 가장 존경했다고 한다. 경제적으로든, 정치적으로든, 문화인류사적으로든 우리나라와 우즈베크의 만남, 네트워크 구축은 앞으로 엄청난 힘을 갖지 않을까 하는 것이 필자의 기대치다. 중요한 것은 우즈베크의 정치 안정화라고 본다. 아무리 부존자원이 풍부하고 경제 발전 전망이 밝다고 해도 정치적으로 불안정하다면 자원의 효율성을 살려내지 못하기 때문이다. 이런 정치적 안정을 갖기 위해 카리모프는 친위 쿠데타에 대한 신경도 곤두세우고 있다. 대통령의 출퇴근길은 그래서 철통경호 그 자체라는 이야기를 현지에서 듣기도 했다.

▶한·우즈베크 우정 행보

한·우즈베크 우정 행보는 따뜻함과 상호관심, 그리고 미래지향적인 동반자 관계로 해석해볼 수 있다. 지금까지 맺은 상호 우호관계가 그렇고, 고려인이 많이 살고 있는 특성 등을 종합해볼 때에도 양국의 멋진 관계는 지속될 전망이다.

우선 2010년 2월 11일자 청와대 뉴스를 보자.

이명박 대통령의 초청으로 우즈베키스탄 공화국 '이슬람 카리모프' (Islam Abduganievich Karimov) 대통령이 10~12일간 한국을 국빈 방문하였습니다. 금번 방한은 2009년 5월 이명박 대통령의 우즈베키스탄 공화국 국빈방문에 대한 답방의 일환으로 이루어졌습니다.

이명박 대통령은 2월 11일 카리모프 대통령과 우호적인 분위기 속에서 정상회담을 갖고, 양국관계, 지역 · 국제무대에서의 협력 증진 등 상호 관심사에 관해 심도 있는 의견을 교환했습니다.

양국 정상은 정치 · 경제 · 문화 등 각 분야에서 양국 관계가 지속적으로 발전하고 있는데 대해 만족을 표시하고, "전략적 동반자관계"의 내실화를 위한 공동협력 의지를 재확인했습니다.

양국 정상은 석유, 가스, 석유화학, 건설, 정보통신, 농업, 환경, 섬유 부문 등에서의 호혜적 협력 확대를 평가하고, 기업인 활동 지원을 증진해 나가기로 했습니다.

양국 정상은 현재 추진 중인 나망간-추스트 유전 개발에 이어 카리모프 대통령의 방한 계기로 서페르가나 및 취나바드 2개 광구에 대한 탐사계약이 추가로 체결되어 에너지 · 자원 분야 협력의 폭이 더욱 확대되고 있음을 평가했습니다.

양국 정상은 가스전 개발과 가스 · 화학 플랜트 건설이 결합된 수르길 프로젝트의 투자협정서가 2월 11일 체결됨으로써 동 사업이 본격화되는 계기가 마련된 것을 환영하고, 앞으로 CNG(압축천연가스) 등 녹색성장 분야에서의 협력도 활성화해 나가기로 했습니다.

양국 정상은 '나보이 산업 · 경제특구' 개발 사업이 양국 간 유망 협력분야라는 데 인식을 같이 하고, 동 사업의 성공적인 추진을 위해 다각적으로 협력해 나가기로 했습니다.

양국 정상은 대한항공이 운영하고 있는 나보이 공항 국제 물류센터와 나보이 산업·경제특구의 잠재력이 결합될 경우, 항공·도로·철도 복합 물류체계를 통해 상품이 국제시장으로 신속히 운송되고 부가가치를 창출할 수 있는 최적의 여건이 조성될 것이라는 데 의견을 같이했습니다.

이명박 대통령은 한국의 주요 ODA 협력대상국인 우즈베키스탄의 보건의료, 교육, 신재생에너지, 산업·인프라 분야 지원을 확대하고, 우즈베키스탄을 2010년도 지식공유사업 중점 지원국으로 선정, 거시경제 관리, 혁신, 수출·투자 촉진 등에 대한 한국의 경험을 적극 공유할 계획임을 언급했습니다.

카리모프 대통령은 한국의 경제발전을 성공적인 모델로 평가하면서, 우즈베키스탄의 경제·사회 발전을 위한 한국 정부의 협조에 사의를 표시했습니다.

양국 정상은 문화·체육·관광 등 분야에서 교류협력을 보다 강화해 나가기로 했습니다.

양국 정상은 타슈켄트 시내 서울공원 조성을 위한 의향서가 체결된 것을 환영하고, 공원 조성 사업이 양국 국민 간 상호 이해와 우의 제고에 기여할 것이라는 데 의견을 같이했습니다.

이명박 대통령은 우즈베키스탄 정부가 2018년 평창 동계올림픽 유치를 지지해준 데 대해 사의를 표시하였으며, 카리모프 대통령은 다양한 국제 스포츠 행사를 개최한 경험이 있는 한국이 2018년 동계올림픽을 성공적으로 유치하기를 기대했습니다(그 꿈은 드디어 현실화 됐다. 2018 평창 동계올림픽 유치 확정).

이명박 대통령은 우즈베키스탄 측의 2012년 제18차 기후변화협약 당사국 총회(COP 18)의 한국 유치에 대한 지지 표명 및 2012년 여수 세계박람회 참가 조기 결정에 대해서도 감사의 뜻을 표명했습니다.

양국 정상은 북한의 완전하고 검증 가능한 비핵화가 동북아시아지역의 평화와 안정 유지에 긴요하다는 데 인식을 같이 하였으며, 카리모프 대통령은 6자회담의 조속한 재개를 통해 북핵문제를 해결하려는 한국 정부의 입장에 지지를 표명했습니다.

양국 정상은 아프가니스탄 상황의 조속한 안정을 기원하면서, 아프가니스탄 경제·사회 재건을 위한 국제 프로젝트의 효율적인 이행을 위해 협력해 나가기로 했습니다.

양국 정상은 UN 등 국제무대에서 긴밀한 협력을 계속해 나가기로 하였다. 카리모프 대통령은 G20 서울 정상회의 유치 등 글로벌 금융위기 극복을 위한 한국 정부의 기여를 높이 평가했습니다.

카리모프 대통령은 방한 기간 중 한국 정부와 국민이 보여준 따뜻한 환대에 사의를 표시했습니다. 양국 정상은 2009년 이명박 대통령의 우즈베키스탄 방문에 이은 카리모프 대통령의 방한을 계기로 상호 우의와 신뢰를 돈독히 하고, 양국간 실질협력을 더욱 증진시키게 되었다는 데 인식을 같이하면서, 금번 정상회담에서 합의된 사항을 충실히 이행해 나가기로 했습니다.

카리모프 대통령은 이명박 대통령이 편리한 시기에 우즈베키스탄을 방문하여 줄 것을 요청하였으며, 이에 이명박 대통령은 사의를 표시했습니다.

〈청와대 뉴스 원문〉

청와대 뉴스를 분석해볼 때 양국관계는 아주 긴밀하고, 특히 농업부문에서도 호혜적 협력 확대를 평가했다는 점은 의미하는 바가 크다고 하겠다. 한-우즈베크 수교(1992.1) 이후 정상방문 및 정부 간 협력채널 활성화 등 여러 분야에서 협력관계가 진전되고 있다. 우즈대우자동차 지분 매각과 갑을방직 청산 등 불리한 여건 하에서도 우리나라가 우즈베크의 투자 상위국 지위를 유지하고 있는 것이나 한류열풍을 이끌고 있는 〈겨울연가〉 등이 계속 뒷받침되면서 친밀한 관계가 지속되는 것은 양국 간의 발전에 큰 도움을 줄 것으로 기대된다.

이명박 대통령은 이슬람 카리모프 우즈베키스탄 대통령의 초청으로 2011년 8월 23일 우즈베키스탄을 국빈 방문했다. 이명박 대통령은 정상회담을 통해 양국간 전략적 동반자관계 발전 방향과 에너지·자원, 인프라, 금융, IT 등의 실질협력 증진 방안을 협의했다. 특히 이번 정상회담에서 수르길 가스전을 개발하는 등 4조 5,000억원 규모의 초대형 프로젝트를 체결했다.

반면 우즈베크는 북한과는 1992년 10월 수교 이후 명목상 외교관계는 유지하고 있으나 우리처럼 관계가 발전적으로 되고 있지는 않는 것으로 알려지고 있다. 북한은 1998년 고려인 밀집 거주지역인 우즈베크에 대한 영향력 확대 차원에서 주(駐)카자크 대사관을 폐쇄하고 우즈베크 대사관을 중앙아 거점 공관으로 운영하고 있는 것으로 전해지고 있다.

2. 느림의 미학

끌리면서 느림, 여유의 미가 가득한 나라를 꼽으라면 우즈베크가 앞의 자리를 차지하지 않을까 생각한다.

우즈베크는 동서를 연결하는 교량지역이라는 지리적 특수성으로 인해 외부세력의 침략을 끊임없이 받으면서도 찬란한 문화를 꽃피우는 저력과 끈기가 있는 나라다. 주요 도시마다 사원과 광장 등 수많은 문화유적도 간직하고 있는 것도 이러한 지리적 배경 때문이다. 우즈베크 민족의 특징은 순박하고 낙천적이다. 하지만, 자존심을 건드리면 호전적으로 돌변한다고 한다. 협동을 중요하게 여기고 우리나라처럼 부모에 효도하고 손윗사람을 공경하는 동양적 미풍양속도 고이 간직하고 있다. 우즈베크에 머물다보면 이러한 느낌은 저절로 생겨난다.

유목민족의 전통 때문인지 손님에 대한 접대는 아주 각별하다. 저녁식사에 손님으로 초대받으면 7시에 시작해서 11시가 넘어서야 자리를 뜨는 것이 예의로 생각할 정도다. 2009년에 우즈베크를 방문했을 때 고려인은 물론 현지인도 손님 접대에 지극한 정성을 쏟고 있는 모습을 직접 경험한 때문에 더욱 그런 생각이 든다. 특히 늦은 밤에도 전혀 내색을 하지 않을 정도로 정과 배려로 손님을 맞는 모습도 너무나 아름답다.

우즈베크인들은 호기심도 강해 이방인들과 교류하는데도 주저하지 않는다. 현지에서 만난 어린이나 학생, 어른, 여성 등 가리지 않고 이방인에 대한 관심을 쏟는 모습은 비슷하다. 시와 노래를 즐기는 모습도 아주 인상적이다. '시와 노래 없이는 살 수 없다'는 격언이 전해질 정도다. 또 이웃이 어려울 때 서로 도우며('하샤르'=서로 돕는다), 손님에 대한 접대가 극진하고, 노인과 부모를 공경하는 모습 또한 동방예의지국과 흡사하다. 남아 선호사상이 강한 것도 한국과 거의 비슷하다. 천성이 온화하고 낙천적인 우즈베크인들은 어쩌면 그렇게 우리나라와 닮아 있는지 착각이 들 정도다.

　이러한 성격 때문인지 자원이 풍부하면서도 노동생산성은 낮다. 악착같이 일을 해서 돈을 벌려는 끈기는 아무래도 약한 것 같다. 그저 벌면 버는 대로, 벌지 못하면 못하는 대로, 물 흐르듯 살아간다는 생각이 몸에 배인 것 같다. 사실 물 흐르듯 살아가는 인생만큼 아름답고 멋진 삶은 없을 것 같다. 물은 바위가 있으면 피해가고, 곧게 뻗은 하천은 직선으로, 굽이친 곳은 곡선으로, 때로는 머물고, 때로는 힘차게 바다로 내달린다. 상황에 따라 자연스럽게 대처해 가는 것이 물이다. 쉬운 말로 하면 융통성 있는 삶이요, 높은 수준의 도를 깨달은 삶이 바로 물 같은 삶이다. 우즈베크 국민들의 모습은 겉보기와는 다르게 재미있고, 행복하게 살아가는 모습으로 가득하다.

　우즈베크는 느슨한 이슬람 문화권이지만 라마단 등 이슬람교 관련 경축일은 지킨다. 또 여성의 날과 전승기념일 등 러시아 · CIS권과 유사한 국경일을 지키고 있다. 1월 1일 신년을 시작으로 3월 8일 여성의 날, 21일 나브루즈(새해 · 새봄맞이 축제, 조로아스터교에서 유래했으며 봄의 소생을 알리는 행사), 5월 9일 승전기념일(2차 세계대전 대독 승리 기념), 9월 1일 독립기념일(구소련 분리 독립, 무스따낄릭 광장에서 대형 축하 콘서트 등 성대한 기념식으로 진행), 10월 1일 스승의 날, 12월 8일 제헌절 등이 주요 국경일이다.

특히 1927년 3월 8일 우즈베크에서 이슬람 여성들이 처음으로 히잡 벗기 운동을 시작해 수만 명이 동참했고, 이후 이슬람 여성의 권익 향상의 출발점으로 작용한 것으로 알려지고 있다. 남성들은 이날 부인 및 여자 친구를 위해 꽃·화장품·향수 등 선물을 준비한다. 여성들에게는 생일 다음으로 중요한 기념일로 여기고 있다. 이슬람교의 종교 관련 경축일인 라마단-하이트와 쿠르반-하이트의가 있다. 한 달간의 라마단 금식 일을 마치고, 음식을 먹는 첫날은 라마단-하이트, 70일 후는 쿠르반-하이트이다.

우즈베크를 둘러보면서 강렬하게 끌리는 점은 느림 그 자체이다. 또 여유의 미학이 곳곳에 스며들어 있다. 이런 점을 목격하면서 우즈베크의 행복지수는 아마도 굉장히 높지 않을까 하는 생각이 들었다. 아마 가난도 부도 나의 뜻이 아닌 신의 입장에서 생각한 때문에 더욱 그런 것 같다. 물론 그렇게 생각하지 않는 사람도 많이 있을 것이다. 현지에서 만난 어린이, 학생, 청년, 중년층, 어르신들을 보면서 느낀 점은 느림과 여유가 공통적으로 각인됐다.

3. 느슨한 이슬람문화

우즈베크는 이슬람 국가이지만, 히잡을 많이 쓰지 않는다. 아프간처럼 근본주의 이슬람 문화가 아닌 느슨한 이슬람 문화 때문이다. 아마도 러시아의 영향을 많이 받은 것이라고 현지인들은 설명한다. 느슨한 이슬람문화의 모습 때문인지 여성들에게는 종교의 자유가 많이 있어 보였다. 종교를 이유로 여성이 학대받는 근본주의 이슬람 국가와는 완연히 다른 모습이다.

기차 안에서 아기와 엄마

우즈베크가 무슬림 국가가 된 것은 751년 이후인 것으로 알려지고 있다. 1873년부터 러시아 공화국의 지배를 받고, 1910년 볼세비키 10월 혁명으로 소련 정권이 들어서는 스탈린 시대가 없었다면, 우즈베크는 아프간처럼 이슬람문화로 완전히 바뀌었을 것이라는 것이다. 그렇게 되었다면 우즈베크의 지금 모습은 어떨까. 아마도 상상조차 하기 싫었을 것이라는 것이 현지에서 강하게 느꼈다. 그만큼, 이슬람권이지만 근본주의 이슬람 국가는 아니라는 것을 반증하고 있다.

우즈베크는 1991년 독립하면서 카리모프 대통령이 이끄는 이슬람공화국으로 된 것이다. 내면적으로는 무슬림이 지배적이다. 그것도 '러시아식 무슬림'이다. 이는 정통 무슬림과는 다르다. 물론 우즈베크에서도 라마단은 지킨다. 모스크에 가는 사람은 주로 남자들이다. 러시아 문화는 남여 차별이 없기 때문에 종교에도 영향을 미치고 있다.

이슬람 문화를 조금이나마 느껴보기 위해 우즈베크 대통령 집무실 인근의 압둘카심 세이어 마드라사(이슬람 신학교)를 둘러봤다. 이 신학교를 배경으로 2005년 개봉한 〈나의 결혼 원정기〉를 촬영했다고 해서 귀가 더욱 솔깃했다. 이 영화를 아주 인상 깊게 봤기 때문에 촬영지에서 느끼는 감회는 또 새로 웠다. 유준상이 출연한 이 영화는 순박한 시골 총각들의 결혼 원정을 그린 내용이다. 우즈베크로 결혼 원정을 떠나면서 벌어지는 사건을 통해 진정한 사랑과 결혼의 의미를 보여주는 모습이 순간 연상됐다. 영화 개봉 이후 지금도 많은 우즈베크 여성이 한국에서 살고 있는 모습을 보면서 더욱 친근감으로 다가왔다.

이슬람 코란은 해석하기가 매우 어렵다고 한다. 코란을 해석하기 위해 이슬람 신학교에서 12년을 공부한다는 것이다. 그러면 '이맘'(이슬람 교단 조직의 지도자를 가리키는 하나의 직명)이 된다. 그런데 옛날의 신학교는 대부분 건물 모양은 유지하고 있으나 학생은 없고, 카페트나 공방 물건을 파는 장소로 바뀌어 있었다. 현지 가이드 등으로부터 우즈베크에 머무는 동안 이슬람문화에 대한 이야기를 많이 전해 들었다. 전 세계 57개국 15억 인구가 이슬람교도라고 한다. 2006년까지만 해도 12억이었는데, 급증하고 있다. 최고 막내 종교인 이슬람이 번창한 이유가 뭔지도 궁금해지는 대목이다. 한 번 믿으면 거의 개종을 하지 않는 것도 이슬람이 번창한 이유 가운데 하나다. 특히 유럽으로 교세가 급속히 확장되고 있는 것도 특이하다.

최신에 나온 종교별 인구 세계지도에서도 이슬람인구의 증가현상이 돋보인다. 한국컴퓨터선교회(KCM)가 최근 펴낸 '세계선교지도 2011년판'에 따르면 이슬람교가 22.92%로 가장 많다. 이어 천주교(15.11%), 힌두교(13.52%), 개신교(11.39%), 불교(7.00%), 중국종교(5.98%), 정교(3.54%), 토속종교(2.99%), 유사기독교 등(2.33%), 유대교(0.21%), 기타(1.36%) 순으로 나타났다. 무종교인은 5년 전의 15.01%에서 13.66%로 줄어들었다. 대륙별로는 남아메리카와 아시아에서 개신교 인구가 크게 증가했지만 유럽과 북아메리카에서 대폭 감소했다. KCM은 전 세계에서 가장 선교하기 어려운 국가로 아프가니스탄과 북한을 꼽았다. 아프가니스탄은 종교박해국 3위이며, 북한은 종교박해국 1위다. (국민일보 2011년 7월 9일자 22면)

이슬람교가 빠르게 전 세계로 퍼져나가는지에 대해 몹시 궁금해서 네이버(NAVER) 백과사전을 찾아봤다. 가장 궁금한 이슬람교 창시자 '무함마드(Muhammad · 마호메트, 570.4.22~632.6.8)' 라는 인물을 먼저 보자. 610년경 알라의 계시를 받고 이슬람교를 창시했다고 나와 있다. 박해를 피해 622년 메카에서 메다니로 갔는데, 이를 '헤지' 라고 한다. 메디나에서 신도들을 모아 630년 메카 함락에 성공한 무함마드는 이슬람 공동체 '움마(Ummah)'를 세우고, 이를 확장한 후 이슬람교는 아라비아 전역으로 퍼져나갔다. 무슬림들은 무함마드를 보통 '예언자 무함마드' 혹은 '라술 알라(Rasul Allah: 신의 사도)' 라고 부른다. 마흔 살이 되던 해에 신의 계시를 받아 예언자가 되었고, 이슬람을 창시했다. 그는 한 종교의 창시자인 동시에 이슬람 이전 시대의 고대 아랍 유목민 사회에 만연되어 있던 악습과 부도덕한 관습을 타파한 사회개혁 운동가였으며, 또한 모든 인간이 신 앞에 평등하다는 주장 하에 일생동안 박애정신과 인도주의를 실천한 행동가로 기록하고 있다.

무함마드는 570년 4월 22일, 메카의 지배부족이자 구약에 등장하는 아브라함의 아들 이스마일의 자손이라고 주장하는 쿠라이시족(꾸라이쉬족)의 하심(하쉼 Hashim) 가문에서 유복자(태어나기 전에 아버지를 여윈 자식)로 출생했다. 하심 가문은 명문의 일족이었으나, 후일 우마이야조를 이루게 되는 아브두 샴스(압두 샴스) 가문 만큼 혜택 받은 입장은 아니었다. 무함마드의 아버지 압둘라(압달라 Abdallah)는 시리아 쪽으로 나가던 카라반의 상인으로 그의 탄생 직전에 사망했으며, 어머니 아미나(Amina bint Wahb)도 그가 여섯 살 때 사망해 어려서 고아가 되었다. 그 후 무함마드는 할아버지 압둘 무탈리브(압둘 무딸립 Abdul Muttalib)에게 맡겨졌으나, 2년 뒤 할아버지가 사망하자 하심 가문의 새로운 가장이 된 숙부 아브 탈리브(아부 딸립 Abu Talib)의 보호 하에 양육되었다.

어린 시절 양치기를 하며 평범하게 성장한 무함마드는 청년이 된 뒤 시리아를 왕래하는 무역상이 되어 부유하고 고결한 성품의 미망인 카디자(Khadijah)의 대상에 고용되었다. 무함마드의 정직하고 성실한 성품에 감동한 카디자가 구혼을 요청해 무함마드는 595년에 25세의 나이로 40세의 미망인 카디자와 결혼했다. 그러나 둘 사이에 2남 4녀가 태어난 것으로 미루어 보아 카디자의 실제 나이는 그보다 적었을 것으로 추정된다. 무함마드의 두 아들은 유년기에 사망했으며, 딸들 중에서도 파티마(파띠마 Fatima)를 제외하고는 모두 무함마드보다 먼저 사망한 것으로 전해진다.

생활에 여유를 얻게 된 무함마드는 40세가 된 610년, 세속적 생활에서 이탈하여 메카 교외의 히라산(山)에 있는 동굴에서 명상생활에 들어갔다. 그리고 그 해 처음으로 천사 지브릴(가브리엘)을 통하여 알라의 계시를 받았다. 그 내용이 바로 〈코란〉 제9장(응혈)에 적혀 있다. 그 후에도 여러 차례 알라의 계시를 받게 되고, 드디어 그는 '알라 외에는 신이 없다'는 유일신 신앙을 갖게 되었다. 물론 신으로부터의 메시지를 전하는 '신의 사도'가 되었다. 부인 카디자가 최초의 신도가 되었고, 이슬람교를 믿는 신도가 점차 증가하게 되었다. 이것은 종전까지의 다신교(多神敎)를 부정하고 유일신(唯一神) 알라 앞에서 인간의 평등을 주장하는 것이었으며, 처음에는 메카에서 경제적으로 어려운 하층민들과 중소상인 계층만 그의 가르침을 추종했다. 그의 지지자는 극소수였으므로 대(大)상인을 중심으로 하는 지도층은 그의 선교활동에 무관심했다. 그러다가 점차 추종자 수가 늘어 메카 지배층의 이해관계를 위협하기 시작하자 613년경 포교활동 개시 후 첫 박해가 시작된 것이다.

615년에는 신도 일부가 아비시니아로 피신하자, 그곳 그리스도교도에게 환영받았으나 무함마드 자신은 전부터 타협을 해 두었던 야스리브(후의 메디나)로 이주할 준비를 하고 있었다. 622년 9월 24일 아부 바크르 등 70여 명과 함께 메카를 탈출해 결국 야스리브로 이동하게 된다. 이를 히즈라 천(헤지라: 성천(聖遷)이란 뜻)라고 하는데, 훗날 이 해를 이슬람력(曆)의 기원으로 삼게 되었다(622년 7월 16일)고 한다. 당시 메디나에는 내분이 있었으나 무함마드는 정치적 지도자로서의 역량을 발휘하여 사태를 수습하고, 메카에 대항할 수 있는 군대를 양성하는 동시에 이슬람 공동체 '움마(Ummah)' 의 모체를 만들어 냈다. 무하지룬(히즈라에의 동행자)과 안사르(메디나에서의 협력자)가 그 중추를 이루어 이슬람교도의 수는 계속 늘어났다. 624년에는 메카의 대상(隊商)을 습격하는 동시에 예배의 방향을 예루살렘에서 메카로 변경함으로써 메카 정복의 의지를 나타내었다. 이 대상 습격을 계기로, 바드르에서 메디나 측과 메카 측의 일대 결전이 벌어졌는데, 메디나 측이 수적으로 우세한 메카측을 무찔러 의기가 충천하였다. 메카 측은 무함마드 박해의 최선봉장이던 아부 자푸르가 전사한 후로는 아브두 샴스 일문(一門)인 아부 수피안이 부족장이 되어 반격의 기회를 엿보고 있었다. 이듬해인 625년 우후드산(山) 밑에서 메디나측은 재차 메카 측과 교전하여, 메디나측이 상당한 타격을 입었으나 무함마드의 사기는 조금도 꺾이지 않았으며, 그 후로는 당분간 내정(內政)과 포교에 힘썼다고 전해진다. 이 무렵 이슬람교도에 대한 협력이 기대되었던 유대교도와의 관계가 악화되었고, 메디나 측에 대해 대항하던 쿠라이저족(族) 등이 무함마드의 명령에 의해 멸망하는 사건이 발생하기도 했다.

627년에는 메카군(軍)이 메디나를 포위했으나 페르시아 사람인 사르만의 헌책(獻策)을 받아들여 도시 주위에 큰 도랑(한다크)을 파 방어에 성공했기 때문에 이 전투를 한다크 전쟁이라고 불렀다. 628년 메카 교외인 후다이비야에서 메카 측과의 화약(和約)이 체결됨으로써 이듬해에는 메카 시민들이 일시 대피한 가운데 메디나 측 시민의 카바(Kabah) 순례가 행하여지기도 하였다. 630년 1월 무함마드는 메카로 군대를 진격시켜 10월에 도달하였다. 마침내 아부 수피안이 항복하고, 11월에 약간의 저항을 물리치면서 무함마드는 메카로 입성, 카바 신전에 안치된 많은 우상을 부수고 화상(畵像)도 지워버렸다. 그때의 감격은 〈코란〉 제17장(밤의 여행) 가운데 있는 "진리가 와서 허위는 망해 없어졌다"라는 말에 나타나 있다. 무함마드의 메카 정복 이후 아라비아반도 전역의 각 부족은 속속 이슬람교를 받아들여 이슬람 공동체가 형성되었으며, 632년 3월에는 메카에서 예배를 드리고, 무함마드 자신이 순례를 지휘하였다. 그 후 그의 건강은 갈수록 악화되어, 같은 해 6월 8일(이슬람력 11년 3월 13일) 애처 아이샤가 지켜보는 가운데 사망하였다.

무함마드가 말한 계시와 설교는 〈코란〉 제114장 6,211구 속에 담겨져 있으며, 이것 외에도 많은 전승(하디스), 그리고 이븐 이스하크에 의한 전기(원본은 없어져 이븐 히샴의 채록(採錄:기록이나 녹음)으로 전해졌음), 알 와키디와 이븐 사드 등의 저작인 무함마드의 전기 자료로 되어 있다. 그리스도교적 입장에서 무함마드상(像)이 이루어져 통용되어 왔다. 이것은 "한 손에는 〈코란〉, 다른 손에는 칼"에 나타나 있듯이, 호전(好戰)적인 무함마드가 이교도나 유대인을 가차 없이 멸망시키거나, 자기의 교리를 억지로 강요했다는 식으로 되어 있다. 또한 그가 여러 여성과 관계하였다는 점을 들어, 무함마드가 호색(好色)적인 인물로 평가하는 것들이었다.

그러나 근대 이후로는 뷔스텐펠트, 네르데케, 불, 안드라에, 와트 등의 연구를 통하여 단지 실증적으로 많은 점을 밝혔을 뿐만 아니라 위에 언급한 견해에 대해 새로운 해석을 제시, 내면적 이해를 심화시키기에 이르렀다. 현대적 평가에 의하면, 무함마드는 이슬람의 창시자인 동시에 전통 사회의 악습과 부도덕한 관행을 폐지하고자 노력했던 사회개혁운동가였으며, 평등주의를 주창한 박애주의자였다고 한다. 또한 그의 인품은 인자, 중용, 인내, 용맹 등으로 묘사되는데, 이는 신의 사도로서 뿐만 아니라 가족과 교우들 속의 한 구성원으로서 정치가, 행정가, 군인으로서 모든 무슬림들이 본받아야 할 인생의 표본이 되고 있다. 특히 그는 메카 정복 이후 신의 사도라는 지위를 빌려 인간 위에 군림하는 초월적 존재나 절대군주가 될 수 있었으나, 오히려 평범한 지도자이기를 자처했다. 그는 왕관을 쓰지 않았으며, 옥좌 대신 마룻바닥에 앉아 통치했고, 스스로 옷과 신발을 고쳐 입었으며, 대추야자와 보리빵을 즐겨먹는 소박하고 겸손한 인간으로 남기를 원했다고 전해진다.

이슬람문화권인 우즈베크는 자선의 문화가 많이 깔려 있다. 소득의 2.5%를 남을 위해 돕고, 돈을 빌려 주어도 이자를 받지 않는 풍습이 있다고 현지인들은 전했다. 부득불 갚지 못할 때에는 '인샬라(알라가 뜻하는 대로, 신이 원하신다면)'로 받아들인다는 것이다. 당연히 기부문화도 발달돼 있다. 죽어서 가져가지 않는다는 뜻이다. 재산상속에 대한 개념도 그래서 흐리다. 삶과 재물에 대한 애착을 느끼지 않는다는 이야기다. 참으로 멋지고 고결한 가치를 지닌 민족으로 보인다. 가난한 자를 돕는데 기꺼이 바친다는 문화가 많이 깔려 있다는 것을 현지에서 느껴볼 수 있었다.

라마단. 이슬람교에서는 이슬람력의 아홉 번째 달에 28일간 해가 뜰 때부터 해가 질 때까지 음식, 흡연, 음주, 성 행위 따위를 금하는 라마단(단식월)을 지킨다. 벌겋게 달궈 1년에 한번은 작렬하는 태양 속으로 들어가는, 즉 용광로 속으로 들어가 새로운 탄생을 한다는 의미를 품고 있다. 모든 무슬림은 라마단을 꼭 지켜야 하는 것으로 돼 있다. 지키지 않으면 벌칙으로 60명을 먹이는 등의 풍습이 있다고 한다. 그런데 우즈베크는 이를 엄격하게 지킬까. 그렇지 않다고 한다. 약 30%만 지킨다는 것이다. 느슨한 이슬람문화임이 이를 통해서도 확인되고 있다. 라마단 기간에는 여행과 음란한 행위도 자제한다. 물론 술집도 마찬가지로 자제한다. 필자가 우즈베크에 간 2009년의 라마단 기간은 8월 20일부터 9월 18일까지여서 현지에서 라마단 의식을 지켜보지는 못했다. 이슬람의 최대 행사 가운데 하나인 하지(성지순례)에 대해서도 현지에서 많이 들었다. 이슬람 성지인 사우디 아라비아의 '메카' 인근에서는 매년 수백만 명의 성지순례객들로 인해 압사사고 등 인명피해가 발생하고 있다. 하지 기간에는 중동지역은 물론 북아프리카 등 전 세계 각국에서 몰려온 이슬람 성지순례자들의 물결이 장관을 이룬다. 이슬람교도들이 한꺼번에 몰리면서 1990년에는 무려 1,000여 명이 압사하거나 질식해 숨졌다. 성지순례를 일생에 한번은 해야 하는 의무로 여기고 있는 이슬람 신도들은 대부분 아랍의 평화나 주권 등을 위해 기도한다고 전해지고 있다. 아랍의 평화와 팔레스타인들을 억압으로부터 자유롭게 해달라고 신께 기도한다는 것이다.

평생 한 번 메카에 가는 것이 최대의 영광이라고 이슬람 신도들은 생각한다. 순례 중에 죽으면 바로 천당에 간다는 믿음도 갖고 있다. 수백명씩 죽는데도 이에 개의치 않고 성지로 떠나는 이유가 바로 이런 믿음 때문일까. 메카에 가는 길이 아무리 험하고 죽을 수 있는 위험에도 포기하지 않고 가는 이유는 종교적인 신념 때문일 것이다. 하지를 다녀오면 마을에서 칭송해주고, 지역에서 존경을 받는다는 풍습이 있어 기꺼이 떠난다는 것이다. 같은 이슬람권이면서도 우즈베크는 사우디 메카까지 가는 거리가 멀어 거의 가지를 않는다고 한다. 마음속으로만 기원하는 경향이 강하다는 것이다. 우즈베크에서 옛 메드라사가 대부분 학생들이 공부하는 공간이 아닌 책꽂이나 악기 등을 만드는 공방으로 변해 있는 모습에서도 느슨한 이슬람 문화의 단면이 드러난다. 관광객들을 대상으로 물건을 파는 장사 공간으로 탈바꿈한 것이다.

〈코란〉은 하늘나라 경전이라고도 일컬어진다. 하나님의 말씀을 가브리엘 천사가 읽고 마호메트가 들은 후 이슬람교를 창시했다고 전해진 〈코란〉. 마호메트가 들을 때 밤하늘에 초승달이 떠 있었다고 한다. 현재 모든 이슬람의 상징이 바로 초승달이다. 즉, 마호메트가 메카 근교의 힐라산에서 계시를 듣고 초승달을 지켜보면서 진리를 깨달았다는 이야기다. 그는 〈코란〉을 한 번만 듣지 않고 수시로 들었다고 한다. 물론 그가 살아 있을 때에는 책이 없었다. 아들도 후계자도 없이 그는 죽었다. 마호메트가 22년간 들은 것과 이야기한 것이 〈코란〉이다. 한 외신은 예수님이 부활한 후 제자들이 성서를 기록한 것과 마찬가지로 〈코란〉=이슬람=마호메트를 동일시하고 있다고 전하기도 했다.

우즈베크에 잠시 있는 동안 가이드가 전해준 이슬람에 대한 재미난 이야기는 수없이 많았다. 사우디 메카지방에서 출생한 무함마드는 태어나기 전에 부친이 사망하고, 태어난 후 3년 만에 다시 모친이 죽었다는 이야기도 들려주었다. 앞서 사전적으로 정의된 내용과는 조금 더 재미있는 이야기도 많이 들었다. 무함마드, 그는 결국 고아다. 할아버지 또는 삼촌으로부터 보호를 받고 자란 그는 25세 때까지는 평범한 사람으로 자라다가 25세 때 돈 많은 과부와 결혼했다. 이후 그럭저럭 자라면서 유대교를 믿은 그는 40세에 알라의 계시를 받았다는 것이다. 무함마드는 대천사 가브리엘을 통해 '예언자 아들이다' 며 이슬람을 창시하라는 전언을 들었다고 한다. 그 때 그는 초승달을 바라보면서 신앙의 지표로 삼았다고 했다. 그의 최초 신자는 부인. 3년간 신자의 수는 늘지 않고 고작 40명에 불과했다. 10년을 떠돌아 다니며 선교했는데도 겨우 100명의 신자만 확보했을 뿐이다. 622년 지배계층인 쿠라이족이 무함마드를 인정하지 않고 추방명령을 내려 220km나 떨어진 시골 메디나로 도망을 가면서 "종교라는 것은 힘이 없으면 존재하지 않는 느낌을 받았다"고 했다.

그는 이후 종교를 떠나 정복해야겠다고 마음을 먹고 메디나로 가서 칼싸움을 했다고 한다. 이때부터 세력이 불같이 일어 네 번 만에 메카를 정복하게 된다. 8년 동안 칼을 갈아 메카를 정복하고, 이어 사우디 전체를 정복했다. 가는 곳마다 승리하고, 신도 수는 급격히 늘어 알라로 통일했다고 한다. 당시만 해도 종교가 360가지나 될 정도로 많았다. 교세가 크게 확장되면서 전부 이슬람화 했다는 것이다. 무함마드는 태어난 곳을 정복하고픈 꿈을 이룬 데다 보너스로 예루살렘(632년)과 이집트까지 정복하면서 세력을 크게 확장했다. 632년 그의 부인이 죽자 6살 난 친구의 딸과 나이 많은 과부와 동시에 결혼했다고 한다. 본 부인 빼고 11명의 여자를 둔 그는 62세 때 어린 부인을 남겨두고 사망했다는 가이드의 설명을 현지에서 흥미진진하게 들은 기억이 난다.

우즈베크는 공식적으로 특정 종교를 국교로 채택하고 있지 않지만, 국민의 대다수가 이슬람교도다. 기원전 4세기경 알렉산더 대왕이 정복했던 우즈베크는 8세기경 아랍문명이 지배했고, 12~13세기에는 징기즈칸의 침입을 받았다. 우즈베크가 이슬람 국가로부터 침략을 받기 이전에는 고대 조로아스터교와 불교의 영향을 받았다. 8~9세기에는 아랍의 침략 이후 이슬람화한 것이다. 독립 이후 이슬람 부흥운동이 일어나 타슈켄트, 사마르칸트, 부하라 등지에서 자발적 이슬람교육과 여성들의 베일 착용이 증가하게 된 것이다.

카리모프 대통령은 철저한 政·敎 분리를 내세운다. 특히 이슬람 근본주의자들의 정치 불안요소를 원칙적으로 배제하고 있다. 그런 때문인지 우즈베크 국민의 대다수는 국가의 종교정책을 지지하고 있다고 한다. 우즈베크인 88%가 무슬림(수니파 70%, 시아파 20%)이지만, 정부는 인접 타지크·아프간으로부터 과격 시아파 원리주의 확산을 경계하고 있다. 온건한 수니파가 다수를 차지하는 등 터키계의 세속적 신앙 형태가 주류를 이루고 있는 가운데 우즈베크 정부는 과격한 시아파 원리주의의 확산 차단에 여전히 신경을 곤두세우고 있다.

회교도는 돼지고기를 먹지 않는 대신 양고기 요리를 즐겨 먹는다. 대표적 음식인 쁠롭(당근, 양파, 고기와 함께 볶은 밥)은 주인이 직접 손님에게 만들어서 접대를 한다. 또 이슬람의 보편적 요리인 '샤쉴릭(향신료로 양념한 양고기, 소고기 등을 꼬치에 끼워 숯불에 구운 음식)', '케밥', '라그만(고기, 야채, 국수를 넣은 매운 스튜)'도 즐겨먹는다.

부하라의 한 식당에서 요리사가
볶음밥을 하는 장면

우즈베크는 머리를 신성시 하는 풍습이 있다. 귀엽다고 아이들의 머리를 쓰다듬어서는 안 된다고 한다. 또 문턱을 사이에 두고 악수하는 것은 결별을 의미하기 때문에 주의가 필요하다고 한다. 기념일 등에 여성에게 꽃을 줄 때는 반드시 홀수로 준비한다고 한다. 짝수는 죽은 자에게 바치는 것으로 여겨 금기시하기 때문이다. 우즈베크인들은 카페에서 시간을 보내는 것을 좋아하고, 춤과 노래를 즐기며 경마 등을 구경하는 것을 즐긴다.

우즈베크의 이슬람화에는 티무르의 역할이 매우 컸던 것으로 알려지고 있다. 티무르는 이란인과 투르크인이 거주하는 지역을 통일한 사람으로, 오늘날에도 명성이 높다. 그는 이란-이슬람 문명이 중앙아시아로 들어오는데 큰 역할을 했다. 이슬람-투르크 문명의 대표적인 도시가 오늘의 사마르칸트다. 티무르제국은 티무르가 죽은 뒤에도 얼마동안 몽골제국의 서쪽을 지배했다. 그러나 결국 내란과 분쟁으로 인해 멸망하고 말았다. 티무르제국이 망한 뒤에는 이란에는 사바비 왕조, 중앙아시아(우즈베크, 카자크, 키르키즈, 타지크, 투르크메니아 등으로 형성된 곳이며, 이들은 모두가 '스탄' 이란 이름을 갖고 있음)에는 부하라 칸국, 히바 칸국, 코칸드 칸국이 일어났다. 특히 부하라는 이슬람 세계의 교육, 문화, 예술의 중심지로서 바그다드나 이집트의 카이로와 어깨를 겨룰만한 도시로 성장했다. (우즈베키스탄에 가다-장훈태, p27).

중앙아시아의 이슬람 확장은 큰 무력충돌 없이 짧은 기간에 신속하고 자연스럽게 진행됐는데, 그 이유는 투르크멘족들의 생활습관이 이슬람을 받아들이기 좋은 근거를 갖고 있다는 것이 현지 연구진들의 의견이다. 우즈베크는 비교적 온화하고 관용적인 종파가 있다는 생각이 든다. 우즈베크를 둘러보면 중앙아시아에 이슬람이 다시 일어나고 있는지에 대한 질문을 하게 만들 정도다. 1991년 구 소련의 붕괴와 중앙아시아 5개국의 독립 즈음에 중앙아시아에서 나타난 가장 주목할 만한 변화는 바로 이슬람의 강력한 부흥운동이기 때문이다. 우즈베크 곳곳에 늘어나는 모스크의 수를 볼 때 실감이 날 정도다. 매주 금요일마다 열리는 모스크기도회에는 수많은 인파가 몰려든다고 한다. 물론 모스크의 증축과 신설, 리모델링은 정부의 주도하에 이뤄지고 있다. 전문가들은 중앙아시아 지역의 이슬람 부흥운동은 구소련 붕괴와 체제변환의 과도기가 불러일으킨 위기의식과 정체성의 상실로부터 비롯됐다고 주장한다.

중요한 사실은 중앙아시아 이슬람은 모두 과격한 폭력이나 극단주의의 형태를 취하지 않는다는 점이다. 이슬람의 신앙은 도시와 농촌, 농촌과 산간지역 간의 약간의 차이는 있지만 온건주의 이슬람이란 표현이 어울린다. 우즈베크에서 이슬람의 종교지도자 명칭은 '물라' '모스티' '쉐이크' '이맘' 으로 구분되는데, 물라는 이슬람을 아는 사람의 총칭이고, 모스티는 몇 개의 사원이 모인 곳의 회장격의 사람을 총칭해 부르는 직분을 말한다. 쉐이크는 한 도시에 한 명 정도 되는 지도자다. 무슬림들은 쉐이크를 제일 큰 사람, 제일 높은 사람이라고 부른다. 이맘은 '모범' '본보기' 라는 뜻으로 이슬람의 예배 인도자 또는 모스크의 운영책임자를 지칭하기도 한다.

정통 이슬람에서는 어떤 종류의 성직자 계층도 인정하지 않는다. 따라서 가정에서는 가장이 이맘이 되고, 일반 무슬림들도 누구나 이맘의 역할을 할 수 있다고 여긴다. 여자끼리 예배를 할 때는 여자도 이맘이 될 수 있다는 것이다. 이맘은 보통 꾸란에 대한 지식이 풍부한 자로 선임되며, 신에 대한 헌신과 종교적 수행이 철저한 사람이라야 한다. 시아파에서는 이맘을 공동체의 최고 지도자로 인정하며, 결코 과오를 범하지 않는 완벽한 영적 존재로 보고 있다. 아무튼 이슬람에서는 이맘 이외에는 종교지도자로 인정하지 않는다.

구소련 시대 이전에는 3만개에 가까운 모스크 사원이 있었다고 한다. 그러나 스탈린이 반군을 산악지대로 몰아내는 등으로 인해 1,000개만 남겨두고 모두 파괴되었다가 최근 다시 모스크 사원이 증가추세다. 우즈베키스탄 대사관 자료에 따르면(2009년 4월 29일) 우즈베크 '종교법 제1조' 에는 "개인의 양심과 신앙의 자유를 보장하며, 모든 국민은 종교와 관계없이 평등한 권리를 갖는다"고 규정하고 있다. 제5조에는 '개종 권유와 선교활동은 금지한다' 고 돼 있다. 불법적인 사회단체와 종교단체, 종파 활동에 참석하도록 권유할 경우에 최저임금의 5~10배의 벌금을 부과하거나 15일 구류에 처한다고 돼 있다.

4. 분수의 나라

우즈베크에는 웬 분수가 그렇게도 많은지 그저 신기하다. '분수의 나라' 라고 불러도 모자람이 없을 정도로 곳곳에 분수가 물을 힘차게 뿜어댄다. 공원, 호텔, 식당 어디든 분수가 가득하다. 하늘을 향해 힘차게 내뿜는 분수대 물은 어떤 때에는 '빨, 주, 노, 초, 파, 남, 보'다. 오색찬란하게 뿜어대는 물줄기는 생동감과 끌림을 준다. 수도 타슈켄트 거리마다 빛나는 모양의 물줄기는 하늘을 향해 힘자랑하듯 오르고 솟구친다. 하늘, 우주를 향해 발진하는 분수의 힘은 우즈베크의 미래를 연상케 해준다. 분수는 도대체 얼마나 많을까. 1991년 독립을 상징해서 1991개를 만들었다고 한다. 주요 건물, 거리마다 다 있다는 이야기다.

분수가 많은 우즈베크. 호수가의 분수

낮과 밤을 가리지 않고 물을 뿜어 올리는 분수대의 강렬한 모습을 보면서 도시 전체가 생기로 가득하다. 살아 꿈틀거리는, 용틀임 치는 모습이다. 무더운 날씨에 우즈베크 땅을 밟을 때 분수대를 바라보면 온갖 더위도 이겨낼 수 있다는 생각이 들 정도로 시원함을, 상쾌함을 더해준다.

때로는 분수대가 사랑을 만들어주기도 한다. 우즈베크 젊은 남녀 커플들은 분수대를 '병풍'으로 삼고 입을 맞추고 또 맞춘다. 껴안고 비비고 온갖 자태를 뽐내는 장면도 자주 목격했다. 분수대를 배경으로 사진을 찍는 모습도 다채롭다. 어린 꼬마들은 분수대 주위를 뛰놀며 마냥 즐거워한다. 푹푹 찌는 여름에 서울시청 분수대나 동네 분수대에서 뿜어내는 물방울을 따라 하얀 이빨을 내밀던 서울의 아이들과 비슷한 모습으로 우즈베크의 꼬마들도 분수대 물에 옷을 흠뻑 적시며 즐거운 시간을 보내는 모습이 참으로 맑아 보였다.

우즈베크의 분수대는 우리나라 곳곳에 설치된 분수와는 달리 생활 아주 가까이에서 볼 수 있다. 분수대가 워낙 많은 때문인지 유명한 건물 앞에 분수대가 보이지 않으면 이상할 정도다. 무엇보다도 분수대가 있어 이방인들이 낯선 곳의 거리를 걸어도 전혀 이상하지 않게 해주는 것이 묘하다. 굽이치듯 춤추는 분수대의 물줄기는 이방인의 어색한 자태를 감춰주기도 한다. 이상한 것은 우즈베크에는 물이 없는 듯이 보이면서도 많다는 사실이다. 높은 산에서 눈 녹은 물이 끊임없이 흘러 도심을 적시고, 그 물이 다시 하늘로 향하니 생명의 근원이 마르지 않는가 보다. 곳곳에서 춤을 추는 분수대로 인해 우즈베크를 여행하는 이방인들의 마음은 괜히 들뜨고, 가볍다. 상큼하기까지 하다.

5. 미녀천국

실크로드의 중심지이자 아시아의 심장부에 자리를 잡은 우즈베크는 특히 여자들을 존중하는 문화가 강하다. 전통적인 이슬람 문화권하고는 양상이 다른 모습이다. 남자든 여자든 대화를 하고 악수를 하는 모습도 아주 자연스럽다. 우즈베크 남성들은 여성을 편하게 대하고 어려운 일이 있으면 남성들이 앞장서 힘든 일을 하는 좋은 문화를 간직하고 있다는 것이다. 특히 매년 3월 8일 개최되는 '여성의 날'은 더욱 그렇다. 이 날은 구소련 시대에 제정된 것으로 여성들의 인권이 회복되었다는 뜻에서 지키고 있다. 여성의 날에는 모든 남자들이 친구를 위해 선물을 준비하되 여자 친구가 평소에 갖고 싶어 하는 물건을 무리를 해서라도 기꺼이 구입하는 문화가 있다고 한다. 우즈베크 여성들은 가족을 아주 소중히 여기는 미풍양속도 간직하고 있다. 학교 수업이 끝나면 한눈팔지 않고 귀가를 하고, 하루종일 집안일도 도와준다는 것이다. 휴일에는 가사를 돕거나 가족과 함께 보낸다. 물론 나이트클럽과 카페 등을 이용하는 여성도 많이 있지만, 가족과 같이 보내는 시간을 오락 또는 여가선용으로 여기는 아름다운 문화도 간직하고 있다.

우즈베크 여성들은 결혼을 대체로 일찍 한다. 빠르면 16살, 평균 20살 전후에 결혼한다. 때문에 대학에는 결혼한 여대생이 많고, 심지어 아이의 엄마, 임신한 학생도 많다고 한다. 우즈베크 여성들은 청소, 빨래, 아침식사 준비 등 집안일을 많이 하면서도 성내지 않고 온화한 품성으로 가족과 친척들의 건강을 기원한다. 가족을 위해 희생하며 사는 것을 아름다움으로 여기는 우즈베크 여성의 모습에서 따뜻함이 절로 느껴진다.

우즈베크를 여행하면서 이상한 것은 금이빨을 한 사람이 많다는 점이다. 앞니를 금니로 한 사람들이 거리 곳곳에서 쉽게 볼 수 있었다. 우즈베크인들이 왜 금이빨을 많이 하고 있는지가 궁금해서 현지인들에게 물어봤다. 이유는 우즈베크의 물이 석회질이 많은 탓에 치아가 쉽게 나빠지기 때문이라고 했다. 또 일부 지역에서는 소금물로 인해 치아가 나빠지기 때문에 금니를 한다고 했다. 재미있는 또 다른 한 이야기는 금이빨을 미인의 상징으로 여긴다는 문화 때문이라고 들었다. 그래서 1980년대 초 금이빨이 유행처럼 번졌다고 한다. 당시 멀쩡한 이빨을 빼고 금으로 갈아 넣는 일도 벌어졌다니 우스운 일이다. 미인이 많은 나라에서 참으로 이상한 풍습이다. 실제로 현지에서 금이빨을 한 여성들을 아주 많이 볼 수 있어서 이러한 이야기가 거짓말이 아니구나 하는 생각을 했다.

100여 개가 넘는 다민족 국가 때문인가. 미녀들이 정말 많이 보였다. 거리에서나, 결혼식장, 공원 등에서도 미녀들을 쉽게 만날 수 있다. 이상한 점은 처녀들은 하나 같이 이쁜 모습을 보인 반면 결혼한 여성들의 상당수는 뚱뚱하고 몸이 둔해 보였다. 이유는 알 수 없지만, 결혼 전까지의 여성만을 놓고 보면 '미녀 나라', '미녀 천국' 이라는 말이 잘 어울릴 것 같다.

식당에서 공연하는 미녀들

음식점에서 노래를 부르는 여성들도 두 번째 가라고 하면 서러울 정도로 미모를 자랑했다. 음식점 무대 위에서 춤을 추고 노래를 부르는 여성들은 러시아계, 우즈베크계, 이란계, 터키계, 또 다른 혼혈로 보였다. 정말로 다양한 나라들로 팀을 이루고 있었다. 그야말로 형형색색의 모습을 한 사람들로 넘쳤다.

사마르칸트에서는 현지 여성들과 직접 이야기하며 식사를 하는 시간도 가졌다. 종합대 영어교사인 사노바르(여, 당시 32세)는 우즈베크계. 또 몽골계 단과대 영어교사인 나지라(여, 26세), 아랍계 쇼이라(여, 30세) 등 세 명의 영어교사와 저녁 식사를 하면서 나눈 대화의 시간은 흥미롭고 재미있었다. 미녀의 나라라고는 하지만, 이들 교사들은 미모가 아주 뛰어난 편은 아니었다. 하지만, 선생님답게 아주 예의 바르고, 가치관도 뚜렷하다는 느낌을 받았다. 우즈베크 영어선생과 만나서 대화를 나눈 식당의 분위기도 아주 좋았다. 찬란한 야광 조명을 받고 물을 뿜어내는 자파르 레스토랑. 이곳에서 음악에 맞춰 전통 춤을 추는 중년의 신사들, 그리고 부모와 함께 온 아이들도 마냥 즐겁게 춤추는 모습이 여유롭고 평화로운 나라를 상징적으로 보여주기에 충분했다.

사마르칸트 영어교사들

식당을 찾은 사람 어느 누가 가릴 것 없이 음악이 나오면 벨리댄스와 전통 춤을 치면서 웃고 즐겼다. 기분이 내키는 대로 무대로 나와 몸을 흔들었다. 무슬림들이 많이 살고 있는 지역이라는 생각이 전혀 들지 않을 정도다. 등이 깊게 파인 옷을 입고 담배를 피우는 여성의 모습도 눈에 많이 띄었다. 우리 일행과 영어교사도 테이블에서 어깨와 손을 흔들며 춤을 따라 추는 흉내도 냈다. 현지에서 어울리고 싶은 순간적인 욕망을 발동하며 잠시 가져본 즐거운 시간은 오래 기억에 남을 것 같았다.

식당에서는 이렇게 즐기며 풍요를 드러냈는데, 식당 밖에는 검과 초콜릿을 판매하는 여인이 외롭게 서 있는 '초라한 모습'이 대조를 이뤘다. 손님이 거의 없는 어두컴컴한 곳에서 뭔가를 하나라도 더 팔기 위해 서 있는 아낙네의 모습은 너무 애처로워 보였다. 그런데도 전혀 내색하지 않는 모습이 오히려 이상할 정도다. 이 또한 신의 뜻으로 여긴 때문일까. 우즈베크도 역시 빈부 격차 문제는 쉽게 해결하지 못하고 있다는 느낌도 순간 들었다.

맥주를 마시기 위해 들린 한 술집에서는 18세 소녀가 서빙을 하고 있었다. 어린 소녀가 서빙을 하고 받는 하루 일당은 8,000원. 물론 합법적이라고 했다. 앳된 학생이 술집에서 서빙을 하는 모습이 그다지 좋아 보이지는 않았다. 익숙한 손놀림으로 술과 안주를 옮기는 모습을 보면서 열심히 공부를 해야 할 학생이 산업전선에 벌써 뛰어든 모습은 이 나라에서 직업을 구하기가 쉽지 않음을 짐작케 했다.

우즈베크 사람들의 살아가는 모습을 보려면 식당에 가면 어느 정도 감을 잡을 수 있을 것 같았다. 현지인의 풍습과 문화를 배우기 위해서도 식당은 안성맞춤이다. 식당에서 양고기와 빵을 뜯고 보드카 한 모금 들어 마시며 여유롭게 살아가는 사람과 그렇지 못한 사람의 모습을 식당에서는 쉽게 볼 수 있어서다. 음식과 음악이 곁들인 식당 곳곳에서는 젊은이와 중년 남녀, 꼬마들을 가리지 않고 몸을 이리 저리, 손을 앞뒤로 내밀며 춤을 춘다. 식당인데도 미녀들이 많은 나라 때문인지 춤추는 모습도 아주 아름다워 보였다. 다민족 국가로 팀을 이룬 무희들은 춤을 춘 다음 테이블을 돌아다니며 돈을 자연스럽게 줄 것을 요구한다. 손님들은 테이블로 찾아온 무희들에게 약 4,000숨(우리 돈 3,200원 정도)을 기꺼이 건넨다. 미녀들에게 부담스럽지 않는 돈을 주지 않을 자도 거의 없어 보였다.

타슈켄트에서 저녁 식사를 하면서 우즈베크 최고의 전통쇼 ‘바흐르쇼’를 관람하는 시간을 가졌다. 맛있는 스테이크를 먹으며 20여 명의 아름다운 미녀들이 펼치는 춤 공연 또한 우아했다. 선이 굵은 벨리댄스를 흥겹게 추는 미녀들의 인상도 아주 밝았다. 편안한 마음으로 음악을 들으며 세계에서 가장 아름다워 보이는 무희들의 현란하고 화려한 춤 솜씨에 대부분의 손님들은 넋이 나간 듯 했다.

6. 정, 정, 정

시와 노래를 즐기는 우즈베크 사람들은 한국과 마찬가지로 정이 아주 많기로 소문나 있다. 손님들을 좋아하고 접대 또한 잘한다. 자신들의 나라에 방문한 이방인들에 대한 친절은 어디를 가도, 누구를 만나도 별로 차이가 나지 않았다. 이웃이 어려울 때 서로 돕고, 손님에 대한 극진한 접대 문화는 우리의 미풍양속을 능가한다고 해도 과언이 아닐 듯싶다. 그렇다고 우리보다 꼭 낫다는 이야기가 아니다. 그만큼 비슷하다는 이야기다.

우즈베크에서는 식당에 가면 논(빵)이 빠짐없이 나온다. 빵을 만든 화덕은 집집마다 있다고 한다. 그러나 요즘은 현대화로 인해 시장이나 가게에서 논을 구입한다고 한다. 집에서 구은 빵이든 시장에서 산 것이든 맛은 크게 차이가 나지 않는다. 현지에 있는 동안 논을 자주 먹어도 질리지 않을 정도로 독특하고 구수한 맛이 기억난다. 잠시동안의 체험이지만, 빵을 먹지 않으면 뭔가 부족한 것 같고, 허전한 느낌이 들 정도로 이방인을 유혹하는 독특한 맛을 지니고 있다. '제빵왕 김탁구' 드라마 인기에 편승해 한때 한국에서 단팥빵이 많이 팔릴 때 우즈베크의 논이 떠오른 것은 왜일까. 때마침 우즈베크를 방문한 지 일 년이 다 되어가는 2010년 9월 초, 농촌진흥청의 고호철 박사가 건네준 우즈베크 빵맛을 볼 수 있어서 여간 반갑지 않았다. 한국에 교육을 온 우즈베크 사람으로부터 받은 것이라고 했다. 단숨에 블랙커피와 빵을 뜯으며 우즈베크를 한 동안 떠올린 기억이 아직도 생생하다. 논, 논, 논….

논 굽는 화덕. 사진제공=농촌진흥청

논을 방금 구워서 꺼내는 모습(농진청제공)

손님이 집에 찾아오면 가장 좋은 자리에 앉도록 안내하는 것도 인상적이다. 또 차이(茶)를 준비하는가 하면, 빵도 가장 먼저 꺼내 대접을 한다. 카페트 문화에 습성화된 모습도 퍽이나 인상 깊었다. 손님을 맞이할 때 카페트를 깔지 않거나 음식을 제대로 준비하지 않으면 손윗사람이 손아랫사람에게 야단을 칠 정도로 철저하게 예의를 지키는 나라다. 현지에서 만난 우즈베크인 영심이 씨(한국명) 집에 갔을 때에도 이러한 분위기가 배어 있었다.

주인은 차에 물을 붓고 따라내기를 세 번 한 후 차례로 차를 대접한다. 차이는 컵의 3분의 2정도만 따라서 준다. 천천히 마시면서 대화를 하고 쉬었다 가라는 의미가 담겨 있다고 한다. 잔이 넘치도록 음료 등을 따라 주는 것은 빨리 먹고 가라는 것을 뜻한다. 참으로 인정이 많은 나라라는 것을 음식문화에서도 느껴볼 수 있었다. 물론 지역마다 손님을 대접하는 문화도 다르다. 우즈베크의 수도인 타슈켄트는 현대화된 도시다. 우즈베크 국민이라고 해서 타슈켄트에 장기적으로 거주할 수 없다고 했다. 지방 사람들이 타슈켄트에 오면 자신들의 일을 마치자마자 고향으로 되돌아가야만 한다는 것이다. 거주지가 제한돼 있다는 얘기다.

이슬람은 오른손 문화다. 오른손으로 악수하고 음식을 먹는다. 왼손은 사용하지 않는다. 선물을 주거나 안내를 하는 등 좋은 일에는 반드시 오른 손을 쓴다. 용변을 보거나 신발을 닦을 때, 코를 풀 때 등 불결한 뜻이 담길 때는 왼손을 사용한다. 우즈베크 사람들은 인사를 할 때 악수를 먼저하고 난 다음 왼쪽 손을 가슴에 댄다. 오른손으로 악수를 하면서 '아살롬 알라이쿰(안녕하세요)'이라고 말한다. 사마르칸트에서 아침 산보를 하면서 동네를 지나가고 있었는데, 동네 어르신이 필자를 보고 인사말을 건네며 반갑게 악수를 청했다. 인간미와 따뜻함을 이른 아침에 느껴본 기분도 꽤나 좋았다. 우즈베크인은 현지인이든 이방인이든 가리지 않고 정을 마음껏 드러낸다.

우즈베크 사람들은 누구를 만나도 먼저 악수를 하면서 얼굴에는 밝은 미소를 짓는다. 한 손으로 악수하는 것은 사악한 마음이 없다는 뜻이고, 두 손으로 할 때는 서로의 정이 깊음을 표현할 때 쓴다고 했다. 친밀감이 느껴질 때는 처음에는 상대방의 왼쪽 어깨에, 다음 오른쪽 어깨로 두 번 포옹하면서 상대방에 대한 깊은 호의를 보여준다. 우즈베크인들이 자연스럽게 악수를 건네고, 포옹하는 모습을 보면서 낯선 사람을 만나면 그저 인상을 찌푸리고 얼굴을 마주하기를 피하는 우리나라와는 아주 대조적이라는 것을 느껴야 했다.

7. 논(빵)

우즈베크의 음식은 대체로 맛있다. 필자의 생각으로는 이방인들이 우즈베크 음식문화에 적응하는데는 그다지 어렵지 않다고 본다. 우즈베크 음식 가운데 빠지지 않는 논(리뾰슈카=진흙가마에서 구운 납작하고 넓은 빵)은 어느 때, 어느 곳에서도 쉽게 볼 수 있고 한번 맛보면 계속 찾고 싶어진다. 우즈베크 인들의 식탁에 빠지지 않는 주식 때문에 더욱 그러한 것 같다. '탄드라' 라는 벌집 모양의 큰 진흙가마에서 구어 낸다. 보통 원형모양으로 두꺼운 피자빵처럼 생겼다. 둘레가 두껍고, 가운데는 얇고 평평하다. 표면에 깨나 향신료를 뿌리기도 한다. 빵은 약간 질기고 쫄깃쫄깃하다. 타슈켄트나 사마르칸트, 부하라에서 판매하는 리뾰슈카 맛이 각각 다르다. 가을 날씨 때문인지 오랫동안 두어도 상하지 않는 것도 이상할 정도다. 우즈베크를 갈 기회가 있으면, 또 논을 가까이 할 것이라는 생각이 들 정도로 강한 끌림이 온다.

맛있는 빵. 사진제공=농촌진흥청

쌈사(솜사=우리나라의 고로케와 만두의 중간 형태 음식)는 얇은 밀가루 반죽에 기름을 골고루 묻혀 고기와 양파 다진 것을 넣고 세모나 둥글게 화덕에서 구운 빵이다. 쁠롭(당근, 양파, 고기와 함께 볶은 밥)은 우리나라의 볶음밥과 비슷하지만 기름을 많이 넣기 때문에 처음엔 다소 거부감을 느끼지만, 먹을수록 적응이 되는 음식 가운데 하나다. 이 음식은 손님이 찾아오거나 잔치나 생일 등 주요 행사 때 만드는 우즈베크 전통요리다. 고려인 가정에 방문했을 때도 아주 늦은 밤에 쁠롭을 맛보기도 했다.

슈르파(토마토, 완두콩, 당근을 넣은 고기스프), 라흐만(라그만=우즈베크에서는 짬뽕이라고 불린다. 국물을 만든 후 고춧가루로 양념을 하고 국수를 넣어 만든 요리), 추츠바라(다진 고기, 양파, 향신료를 넣은 만두), 딤라마(고기, 각종 채소, 마늘, 향신료 등을 항아리에 넣고 봉한 다음 몇 시간동안 약한 불에 익힌 요리), 샤쉴릭(향신료로 양념한 양고기와 쇠고기 등을 꼬치에 끼워 숯불에 구운 음식. 원래 카프카즈에서 유래한 음식으로 꼬치에 양·소·닭고기를 끼워 숯불에 구워먹는 음식으로 양파와 함께 많이 섭취), 차이(손님을 만나기 위해 식당이나 집에 방문하면 처음으로 나오는 차) 등이 있다. 기름진 음식을 먹은 후나 한 여름에도 뜨거운 차 한잔은 피곤한 몸과 마음을 시원하게 해준다. 특히 음식점에 가면 가장 먼저 차이를 따라준다. 차이를 따라 주는 것은 손님에 대한 환대의 표시라고 한다. 우즈베크 사람들은 녹차와 레몬 등을 아주 좋아하는 습성을 지니고 있다.

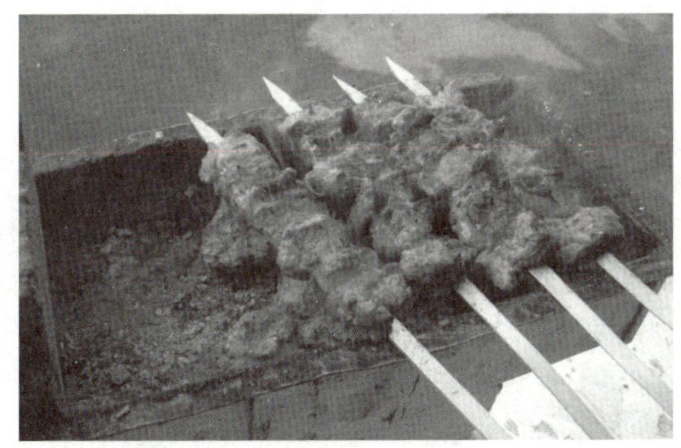

샤쉴릭. 사진제공=농촌진흥청

식사를 하기 전에 항상 손을 씻는 것을 잊지 않는 점도 현지에서 지켜야할 예의 가운데 하나다. 만약 모자를 쓰지 않거나 손을 씻지 않고 다른 사람이 식사하는 곳에 기웃거리면 곧바로 문 밖으로 쫓겨난다고 한다. 진짜인지는 확인하지 못했으나 청결에 그만큼 신경을 쓰는 민족임에는 틀림없다. 우즈베크인들은 또 양고기, 무 , 건포도 등을 섞어 만든 밥인 좌반도 좋아한다. 유목민의 습관을 따라 요구르트, 버터, 치즈를 잘 먹고, 과즙 또한 즐겨 마신다. 다만, 우즈베크 사람들은 전통적으로 이슬람교를 신봉하고 있어서 돼지고기를 잘 먹지 않는다. 밀로 만든 음식을 주식으로 하기 때문에 하루 세끼 논을 먹는 것은 필수다.

음식을 먹는 속도는 대체로 느리다. 유럽 대부분의 나라가 여유를 갖고 식사를 하듯 중앙아시아에 자리를 잡은 우즈베크도 마찬가지다. 빵, 차, 음식이 나오는 시간은 '느리게, 느리게', '만만디' 다. 식사를 하는 데는 보통 한 시간이 더 걸린다. 한국에서 빨리 달라고 소리치는 모습과는 사뭇 다르다. 한국의 경우 회사 구내식당이나 일반 음식점에서도 정도의 차이는 있지만, 5분이면 훌떡 먹어치우는 식습관과는 아주 대조적이다. 우즈베크에서는 또 식당 처마

식당 처마에 걸린 고기

에 물고기와 말고기, 양고기를 말려 판매하는 모습도 이색적이다. 육류와 생선이 풍족한 나라임을 쉽게 목격할 수 있는 곳이 바로 식당이다.

우즈베크에서의 한식은 어떨지 궁금했다. 타슈켄트에서 한국인이 운영하는 식당을 찾았다. 따따호텔 안의 '명가' 라는 한식당이다. 김치찌개를 주문했는데, 오랜만에 먹어본 때문인지 기대가 컸다. 기대한 대로 맛은 괜찮았으나 너무 매워서 먹기가 다소 곤란했다. 한식당에서 먹는 식사 시간은 우즈베크 현지식보다 역시 빨랐다. 식습관이 어떤 음식이냐에 따라서 달라지는 것이 이상할 정도다. 음식을 보면 한 나라의 모든 것을 볼 수 있다고 했던가. 우즈베크의 음식은 동서를 잇는 지형적인 특징과 다민족이 섞여 사는 모습처럼 어느 한쪽에 기울어 있지 않고 중간을 유지한다는 표현이 잘 어울린다.

8. 우아한 결혼식

우즈베크에 머문 둘째 날, 결혼식을 직접 볼 수 있는 기회가 있었다. 머물고 있는 호텔과 바로 옆의 호텔에서 결혼식을 하는 장면을 동시에 본 것이다. 순간 호기심이 발동돼 아주 유심히, 천천히 탐구한다는 작심을 하고 다가섰다. 한국에서도 호텔에서 결혼을 할 정도면 평범한 사람들은 엄두도 내지 못하듯 우즈베크에서도 마찬가지라고 한다. 우즈베크에서 본 결혼식 두 장면은 화려했다. 보통의 부자가 아니고서는 하기 어려운 결혼식일 것이라는 짐작이 들었다. 그야말로 '부자들의 우아한 결혼식' 장면을 본 것이다. 부자들의 결혼식답게 손님도 많고, 음식 또한 넉넉하게 준비돼 있었다. 여유와 넉넉함이 가득한 결혼식을 보는 것 또한 재미가 쏠쏠했다. 결혼식에 초대받은 손님들도 늦은 시각까지 함께 춤을 추며 축하하는 모습, 역시 인상 깊었다. 눈도장만 찍고 얼른 식사하고 결혼식장을 쏜살같이 빠져나가는 우리의 모습과는 너무나 대조적이다. '이웃이 기뻐할 때 함께 기뻐하는' 아름다운 모습을 고스란히 간직하고 있는 모습으로 해석하고 싶다.

결혼식장을 잠시 빠져나와 인근 호텔 앞으로 산책을 나섰는데, 마침 그 호텔에서도 결혼식이 열리고 있었다. 이 호텔에서는 앞전 호텔에서 보지 못했던 신혼부부가 서약 사인을 하고, 반지를 끼워주는 아주 이색적인 광경을 봤다. 한마디로 멋졌다. 축하객들로부터 따뜻한 축하 박수를 받는 모습도 행복함 그 자체로 비춰졌다. 역시, '세계 3대 미녀국가'가 아니랄까봐 이곳 신부도 눈이 부시도록 아름다웠다. 두 결혼 장면을 보면서 '유유상종'이라는 말이 순간 떠올랐다. 부자는 부자끼리 결혼을 하는가 보다. 순전히 필자의 개인적인 생각이지만, 그런 생각이 들었다.

다정한 신랑 신부

우즈베크는 산아제한이 없다고 한다. 다만, 학구열이 한국과 마찬가지로 아주 높아 교육비 부담이 커지면서 아이를 낳는 데 주저하는 분위기라고 했다. 농촌보다는 도시에서의 교육비 부담이 아주 커 도시의 출산율이 더 떨어진다고 했다. 반면 농촌에서는 5~6명 정도로 많이 낳아 농사일을 시키고 있다. 우리나라의 1960, 70년대처럼 농업이 강성한 때의 모습과 흡사하다. 환경에 지배를 받고 사는 인간의 모습은 지구촌 어디나 마찬가지다.

우즈베크에 머문 시간이 짧은데도 운이 좋게도 결혼식을 또 봤다. 현지에 머문 지 사흘째 되던 날이다. 마찬가지로 결혼식장에서 춤을 추며 피로연을 가지는 즐거운 모습은 '여유로움', '평안함' 그 자체다. 신랑과 신부가 상석에서 축하객을 내려다보면서 근엄한 모습으로 앉아 있는 모습은 마치 '임금님'처럼 보였다. 일가친척과 축하객들이 즐겁게 웃음꽃을 피우고 자유자재로 춤을 추면서 신랑과 신부를 아주 즐겁게 해주는 것 같았다. 두 사람이 만나 첫 출발을 하는 길에 많은 축하객들이 축복해주고, 함께 웃어주고, 춤을 추며, 모두 자기에게 행복한 날을 맞은 것처럼 함께하는 모습은 우리가 벤치마킹해야 할 정도로 멋지다. '슬플 때 울어주고, 즐거울 때 함께 기뻐하라' 는 성경구절이 생각난다.

우즈베크는 이른 아침에도 결혼식을 가진다고 한다. 아마 더위를 피해 새벽에 성대한 음식과 음악을 겸한 피로연을 여는 풍습인 것 같았다. 이방인이 우연히 결혼식장에 들어서면 구경도 하고 식사도 대접하는 풍습도 있다. 우즈베크 사람들은 친절은 물론 이방인에 대한 관대함이 놀라우리만큼 크다.

특히 결혼식 때 신혼부부가 서약을 하고, 키스를 하며 하객들에게 잘살겠다고 약속하는 모습은 우아함 그 자체다. 축제 그 자체로 보인 결혼식이 우리나라와는 사뭇 달라 한없이 부럽다는 생각도 해봤다. 거의 대부분의 하객은 자리를 뜨지 않고 끝까지 남아서 춤을 추고 담소를 나무며 신랑 신부의 앞날을 오랫동안 지켜보며 축복해 주고 있었다. 결혼식에서의 여유와 느림의 미학은 음식문화에서 보는 것과 또 다르다.

우즈베크에서는 결혼을 하게 되면 신부 측은 신랑에게 자동차를 선물로 주고, 신랑 측은 집을 마련한다고 한다. 신혼집에서 생활하는 생활도구는 모두 신부 부모들이 준비한다. 이는 주로 타슈켄트의 풍습인데, 최근에는 부하라에서도 이런 풍습이 전파되고 있다고 들었다. 결혼식 후에는 가장 가까운 친척에게 선물을 나누어 주는 모습도 우리나라와 크게 다르지 않다. 타슈켄트에서는 신부 측에서 쌈사(고기를 넣은 것), 빵(논), 옷 같은 것을 선물로 준다고 한다. 신부의 경우 시아버지는 물론 신랑의 삼촌, 고모, 이모에게도 좋은 선물을 준비하는 풍습이 있다고 했다. 결혼식을 마치고 일주일이 지나면 신부 측에서는 신랑과 신부를 초대한다. 보통은 3일 혹은 일주일 정도를 신부 집에서 머물 수 있게 한다. 또 신랑과 신부 측 삼촌도 초대를 하는데, 이는 친척으로 지내려면 서로 잘 알아야 하기 때문이라고 한다. 하지만, 결혼식과 피로연, 선물 등은 경제적으로 큰 부담을 안고 있다는 이야기도 현지인들로부터 살짝 전해들을 수 있었다. 이슬람 종교법상 무슬림 남자가 기독교 여성과 여타의 하늘의 계시를 받은 종교를 가진 여자와 결혼하는 것은 합법적이라고 한다. 그러나 무슬림 여성이 무슬림이 아닌 남성과 결혼을 하는 것은 합법이 아니라고 했다. 과거에는 무슬림 여자와 결혼하는 비 무슬림 남자들이 이슬람법상 강제조항인 이 조건을 만족시키기 위해 개종하는 경우도 있다고 했다. 이 부분에서는 남녀 성 차별이 느껴지는 대목이다. 그러나 지금은 무슬림 여성과 비 무슬림 남자가 결혼을 해도 무슬림으로 개종하지 않는 경우가 점점 빈번해지고 있다. 민법에 어긋나지 않는 경우라면 주위 환경에 따라 결혼도 이제는 사회적으로 용납하는 분위기로 바뀌고 있다. 이슬람에서도 상황에 따라 결혼에 대한 것들을 달리 적용하고 있다. 그리고 무슬림들은 라마단 기간에는 결혼을 하지 않는다. (우즈베키스탄에 가다-장훈태, pp118-119)

9. 우즈베키스탄의 속살 들여다보기

우즈베크 젊은이들은 대우자동차를 타고 삼성 텔레비전을 보고, LG에어컨을 틀고 사는 모습을 꿈처럼 그리고 있다고 했는데, 이러한 희망이 언제까지 이어질지가 관심거리다. 우리에게는 매우 중요한 메시지를 주기 때문이다. 여유가 있는 우즈베크 젊은이들이 이러한 문화를 갈구하며 변화의 선두에 서 있다는 것을 현지에서 잠깐이나마 느껴보면서 우리나라가 이들을 위한 다양한 마케팅 전략을 멈추지 않을 때 희망이 싹트리라는 생각이 짠하게 떠올랐다.

우즈베크가 영향을 받고 있는 러시아 문화는 줄기는 튼실하나 가지가 부실하다는 표현을 쓰고 있다. 하드웨어는 있으나 소프트웨어 문화가 부족하다는 뜻이다. 우즈베크는 기부문화가 뜻밖에도 앞서 있다는 사실에 놀라기도 했다. 여건이 나쁘면 빌린 돈을 갚지 않아도 된다고 한다. 잘 살아도 못살아도 모두 신의 뜻이라는 종교심 때문이리다. 아랍계 거부들은 특히 이자를 받지 않는다고 한다. 못 사는 자에 대한 배려에서다. 물론 이러한 기본적인 가치관은 세계 어느 종교에도 통하는 기본 원리이기는 하지만, 실천을 하는 것이 더 중요하다고 본다. 특이한 점은 이자가 높지 않는데도 은행에 예금을 많이 한다는 사실이다. 무슬림들은 적금을 해 두면 형제가 쓰는 돈이라는 생각을 할 정도로 배려심이 아주 강하다. 이자를 따지면서 돈을 맡기지 않는다는 뜻이다. 가난한 자에 대한 배려다. 형제애가 아주 강하다고 느껴지는 대목이다.

타슈겐트 거리에는 자동차가 많이 다니고 있지만, 교통 체증 현상은 좀처럼 보기 어렵다. 막힐 것 같으면서도 차가 시원하게 목적지를 향해 빠져나가는 모습이 신기할 정도다. 시내에서는 서민들의 주요 교통수단인 뜨람바이(일명 전차, 레일 위를 달리는 버스)가 여유롭게 운행되고 있었다. 호기심에 한번 타 보기로 했다. 우리 돈으로 300원이면 탑승이 가능하다. 정거장이 아니어도 손만 들면 타고 내릴 수 있다. 사람 중심의 교통시스템인 것 같다. 사람이 가장 우선시 되고 있다는 점에서 우리도 배울 필요가 있다는 생각이 치밀어 올랐다. 이 차는 앞, 중간, 뒤 어디를 타든 상관이 없다. 차장이 수시로 와서 요금을 받고 승하차를 자유롭게 하는 모습 또한 물이 흘러가는 대로 살아가는 우즈베크인들의 깊은 속살을 보는 느낌이다.

뜨람바이

우즈베크는 세계 3대 미녀국가라고는 하지만, 고기와 치즈 등을 많이 섭취한 때문인지 몰라도 나이가 든 여성은 대체로 뚱뚱하다. 뜨람바이 안에서 특히 뚱뚱한 아랍계 여성이 많이 눈에 들어왔다. 아마도 미모에 대해 젊을 때처럼 관리를 하지 않는 때문일 것이라는 생각이 스쳤다. 뜨람바이를 타고 거리에서 바라본 타슈켄트 역은 아주 깨끗했다. 철도가 꽤 발달한 곳이기 때문에 더욱 멋있는 건물로 보였다. 타슈켄트 공항보다도 철도역이 훨씬 더 깨끗하고 첨단 건물로 비춰졌다.

뜨람바이 안의 우즈베크인들

뜨람바이 안에서 시내를 눈으로 관광하는 재미도 쏠쏠하다. 전차를 타고 시간이 지날수록 이용객은 불어난다. 좌석이 모자랄 정도로 서 있는 사람도 시간이 갈수록 늘어난다. 학생이나 젊은이들은 어른들에게 자리를 양보하는 모습도 우리의 미풍양속과 쏙 빼닮았다. 경로효친 문화가 강하게 뿌리를 내리고 있었다. 사람마다 친절함이 몸에 가득 배어 있다는 느낌이다.

가로수 단풍이 조금씩 물들고 있는 우즈베크의 가을은 어쩌면 우리나라와도 그렇게 많이 닮았을까. 차창 너머로 본 가을 날씨는 풍성함으로 다가왔다.

차 안에서나 밖에서 인심이 느껴지고 예의 바르고, 손님을 잘 대접하는 모습 또한 우리나라와 비슷하다. 그래서 우즈베크는 '멀고도 가까운 나라' 라는 생각으로 결론내릴 수 있다.

거리에서나 차 안에서 휴대폰을 많이 사용하는 모습도 마찬가지다. 물론 삼성 휴대폰이 눈에 많이 띄었다. 우즈베크 젊은이들이 우리 제품을 많이 사용하고 있다고 느끼는 그 순간만큼은 자긍심이 최고조로 치솟았다. 국격을 높이는 것이 여러 가지가 있겠지만, 대기업이나 중소기업의 높은 기술이 현지에 전파되어 우리 것을 사용하도록 만드는 그 자체 또한 국력신장에 큰 힘이 되고, 우리에게 자긍심을 심어주고 있는 셈이다. 현지의 이런 모습을 보면서 요즘 우리가 흔히 말하는 '상생' 또는 '동반' 의 자세로 기업과 정부가 힘을 모아야 한다는 생각이 앞선다.

덜커덩, 덜커덩거리며 천천히 달리는 뜨람바이는 이방인의 눈에는 그저 신기하다. 차 안에서 바라본 현지인들은 많은 인종만큼이나 생김새가 다르고 행동하는 모습도 제각각이다. 흔들리는 차 안에서 차장이 중간 중간에 탄 손님 앞으로 다가와서 차비를 받는 모습은 과거 우리나라 버스 안내양을 연상케 했다. 이채로운 광경이다. 어쩌면 중간 중간에 탄 사람을 한 사람도 놓치지 않고 찾아와서 차비를 받을 수 있는지 그저 바라만 보아도 재미있다.

우즈베크에도 슬레이트 지붕이 많이 보였다. 지금 한국에서는 과거 새마을 운동 당시 지은 많은 농촌지역 슬레이트지붕이 '석면문제' 로 걱정이 쌓이는데, 이곳의 슬레이트지붕은 위험한 것인지 아닌지 알 수 없었다. 그럼에도 웬지 불안해 보이는 느낌은 숨길 수 없었다. 여행기분을 망칠까봐 이 문제만큼은 묻고 싶지 않고 그냥 지나쳤다. 이국땅에서 굳이 따지고 싶지 않아서다. 우

즈베크 거리를 달리는 버스는 그린과 흰색이 주를 이뤘고, 차의 상태도 비교
적 깨끗했다.

뜨람바이 차 안에서는 현지인과 눈으로 웃음을 주고받고, 사진도 자연스럽
게 찍는데 전혀 문제가 되지 않았다. 현지인들은 차 안에서 사진을 촬영하는
데 부끄러워하지 않고 기꺼이 응해주기도 했다. 이방인이 디지털 카메라로 찍
어준 사진을 현지인이 즉석에서 확인하며 웃고, 감사하는 모습에서 사람냄새
가 물씬 풍겨나고 있음을 가슴깊이 새기기도 했다. 생활 속에 배여 있는 현지
인의 다정하고 배려하는 모습을 보면서 여행의 색다른 즐거움도 느끼게 됐다.
이방인인 필자에게 사진을 찍어달라고 간청하는 사람은 젊은이, 늙은이, 중년
가리지 않았다. 이들의 요청이 있을 때마다 기자로서의 호기심도 들고, 기분
도 꽤 좋아 기꺼이 다가서기도 했다. 이런 순간의 접촉점을 통해 현지인과 교
감하는 시간을 많이 가진 것도 오래도록 기억에 남을 것 같다. 그저 평온해 보
이는 현지인을 보는 것만으로도 좀 과장되게 말하면 기분이 좋았다. 종교의
벽을 넘어, 민족의 그물을 넘어, 사상과 이념의 틀을 극복하며 행복을 잠시 느
낄 수 있었다는 이야기다.

거리나 공원 곳곳에서는 젊은이들이 애정을 서슴없이 드러내는 모습도 아
주 자연스럽다. 짧은 시간도 아니고 남이 보든 안 보든 오랫동안 껴안고 입을
맞추며 사랑을 속삭이는 청춘의 뜨거움은 아마도 신이 주신 가장 위대한 축복
이 아닐까 하는 생각이 들 정도로 아름답다. 거의 한 시간 동안 뜨람바이를 타
면서 보고, 느끼고, 차창 너머로 바라본 우즈베크의 속살은 느림, 평온, 정, 여
유, 자연스러움 그 자체다.

우리나라처럼 사람이 있든 없든 화려한 네온이 켜져 있지는 않지만, 일부에

서는 새벽 5시가 되도록 식당에서 먹고, 마시고, 춤추며 담배 피우는 모습은 젊은 그 자체일까. 이슬람문화권이라서 여성들의 자유가 아주 제약될 것 같은 선입관을 던져버리는 모습을 본 것 또한 편견을 지울 수 있는 좋은 기회였다. 우즈베크에서는 술을 마신 후 72시간 이내에 운전을 하면 음주운전으로 붙잡힌다. 한 번 걸리면 우리나라 돈으로 15만 원, 두 번이면 42만 원, 세 번이면 75만 원, 네 번이면 면허가 취소될 정도로 음주운전만큼은 철저히 단속하고 있다고 현지인에게 들었다. 한국도 이러한 좋은 풍토가 마련되면 억울하게 죽어가고 다치는 사람이 줄지 않을까 하는 생각이 앞선다.

우즈베크 현지에서 자주 목격한 장면은 경찰이 속도위반 차량을 많이 잡아내는 모습이다. 속도는 70km를 넘으면 안 된다고 했다. 속도위반 카메라는 보이지 않고, 손으로 측정하는 기계장치도 특별히 없어 보이는데, 또 빨리 달리지도 않은 것 같은데도 경찰이 위반차량을 많이 잡아내는 모습이 그저 신기했다. 한 번 잡히면 1만 숨의 벌금을 내야 한다고 한다. 그런데도 경찰 단속에 많은 차량이 걸려들고 있었다. 우리의 옛 모습 또한 이러지 않았을까 하는 생각이 순간적으로 스쳤다. 한 번 경찰에 적발되면 거의 한 달 월급이 통째로 날아갈 정도로 벌금이 무겁다. 우즈베크 경찰 옷의 색깔은 오이색이다. 그래서 우리가 과거에 '짭새 떴다'를 말하는 것과 마찬가지로 경찰이 보이면 우즈베크에서는 '오이 떴다'라고 자동차 운전자끼리 서로 신호를 보낸다고 한다. 아마도 아까운 벌금을 내지 않으려는 '윈-윈 전략'이라고 볼 수 있다. 우즈베크의 치안은 우리나라처럼 비교적 잘돼 있는 편에 속한다. 러시아의 침략을 받은 때문인지 선진 문화국이라는 인상도 든다. 우즈베크인들은 러시아에 대한 반감이 없고, 오히려 러시아 등 선진문화를 배우려는 욕구가 강한 편이다. 거리에 신호등이 있는데도 경찰이 수신호를 자주 하는 모습은 사람에 대한 배려 때문인 것 같다. 사람 중심의 사회를 만들어가고 있다는 인상이 짙다.

우즈베크인들은 주로 러시아어를 사용하지만, 언어가 어려워 썩 잘하지는 못한다고 한다. 반면 도시인들은 우즈베크어를 잘 모르고 러시아를 주로 사용하고 있었다. 다민족 국가의 약점이자 강점인 듯하다. 우즈베크에는 등록금이 거의 없는 것이 원칙이나 외국인에게는 소액의 수고료 지불을 요청한다. 입학 전 물품으로 기부를 받는 식이다. 학교에 따라 러시아어 또는 우즈베크어로 수업이 진행되고 있는데, 최근에는 우즈베크어로 수업하는 학교가 늘고 있다. 학생수는 전체 인구의 50.1%. 평균 취학기간은 11.4년이며, 문자 해독율은 99.1%다. 교육비용은 GDP의 7.9%에 달한다. 그만큼 교육열이 높다.

여성들은 고기를 많이 섭취한 때문에 몸에서 나오는 냄새를 없애기 위해 향수를 많이 사용한다. 대신 화장은 진하게 하지 않는 편이다. 순수하다고 해야 옳은 말이다. 또한 미녀국가답게 화장을 진하게 하지 않아도 미모를 얼마든지 과시할 수 있기 때문이라는 생각도 든다.

우즈베크의 아파트는 9층이나 5층 규모가 대부분을 차지한다. 단층 아파트의 엘리베이터는 구식이어서 선진 문화권에 살고 있는 사람들이 여행할 때는 다소 불편함을 느껴야 할 정도다. 우리나라처럼 오래된 아파트를 리모델링하거나 재건축하는 모습은 보이지 않았다. 아주 낡으면 재건축에 대한 이야기가 나오는 것 같았다.

젊은이들의 문화를 살펴보기 위해 패스트푸드점을 들렀다. 타슈켄트에 있는 엔젤수푸드점을 찾았다. 대학생이 많이 찾는 패스트푸드점이다. 이곳에서 젊은이들은 햄버거와 콜라를 마시면서 담배를 연신 피워대고 있었다. 여대생들이 유난히 담배를 많이 피우는 이유가 뭔지는 몰라도 나름대로의 스트레스를 많이 받은 때문이리라. 물론 서구 문물을 일찍이 접해서 술과 담배를 즐기는 것으로 해석된다. 우리나라의 롯데리아와 비슷한 이 패스트푸드점에는 젊은이들의 데이트 장소로도 많이 이용된다고 했다. 어떻든 젊은이들이 만나서 대화하고, 담배를 피우고, 신나게 이야기를 나누는 모습에서 역동적인 미래의 우즈베크 모습을 그려볼 수 있었다.

10. 영원으로 떠나는 여행

　죽음. 슬픔이자 새로운 삶으로 이어지는 다리라고 했던가. 그래서 죽음은 마냥 우울한 것만은 아닐 것이다. 그래서 우리나라 옛 장례문화는 슬픈 노래와 더불어 해학이 깃든 장례식을 치렀다. 종교적 관점에서도 역시 죽음은 슬픔 그 너머의 새로운 생에 대한 영원한 이어짐으로 바라본다. 나라마다 그래서 죽음에 대한 해석과 보내는 방법이 다르다. 이슬람에서는 사람이 죽을 때가 되면 죽음을 미리 준비한다고 한다. 죽기 전에 메카 순례를 한다든지 흰옷을 입는 것으로 죽음을 준비한다. 무슬림이라면 평생에 한번은 메카를 순례해야 한다. 건강이 허락되거나 경제적으로 갈 수 있는 사람은 반드시 다녀와야 한다는 것이다. 메카를 순례하는 무슬림들의 옷은 같다. 특이한 사실은 메카를 순례하면서 죽기를 소망하는 사람도 있다고 한다. 또 메카에서 죽어 고향으로 돌아오지 못하는 사람도 있다는 것이다. 무슬림들이 메카를 가는 이유는 그곳에 다녀오면 '새롭게 중생' 한 것을 느끼기 때문이라고 한다. 알고 지은 죄나 모르고 지은 죄라도 용서를 받았다는 느낌을 가지는 한편 새 사람이 되었다는 강한 자부심도 느낀다는 것이다. 사람이 죽으면 하얀 천으로 감고 그날 해가 지기 전에 매장한다. 화장은 하지 않는다. 무슬림들은 가족이 사망하고 장례를 치른 후 1년간 흰옷을 입고 다닌다. 또 사자를 매장한 후 40일간 손님을 맞이한다. 사람이 죽으면 3일 동안 음식도 만들지 않는 풍습이 있다. 무슬림들은 죽음에 대해서 '무덤은 영원으로 떠나는 여행의 첫 번째 단계' 로 생각한다. 그래서 사람이 죽으면 빨리 매장하는 것이 현지인들의 삶의 규칙이다.

우즈베크인들은 이슬람 신앙의 5기둥(신앙, 기도, 금식, 선행, 순례)도 철저히 지킨다. 선행은 누구나 실천해야 할 덕목으로 꼽힌다. 예를 들면 양이 40마리가 있다면 그 중에 한 마리는 가난한 사람에게 주어야 한다. 이것이 이슬람 신앙의 실천적 덕목이다. 부자로 살면서 선행을 많이 한 후 죽음을 맞이하는 것을 중요한 덕목으로 여길 정도다.

이러한 믿음과 철학이 바탕에 깔려서일까. 부와 명예에 대한 욕심 보다는 그저 매순간 행복한 시간을 만들어 가는데 더 의미를 두고 살아가는 분위기가 강하다는 것을 현지에 있을 동안 자주 느꼈다. 아마도 행복지수는 한국보다 훨씬 높다는 생각도 자연스럽게 떠오른다. 삶과 죽음에 대한 이치와 철학적 접근은 달라도 죽음은 슬픔이다. 그리고 새로운 여행을 떠나는 기쁨이다.

11. 한국의 시골인심일까

'자주 가던 길보다는 가지 않는 길' 이 왠지 끌림이 더 온다. 필자의 이런 마음은 국내에서든 외국에서든 마찬가지다. 유전인자가 그런 때문이리라. 호기심 또한 살아가면서 유익한 자양분 역할을 해주는 것임에 틀림없다. 우즈베크에서 생긴 일도 그렇다. 타슈켄트에서 그리 멀지 않는 곳에 살고 있는 세바라 학생(당시 25세, 한국명 영심이)과의 만남은 다문화가족 동행 취재에 필요한 통역 일로 인연을 맺었다. 그는 우즈베크 세계언어대학 영어과에 다니고 있다고 했다.

여행자의 마음이 그렇듯이 현지인들의 살아가는 모습이 궁금하다는 본색을 다시 드러낸 것이다. 통역이 끝나자마자 한마디 건넸다. "집에 가서 차 한 잔 같이 마셔도 될까요?". 이방인의 요청에 세바라는 어렵지 않게 응해 주었다. 물론 한국인 현지 가이드가 있어서 가능했는지도 모른다. 세바라는 한국명으로는 영심이다. 청주대 교환 학생으로 한국에서 2년간 머문 경험도 있다고 했다. 영심이라는 이름은 양부모로 모신 청주대 교수 집에서 홈스테이를 하면서 붙여진 이름이라고 자신을 소개했다. 아주 정감이 가는 이름이자 그의 성격, 외모 등과도 잘 어울렸다. 시골 처자와 다름없는 그의 인정과 태도가 더욱 그러했다.

우리나라와 크게 다르지 않는 24년 된 아파트에 살고 있는 세바라는 고종사촌 언니와 함께 살고 있었다. 24평 아파트 가격은 2만8,000달러라고 했다. 차 한 잔만 마시고 나올 생각으로 아침 9시 30분쯤(현지시간)에 방문했는데, 차와 커피, 빵, 과자를 하염없이 먹다보니 시간이 금방 지나갔다. 초등학교 4학년 딸 하나를 두고 이혼한 상태인 세바라의 언니 넬랴(2009년 31세)도 학교 수업을 마치고 집으로 막 돌아와서는 기분 좋게 우리를 맞이해 주었다. 금융 마케팅 학과 3학년에 다니고 있는 넬랴는 한국에 대한 동경심을 많이 보였다.

그는 한국에 꼭 한번 가고 싶다고도 했다. 물론 돈이 문제라는 것이다. 현지에서 일 년은 꼬박 벌어야만 한국행 왕복 비행기 티켓을 구할 정도니까 쉽지 않는 일이다.

세바라(왼쪽)와 넬랴

넬랴는 필자와 함께한 일행을 정성을 다해 맞아주었다. 마치 한국의 시골인심을 본 듯 했다. 어쩌면 시골인심보다도 더 나은지도 모를 정도로 아낌없이 손님을 대접했다. 누가 시켜서도 아닌 듯 했다. 그저 몸에 배인 습성이라는 것을 직감할 수 있었다. 예고도 없이 찾아가서 차를 한잔만 마시려고 했는데, 세바라와 넬랴는 멀리서 온 손님이라며 빵과 과자, 차를 연신 내 오더니 급기야 점심시간이 되어서는 만두국을 끓여 대접하는 사랑도 쏟았다. 이방인에 대한 경계심은 전혀 보이지 않았고, 두 여성은 기분이 아주 좋은 상태로 음식을 제공하며, 즐거운 이야기를 연신 만들어 냈다.

다행히 세바라는 한국말을 할 수 있어서 의미 전달이 금방 되었으나 넬랴는 러시아어밖에 하지 못해 세바라를 거쳐 대화를 하는 어려움도 있었다. 하지만, 짧은 시간에 많은 대화를 나누며 이국땅에서의 편안함을 잠시 느낀 것 만 해도 즐거웠다. 넬랴와 세바라는 과거 소련의 지배를 받을 때는 한국보다 더 잘 살았는데, 압축성장으로 선진국을 향하고 있는 한국과의 격차가 자꾸 벌어졌다며 우리에게 부럽다는 반응도 보였다. 마치 '먼저 된 자가 나중 되고, 나중 된 자가 먼저 된다' 는 말인 듯 했다. 그러나 앞으로 또 어떻게 될지는 아무도 모른다.

우즈베크는 집에 손님이 가득한 것을 축복으로 여긴다고 했다. 또 가난한 사람도 여행객들에게 음식과 생필품을 넉넉하게 제공하는 풍습도 있다는 것을 현지에서 자주 느꼈다. 손님이 오면 온 가족이 접대에 집중하고, 테이블이나 양탄자 위에다 음식을 가득 차려 내준다. 식사를 하면서 3시간 안팎의 담소를 나누는 여유와 정성도 쏟는다. 손님이 오면 이슬람식으로 기도하고, 주인은 차이(차)에 물을 붓고 따라내기를 두 번 한 후 차례로 차를 손님에게 정성을 다해 건넨다. 차를 다 마시기 전에 계속 상대방의 찻잔을 살펴보며 채워주곤 한다. 타인에, 이방인에 대한 접대문화가 아주 오래 전에 체득한 듯한 인상을 지울 수 없다. 어쩌면 처음 만남에 지극정성을 쏟는지 미안함을 느낄 정도로 친절한 모습에 그저 감동을 받았다.

우즈베크 거리에는 아주머니들이 유난히 많이 보였다. 빗자루를 들고 낙엽을 치우는 작업도 우리의 환경미화원들이 하는 모습과 비슷하다. 아름답고 우아한 건물에는 여러 명의 여성들이 달라붙어 닦고 또 닦아 내며 정성을 다해 건물을 관리하고 있었다. 청소를 해도 언제까지 끝내야 한다는 목표는 정해두지 않는 것 같았다. 한마디로 세월아 내월아 시간 가는 줄도 모른 채 여유, 또 여유를 부리면서 '어슬렁어슬렁' 거리는 모습이 그저 특이했다.

이슬람 여성들의 제한과 속박은 그다지 보이지 않았다. 러시아로부터 독립한 이후 전통 회교문화가 복원되고, 터키와 이란 등 외부 이슬람세계와의 교류확대로 인해 우즈베크는 지금 현대 중앙아 회교문화의 중심지로 부상하고 있는 모습이다. 우즈베크는 인근 나라와는 달리 느슨한 이슬람문화를 유지하며 자유도 만끽하는 분위기가 오히려 희망적으로 비춰지기도 했다.

우즈베크 민요와 전통춤(페르가나 춤과 호레즘 춤)이 국민들의 사랑을 받는 주요 가무라고 한다. 봄 축제, 튤립 축제 등을 기념하며, 명절에는 '차반'이라고 불리는 전통의상을 입고 노래와 춤을 즐긴다고 한다. 우즈베크인들은 손님의 술잔에 첨잔을 하는 것을 예의로 여긴다. '원샷'을 하는 것은 상대방과 술을 안 마신다는 의미로 결례가 된다고 했다. 이 또한 느림, 여유, 자유, 느긋함, 만만디의 문화 때문으로 보인다. 우리는 원수를 진듯 '원샷'을 외치며 다른 사람이 술로 기분이 좋든 망가지든 상관없이 대하는 이상한 문화와는 아주 대조적이다. 여성과의 인사는 가볍게 하고, 차도르를 쓴 여성과의 신체 접촉은 삼가되 악수는 괜찮다고 한다. 이 또한 우즈베크를 방문할 때 지켜야할 예의다.

우즈베크에서 만난 사람들은 이방인에 대해서 경계심은 갖고 있지 않는 듯했다. 처음 보는 사람에게도 기분 좋게 말을 건네려고 하고, 반가이 웃음을 지으며, 카메라를 들이대면 함께 촬영하기를 주저하지 않았다. 왜 그럴까. 130개가 넘는 다민족 국가로 이뤄진 때문일까, 아니면 억압을 오랫동안 받은 때문일까. 아마도 다민족 국가의 장점이 저절로 몸에 배인 데다 사람에 대한, 이방인에 대한 지극한 배려 때문이리다.

V

비단길 탐색

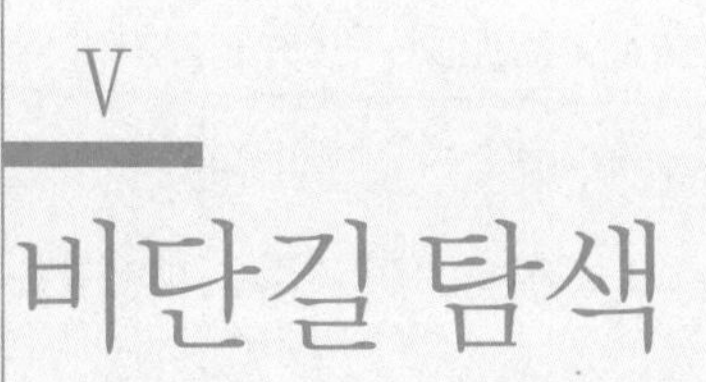

1. 돌의 도시, 타슈켄트

우즈베크의 수도 타슈켄트. 타슈켄트는 기원전 1~2세기경부터 오아시스 촌락의 형태로 발달했다. 4~5세기경에는 '샤흐'라는 이름을 가졌다. '돌의 도시'를 뜻하는 타슈켄트는 11세기에 처음 사용했고, 1865년에는 러시아에 합병됐다. 1930년에는 소련의 우즈베크 공화국 수도에 이어 1991년 12월 드디어 독립, 우즈베크 공화국의 수도가 됐다. 타슈켄트는 특히 1966년 7.8도의 강진을 비롯한 크고 작은 지진이 한 해 동안 700회나 발생해 3만6,000동의 건물이 붕괴되고, 7만5,000명의 이재민이 발생하는 큰 슬픔을 당한 아픔의 도시다. 지진 이후 소련 전역에서 거국적으로 복구지원에 나선 덕분에 2~3년 후의 타슈켄트는 현대적 도시로 탈바꿈, 웅장한 모습을 드러내며 실크로드 한복판에서 새로운 위용을 세계에 과시하고 있다.

타슈켄트는 기원전부터 '차치'라는 이름으로 실크로드 거점 도시로 성장했다. 중국과 인도에서 건너온 상인들은 투르크메니스탄의 메르프, 이란의 이스파한, 이라크의 바그다드, 터키의 이스탄불로 가기 위해 오아시스 도시, 타슈켄트를 반드시 경유해야만 했다. 반대로 유럽과 이란에서 건너온 다양한 문화와 문명은 중앙아시아의 작은 도시, 타슈켄트를 세계적으로 유명하게 만들었다. 실크로드 중개 도시라는 지정학적 이유로 예로부터 타슈켄트는 불교, 그리스도교, 조로아스터교 등 여러 종교와 다양한 인종이 모인 인류의 중심 도시였다. 중개 무역으로 막대한 부를 누렸던 이 도시는 7세기 이후 중동지역에서 급격하게 성장한 이슬람 세력 안에 들어갔다. 마치 알렉산드로스 대왕처럼 동방에 이슬람을 전파하려는 '이슬람 동정군'이 타슈켄트로 진격하자 그 당시 이곳에 영향력을 미쳤던 당나라와 이슬람이 대치하게 됐다. (매일경제, 2011. 7. 25일자)

유서 깊은 우즈베크의 수도 타슈켄트를 시작으로 떠나는 실크로드 여행은 신비로움 그 자체다. 떠나는 길 또한 어렵지 않다. 당시 우즈베크를 떠날 때만 해도 아시아나가 주 5회, 대한항공 주 3회, 우즈베크 에어라인 주 3회 왕복하는 비행기 편은 여행의 어려움을 덜어주는데 충분했다. 마음만 먹으면 비행기에 몸을 실을 수 있다는 것은 기분 좋은 여행의 첫걸음이다. 우즈베크로 가는 시간 또한 그렇게 지루하지 않다. 한국에서 우즈베크로 갈 때 소요되는 비행시간은 7시간 30분, 우즈베크에서 한국으로 들어올 때는 빠르면 6시간 40분이면 가능하다. 돌아올 때에는 제트 바람을 타고 오기에 시간이 단축돼 기분이 더 좋다.

2009년 10월 2일 인천공항에서 17시 30분 비행기를 타고 우즈베크에 내린 현지 시간은 밤 9시 10분(한국시간 3일 새벽 2시 45분). 우즈베크에 도착한 날은 추석(10월 3일)이었다. 민족 최대의 명절을 뒤로 하고 가보기 쉽지 않는

'미지의 나라'에서 문화와 역사를 더듬어보는 기회는 그저 감사한 마음으로 넘쳤다. 신비에 가까운 나라의 땅을 밟고 이곳저곳을 관찰하며 특이한 음식도 맛보는 기대감은 다른 것으로 비교할 수 없는 짜릿함을 더했다.

짧은 기간이지만 우즈베크에 머물고 있는 동안 사람, 집, 자연, 건물, 도로, 차…. 어느 것 하나 놓치지 않으려고 자세하게 들여다봤다. 순간순간을 기억에 깊이 처박아 두려고도 무척 애를 썼다. 여러 권의 취재노트를 기록한 것은 물론이다. 메모의 기술을 읽고 실천한 덕분이다. 메모보다 더 값진 의미전달 수단이 또 있을까. 메모의 힘은 어떻든 위대하다. 스트레스도 덜 받게 하는 것이 바로 메모의 파워다.

외국으로 여행할 때 늘 느끼는 일이지만, 가장 중요한 것은 잠. 잘 자고 잘 먹는 일은 여행에 있어서 최고의 즐거움이다. 행복은 잠과 음식에서 나온다는 말은 이국땅에서 더욱 빛을 발한다. 다소 입맛에 맞지 않아도 기분 좋게 먹는다면 행복감은 더 커진다. 그래야만 보고 듣고 느끼는 것도 많고 감성 또한 풍부해진다. "로마에 가면 로마의 법을 따르라"는 말처럼, 철저하게 현지에 적응하려고 노력할수록 여행, 탐사의 즐거움이 커지는 것이다.

우리나라와의 시차가 크게 나지 않는데도 습관의 차이는 극복하기가 쉽지 않는 일이다. 한국과의 시차는 4시간. 시차가 그리 크게 나지 않았음에도 첫날 아침에 일어난 시간은 새벽 3시. 한국시간으로 하면 아침 7시다. 평소 6시쯤 일어나는 습관 때문에 새벽에 저절로 일어난 것이다. 현지 시간에 맞춰 알람을 해 두었어도 생활습관은 쉽게 바뀌지 않았다. 습관은 정말로 무섭다. 그래서 좋은 습관을 들이도록 부단히 노력해야 할 것 같다.

우즈베크 사람들은 공휴일에는 아주 느긋하게 시간을 맞는다. 오전 9시가 되어야 움직일 정도로 여유로움이 몸에 저절로 배어 있다. 필자가 동행 취재를 한 박승진 씨의 처가에 방문 했을 때에도 너무 일찍(오전 9시) 찾아가서 오히려 미안할 정도였다. 우리나라 시간으로 따지면 늦은 시간이지만 현지 사정은 그렇지 않았고, 공휴일이라면 더더욱 이른 시간이다. 한국의 문화가 역동적이고, '빨리 빨리 문화'라는 이미지에 비춰볼 때에는 더욱 그랬다. 그렇다고 우리의 빨리 문화가 나쁜 것만은 아니라고 생각한다. 빨리 문화가 있었기에 부존자원이 없는 우리나라가 세계 경제 10대 대국이라는 기적 같은 일을 해낸 것이 아닐까. 이제 한강의 기적을 넘어 세계가 인정하는 IT강국, 다이내믹한 나라라는 긍정적인 이미지가 서서히 고착되고 있는 인상이다.

우즈베크 방문 셋째 날에도 새벽 4시에 일어났다. 시차 적응은 의지만큼 되지 않았다. 일찍 일어나봤자 낯선 나라에서 마땅히 할 일도 없는데, 저절로 눈이 떠지는 생리현상은 어쩔 수 없었다. 불면증으로 힘들어하는 사람의 심정을 이럴 때에 비로소 느껴보았다. 사랑받고 축복받은 사람은 잠도 잘 잔다는 말은 그래서 맞는 것 같다. 부득불 텔레비전 앞에서 한참 동안 서성이다가 다시 잠을 청해야 했다. 6시쯤 일어나서 호텔 주변의 공원, 호수, 도로를 거닐고 또 거닐며 이국 문화를 체험하는 것도 짜릿했다. 너무나 조용하고 깨끗한 공간을 방해 없이 마음껏 즐길 수 있는 기분은 행복 그 자체다. 잠을 자지 못한 데 대한 보상을 받은 셈이다. 이국땅에서의 조용한 아침은 한없는 기쁨으로 충일했다.

우즈베크에서 처음 묵은 호텔 바로 앞의 컨벤션센터는 바라볼수록 건물이 멋졌다. 타슈켄트의 새로운 명물이 될 웅장하면서도 멋으로 가득했다. 건물이 멋있어 카메라에 담으려고 애를 써 봤으나 경찰이 막는 바람에 찍지는 못했다. 나중에 각종 회의가 이곳에서 열리고, 공연 등으로 붐빌 때에도 사진을 촬영하지 못하도록 하는지는 알 수 없는 일이다. 여하튼 선이 굵은 나라답게 컨벤션센터만 보아도 우즈베크의 미래는 더욱 화려하고 밝을 것이라는 전망을 낳게 하고 있다. 뻗어가는 우즈베크의 미래를 상상케 하는 건물임에는 틀림없어 보였다.

우즈베크를 여행하면서 가이드로부터 재미있고 유서 깊은 이야기를 많이 접하고 배울 수 있어서 또한 즐거움이 컸다. 그는 우즈베크의 역사를 꿰뚫고 있었다. 러시아어도 배우고 있지만 너무 어려워서 적응이 잘 되지 않는다고 했다. 베트남과 케냐 등지에서 가이드를 하다가 일 년 전에 우즈베크에서 일하고 있다는 가이드로부터 영국, 홍콩, 태국, 프놈펜, 일본 등 왕이 있는 나라의 운전석은 오른쪽에 있다는 이야기에서부터 깊이 있는 역사지식에 이르기까지, 폭넓은 분야에 걸친 지식의 보따리를 풀어낼 때마다 놓치지 않으려고 취재노트에 빼곡히 적어둔 것을 펼치며 글을 써내려가는 기분 또한 묘하고 흥분으로 가득했다. 그리고 비단길의 주요 흔적을 더듬어볼수록 신비로 가득했다.

▶무스따낄릭 광장(독립광장)

무스따낄릭 광장의 옛 이름은 '레닌광장' 이다. 독립을 한 이후에는 지금의 '독립광장' 으로 바뀌었다. 독립광장 바로 옆의 대통령 집무실도 눈에 들어올 정도로 의미 있는 장소로 우즈베크인들은 기억하고 있었다. 그 주변에는 정부 종합청사가 있고, 맞은편에는 국회의사당이 있다. 독립광장에서는 매년 9월 1일이면 큰 행사가 열린다고 했다. 바로 타슈켄트 2200년 역사의 날을 기념하는 날이기 때문이다. 광장의 탑에는 지구본이 있고, 그 위에 레닌상이 있었다. 현재는 우즈베크의 지도로 바뀌었다. 또 전설속의 상징 새인 '후머' 도 있다.

후머가 후 하고 불면 가로, 세로 각각 1km가 불바다로 된다는 이야기 속의 새다. 광장 앞에는 1991개의 물줄기에서 뿜어내는 대형 분수가 장관을 이룬다. 분수의 수는 독립한 연도에 맞췄다.

독립광장에서 특히 눈에 확 들어오는 모습은 '어머니 상'. '비애 하는 어머니 상'은 아픈 역사가 고스란히 담겨 있다. 1941년 6월 23일, 제2차 세계대전의 아픈 역사를 떠올리는 상이기 때문이다. 독일의 레닌그라드 침범으로 발발한 전쟁에서 우즈베크는 당시 소련 연방국가로 참전했다. 이 전쟁에서 16만 명이나 되는 아까운 젊은이들이 전사하는 슬픔의 역사가 서려 있는 곳이다. 어머니 상은 아들이 전쟁터로 나가는 모습을 보고 그리워하는 이미지를 본 떠 만들었다.

비애하는 어머니 상 앞에서 필자

"아들이여 돌아오라, 어머니가 기다린다."

비애 하는 어머니 상에 적힌 이 한 문장은 보는 이로 하여금 눈시울을 붉히게 만드는 구절이다. 아들이 사지에서 기어코 살아오기를 절규하는 모습을 이

보다 더 함축적으로 담아낼 수 있을까. 그래서 1년 365일 어머니 상에는 불을 피워놓고 있다. 꺼지지 않는 불을 피워 놓고 아들을 기다리는 어머니의 간절한 심정을 담고 있다. 어머니 상 옆에는 16만 전사자들의 위패도 있다. 1941~1943년에 모두 죽은 자들의 이름이다. 위패는 출신 지역구를 따라 기록했다고 한다. 우즈베크 전통 양식으로 만든 위패를 보는 순간 그저 고개가 숙여진다. 전 세계 2,000만 명의 사상자 가운데 속한 젊은이들의 이름이 기록돼 있어서다. 전쟁의 참상은 인간의 이기적인 욕심이 사라지지 않는 한 끝나지 않을 것이다. 또 새로운 나라에서, 다른 지역에서 전사자의 이름은 남겨질 것이다. 이 끔찍한 일은 언제까지 이어져야 하나. 지구촌에 살고 있는 모든 사람들이 바라는 평화의 지대로 변하기를 간절히 소망도 해봤다. 가능한 일인지는 모르진만 전쟁은 사라져야 할 악이기 때문이다.

전쟁을 바라는 사람 또 누가 있겠는가마는 지금도 지구촌은 크고 작은 전쟁터다. 인간의 끝없는 탐욕 때문이리라. 전쟁을 생각하는 자, 전쟁을 바라는 자, 전쟁을 꿈꾸는 자, 전쟁을 일으키는 자, 끝없는 욕망으로 추락한 '더러운 양심' 들은 비애 하는 어머니 상을 보면서 뭔가를 깨달았으면 하는 생각도 순간 강하게 밀려왔다. 세계 지도자들이 꼭 어머니 상에서 깊이 명상하며, 지구촌에 평화지대를 열어 줬으면 하는 마음이 간절하다.

어머니 상 주변은 모두 대리석이다. 우즈베크는 대리석이 많아서인지 곳곳의 건물에는 대리석으로 넘쳐난다. 웅장하면서 부티가 나는 느낌이다. 위패와 위패를 안장한 건물의 나무는 당나라 문화를 본뜬 것 같다. 양식이 당나라 문화와 비슷하다. 과거에는 이 나라가 석국(돌의 나라)이었으나 당나라 지배를 한때 받으면서 나무로 바뀌었다고 한다.

위패

　우즈베크 수도 타슈켄트의 인구는 211만 명이다. 타슈켄트는 한적하고 아주 고요한 분위기다. 사람도 그다지 많아 보이지 않는다. 좀 과장된 표현을 하자면, 거리에 자주 눈에 띄는 사람은 공원과 도로에서 깨끗이 쓸고 치우는 청소부일 정도로 이상한 모습도 목격했다. 청소부들은 빗자루로 거리를 청소하는데 혼신의 힘을 쏟고 있었다. 그런데 속도는 아주 느렸다. 천천히 천천히, 빗자루를 좌우로 열심히 흔들고는 있는데, 진도는 그다지 빨리 나가지 않아 보였다. 여유가 가득한 때문인지, 천성이 그런지는 몰라도 청소하는 사람들을 보면서도 느림의 미학을 엿볼 수 있었다.

　해발 480m의 높이에 위치한 타슈켄트는 어디를 가도 깨끗하다. 거리에는 담배꽁초나 비닐 등이 보이질 않을 정도다. 청소 하나만큼은 아마도 세계 최고의 수준을 자랑해도 손색이 없을 것 같았다. 거리가 이렇게 깨끗한 도시가 세계 어디에 있을 까 하는 생각이 들 정도로 이방인의 마음을 기쁘게 해준다. 누가 보든 보지 않든 담배꽁초를 거리에서나 운전 중에 마구 버리는 한국의 거리 문화와는 너무나 대조적이다. 한국 땅에서 담배꽁초를 마구 버리는 흉한

모습을 보지 않는 날이 속히 오기를 간절히 기도해본다. 너무 심하기 때문에
이런 생각을 하게 된다.

'1966년 4월 26일 새벽 5시 23분 49초. 강도 7.8.'

우즈베크 수도 타슈켄트에서 일어난 지진 사건의 기록이다. 지진이 발생한
첫 지점을 둘러보았다. 돌이 깨진 모습을 상징하는 탑이 웅장하게 세워져 있
다. 강인한 남자가 여자를 막고 있는 조각상이 특히 눈에 확 들어온다. 그 조각
상 재료는 모두 구리다. 아마도 구리 생산량이 세계 7위권이기 때문에 아낌없
이 구리로 멋진 장식을 한 것 같다.

남자가 여자를 보호하는 구리 동상은 유목민, 투르크 전사의 후예답게 아주
강인한 힘을 상징하는 이미지를 풍겼다. 엄청난 규모의 크기로 만든 탑은 우
즈베크 미래의 위용을 보는 느낌이 들었다. 이 지진으로 타슈켄트 건물의
60%나 파괴됐다고 한다. 예나 지금이나 지진의 위력은 과히 짐작하기 어렵
다. 당시 소련은 공산당 브르지네프 서기장 시절이다. 우즈베크 형제들이 지
진으로 큰 상처를 입은 셈이다. 지진 당시 수만 명이 희생을 당했다고 한다. 지
진의 위력은 공포 그 자체나 다름없다.

지진이 일어난 후 각 공화국에서 차출된 3만 명의 기술자와 20만 명의 노동
자가 동원돼 신도시를 다시 세운 곳이 지금의 타슈켄트다. 우즈베크 주변 공
화국은 저마다 건축양식이 다르다. 타슈켄트 건설과정에서 구소련으로부터
독립한 아제르바이잔공화국, 그루지야, 투르크메니아 등 각 나라의 건축 양식
이 총망라된 도시를 만들었다. 3년이라는 짧은 시간에 타슈켄트를 완전히 변

신시킨 것이다.

지진으로 인해 다시 지은 건물이기 때문에 타슈켄트는 어디를 가나 깨끗하고 세련된 도시의 모습을 드러냈다. 희망으로 가득하다는 표현이 잘 어울린다. 또 도시 중심을 흐르는 물도 아주 맑다. 깨끗하다 못해 시퍼렇다는 표현이 어울린다. 타슈켄트 중심가를 벗어나면 역시 우리나라의 1960~1970년대 모습처럼 슬레이트지붕이 보인다. 도시와 시골의 차이는 이 나라도 마찬가지다.

타슈켄트는 지진의 아픔을 겪은 다음부터는 모든 건물에 내진설계를 한다고 했다. 지진 강도 8.0에도 견딜 수 있는 건물을 짓는다는 계획이다. 우즈베크는 태풍 등 자연재해는 거의 없으나 지진은 항상 위협을 주고 있어 다소 불안감이 있다는 것이 현지인들의 솔직한 심정이라고 했다. 최근 가끔 생기는 미진에도 과거의 아픈 경험이 떠올라 두려움을 느낀다고도 했다. 2006년에는 한국의 한 국회의원이 묶고 있는 인터콘티넨탈에서도 지진이 느낄 정도였다고 전해 들으면서 자연의 위력 앞에는 지구촌 어떤 민족도 안심할 수 없는 공통적인 숙제를 안고 있다는 생각이 들었다.

지난 2006년 기준 우즈베크 인구는 2,620만 명(GDP 132억 달러, 1인당 GDP는 496달러, 화폐단위는 숨)이다. 이 중 수도 타슈켄트에는 211만 명이 살고 있다. 이어 사마르칸트(39만 명), 부하라(23만 명), 페르가나(20만 명) 순으로 인구가 많다.

대통령 중심제 나라인 우즈베크를 둘러보면서 흥미를 돋우는 코스 가운데 하나가 침간산(정상 3,309m)으로 가는 길. 침간산으로 가는 도중에 보이는 톈산산맥(天山山脈)은 해발 3,000~4,000m 산들로 즐비하다. 침간산은 장엄한 산세에다 만년설이 일품이다. 평지와는 전혀 다른 모습을 느낄 수 있어

다른 나라에 와 있는 듯한 착각이 들 정도다. 산등성이마다 쌓인 눈을 여름에 본다면 더욱 시원한 여행이 될 것 같은 기분이다. 서늘한 땅에서 멀리 내다보이는 깊이 쌓인 눈을 보노라면 시간이 잠시 멈춘 것 같은 착각에 사로잡힌다.

침간산을 향해 오르는 도로 옆의 낮은 산은 나무가 거의 없다. 약간의 풀만 보일 뿐이다. 그런데도 말과 양 등 가축들은 먹이를 하염없이 뜯어먹는 것을 보면 그저 신기하다. 염소들이 풀을 정신없이 뜯어먹는 장면도 곳곳에서 보였다.

산으로 올라가는 길은 한마디로 장관이다. 스키를 즐기려는 사람들이 많아지면서 곳곳에는 별장도 많이 눈에 들어왔다. 겨울 스키어들이 별장을 주로 이용한다고 한다. 겨울에 내린 눈이 일 년 내내 있을 정도로 스키어들이 찬사를 보낼 것 같다. 이곳에는 헬로 스키(헬리콥터를 타고 스키를 즐기는 것)를 즐기기가 아주 적격이라고 한다. 1~2월 겨울철에는 우기여서 비와 눈이 많이 온다. 이 산에서 내려가는 맑은 물이 타슈켄트 시내로 이어지고, 그곳에서도 맑은 물이 하염없이 졸졸 흐르게 하는 원천을 비로소 알 듯하다. 바로 만년설의 힘이다. 산마다 만년설이 끝없이 이어져 마치 병풍을 펼친듯하다. 산의 날씨는 평지와는 확연히 다르다. 만년설 앞의 산들은 대부분 민둥산이다. 나지막하고, 숲과 나무는 거의 볼 수 없는 '외로운 산'이다. 산으로 오르는 계곡 사이로 흐르는 물도 아주 깨끗하다. 눈이 부시도록 맑다. 너무 맑은 나머지 물 한 모금 마시고 싶은 욕구가 생길 정도로 수정 같다. 시원스럽게 흐르는 맑은 물을 보기만 했는데도 기분이 상쾌했다.

침간산으로 오르는 길은 꼬불꼬불하고, 너무나 조용하다. 눈앞에 보이는 만년설 때문인지 위풍당당한 장면이 끝없이 연출된다. 산으로 올라가는 곳에 위치한 차르박 댐(일명 지루박) 호수는 눈 녹은 물이 모인 곳이기 때문인지 수

정보다 더 맑고 깨끗한 것 같다. 중앙아시아 국가들에 쉼 없이 눈 녹은 물을 보내줘 '젖줄' 역할을 하고 있는 톈산산맥(중국 신장웨이우얼 자치구~키르키즈, 해발고도 3,600~4,000m, 최고봉 성리봉은 7,439m)은 아주 멀리서 보아도 위엄이 있다. 타슈켄트가 480m인 점을 고려할 때 산맥을 잇는 산들의 평균 높이는 엄청나게 높다.

호수에서는 여름에 해상 스키를 즐기며 수영하는 사람이 많다고 한다. 눈앞에 쌓인 만년설을 바라보며 맑은 물살을 타고 다닌다는 상상만 해도 시원하고

침간산으로 오르는 길 옆의 호수

즐거움이 가득할 것 같다. 언젠가 다시 찾아가 해상 스키를 타고 만년설을 가슴으로 마음껏 접촉한다면 얼마나 행복할까 하는 생각만 해도 즐겁다. 멋진 호수를 바라보며 호텔에서 식사를 하는 기분도 아주 좋았다. 토마토, 오이, 채소 등이 올라온 식탁에 빠지지 않는 빵 맛 역시 일품이다. 러시아 7번 맥주(바티가, 세계 40개국에 수출)는 우즈베키스탄 맥주와는 또 다른 맛이다. 술을 좋아하지 않은 필자지만, 한 숨만 들이켜도 느낌이 온다. 아마도 과거 일 년간 전통주를 취재한 노하우 덕분이다. 호수를 바라보며 양고기와 이탈리아 스테이크를 맛본 기분은 멋진 경치만큼이나 달콤하고 향긋했다.

산으로 오르는 길은 평지와는 다르게 쌀쌀했다. 대신 오르는 길은 정겨움을 가득 던져준다. 산의 봉우리를 감싸는 뭉게구름이 산 둘레를 가득 메운 모습을 보는 것도 기분을 좋게 했다. 산으로 오르는 길에 구경거리가 생겨 발길을 잠시 멈췄다. 말로 경주하는 놀이를 보기 위해서다. 일주일에 한 번씩 경기를 한다고 했다. 보통 5~6개월간 하는 놀이다. 말 한 필에는 우리 돈으로 300만 원. 10월부터 이듬해 3월까지 겨울에 눈이 올 때 내기를 하는 이 게임은 무척이나 재미가 있어 보였다. 우즈베크, 타지크, 키르키즈 등의 출신이 뒤섞여 게임을 하는 모습이 이채롭다. 필자가 간 때는 겨울철에 시작하는 본 게임에 앞서 연습하는 시즌이었다. 양의 머리를 베고 내장을 빼낸 후 5~6kg 된 양을 먼저 들어 올리는 자가 이기는 게임이다. 말을 타고 땅에 있는 양을 주어 올리는 방식이다. 이곳 주민들은 본 게임에 앞서 연습을 할 때에도 아주 진지하게 참여 했다. 설원을 배경으로 하는 이 말 게임을 본다면 이방인들도 눈을 뗄 수 없는 멋진 광경이 될 것만 같았다. 침간산 8부 능선쯤에서 펼쳐지는 말 게임이 너무 신비롭고 호기심도 생겨 말을 타고 싶은 충동을 결국 제어하지 못했다.

이런 마음을 알았을까. 인심 좋은 현지인들은 말을 타볼 것을 적극 권해 주어 말에 올랐다. 물론 약간의 돈을 주기도 했지만, 현지인들의 인심은 우리의 시골인심과도 너무나 흡사함을 또 느끼는 순간이었다. 말에 처음 올라본 때문인지 두려움도 있었지만, 말이 어찌나 훈련이 잘 되었든지 겁을 털어낼 수 있었다. 말을 처음 타보는 자도 오른쪽 끈을 당기면 우측으로, 왼쪽 끈을 당기면 좌측으로, 당기면 멈추니 말에 올라탄 이후로는 겁낼 필요가 없었다. 말이 주인의 행동에 아주 잘 반응하는 것이 신기했다.

산 중턱에서는 말을 모는 꼬마를 비롯한 청년, 장년에 이르기까지 특유의 모자에다 누더기처럼 보인 옷을 입고 걱정 없이 살아가는 모습이 정겨워 보였다. 현지인들의 의상과 인상을 오랫동안 지켜보면서 이들은 모두 말을 타기에 타고난 재주가 있다는 느낌이 들었다. 이방인에게 친근하게 다가와 말을 타볼 것을 권유하는 모습도 상대방에 대한 배려 때문인 것 같다. 우리 일행 두 명이 8,000원을 내고 재미와 스릴 넘치게 타본 승마 경험은 기억에 오랫동안 남을 것 같다.

시골의 많은 젊은이들이 일을 하는지 안하는지는 몰라도 평일인데도 산 중턱에 모여서 말을 타고 즐기는 모습은 여유로움 때문일까. 농촌지역이기에 가능한지도 모른다. 본 게임에 앞서 워밍업을 하는 데도 진지한 모습이 더욱 끌렸다. 젊은이들이 즐겁게 시간을 보내는 모습을 보면서 우리나라 1970년대의 농촌 모습과 흡사했다. 젊은 동네 청년들로 보이는 이들은 아주 여유가 있고, 낭만적인 모습으로 말을 훌륭하게 몰면서 게임을 즐겼다. 어린아이들도 청년들과 함께 말타는 모습을 지켜보며, 또 타면서 흥겨운 시간을 보내고 있었다. 우리나라 농촌에서도 겨울에 벼 수확을 끝낸 다음 큰 아이, 작은 아이 가리지 않고 편을 갈라 논에서 축구를 하는 정겨운 모습이 순간 떠올랐다. 평화, 순박, 고요, 그 너머의 정으로 가득한 우즈베크인들을 만날 때 마다 좋은 기분만 쌓여갔다. 시골 논바닥에서 돼지 오줌보로 축구를 하며 즐겁게 보냈던 추억이 아련히 떠오르기도 했다.

침간산 아래에서 과일을 판매하는 모습

산 주변에서는 노새, 양, 염소가 풀을 정신없이 뜯고 있었다. 산 중턱 사이 사이에는 집과 별장도 많이 보였다. 또 많은 집들이 허물어져 있어 장사가 잘 되지 않는 것 같은 인상도 받았다. 도로엔 아가씨와 아주머니들이 사과와 호두를 판매하며 이방인에게 사줄 것을 안타깝게 손짓하는 모습도 여행지에서 흔히 보는 모습과 크게 다르지 않는 풍경이다.

산에 깊이 오를수록 평지와는 날씨가 전혀 달랐다. 구름이 가득하고 눈도 더 환하게 들어왔다. 산 곳곳에 스키장을 만들어도 손색이 없을 정도로 자연 조건은 '원더풀'이다. 평지는 다소 더운 날씨인데, 정상에 오를수록 차갑다. 해발 1530m지점에 있는 리프트를 타기 위해 오르고 또 올랐으나 꿈은 이루지 못했다. 바람이 너무 심하게 불어서 위험하다며 탑승을 금지한 때문이다. 리프트를 타고 산에 오르기 위해 먼 길을 달려온 기대감이 무너지는 아쉬움은 내내 남았다. 리프트로 3km(1시간 소요)를 타고 가면 산 중턱에는 호텔이 있다고 했다. 멋진 광경을 보지 못하고 산 중턱에서 한기만 잔뜩 느끼고 발길을 돌려야 하는 아쉬움은 여태껏 남는다. 다음 기회에 꼭 한번 찾아야겠다는 생각도 들 정도로 운치가 넘쳐 보였다.

김병화 농장에서 약 3시간 넘게 달려 도착한 침간산을 오르는 길은 이래서 막을 내렸다. 내려오는 길에 아무리 둘러보아도 산에 나무가 안보였다. 풀만 듬성듬성 있었다. 평지에 40도 열기가 품을 때도 이곳은 춥다. 산 아래와 위의 차이가 이렇게 큼은 자연의 오묘한 질서가 아니고서는 해석이 불가능하다. 산 주변에는 뽕나무와 호두나무가 많다. 호두나무로 만든 조각품도 다양하다. 실크 역시 많다. 그래서 실크로드의 중심지가 아닐까. 물론 카페트 문화도 아주 잘 발달돼 있는 곳이 우즈베크다.

알리세르 나보이(1441~1501)는 우즈베크 문학의 창시자이자 정치가이다. 1472년 '호라산' 왕국의 장관으로 학교·병원 등을 지어 서민들을 도와준 인물이기도 하다. 문학가·예술인 등을 지원하여 문화 창달에 기여한 대표적 인물로 알려져 있다. 다섯 개의 시편('칸사·khamsa'라 부름)이 최대 걸작으로 전해진다. 우즈베크 국민들은 알리세르 나보이를 우즈베크의 문화함양은 물론 민족정체성을 고양시킨 위대한 인물로 존경하고 있다. 우즈베크의 거리·학교·도서관 등 많은 시설물에도 '알리세르 나보이'라는 이름이 붙어 있다.

유명하다고 알려진 알리세르 나보이 오페라 발레 극장에서 쇼를 관람하는 기회를 가졌다. 타슈켄트를 여행할 경우 한번쯤은 이곳에 들러 오페라나 발레를 보는 쏠쏠한 재미를 느껴야 진짜 여행하는 즐거움을 맛본다고 현지인들은 자랑했다. 중앙아시아의 볼쇼이 극장이라고도 불리는 나보이극장은 특히 내부의 장식이 아주 훌륭하다. 극장 6개의 로비는 타슈켄트, 사마르칸트, 부하라, 페르가나, 테르메스, 호라즘 도시들의 각 특징을 주제로 만들었다.

레닌의 묘지를 설계한 구소련의 건축가가 지은 나보이극장은 다 짓고 난 다음 스탈린으로부터 훈장을 받은 것으로 잘 알려져 있다. 이 건물은 세계 2차 대전 말기 일본군 포로를 징용해서 만든 건물이라고 한다. 사할린에서 잡아온 3,000명의 포로들이 지은 건물이라는 이야기다. 1966년 타슈켄트 대지진 때에도 무너지지 않을 정도로 견고하고 이름 난 건물로 정평이 나 있다. 일본인들이 그만큼 건물을 잘 지었다는 것이다. 우리나라에도 오래되고 견고한 건물이 일제 때 지은 것으로 소문난 것과 비슷하다. 일본 사람들은 건물이든 자동차든 뭐든 견고하고 튼튼하게 만드는 장인 정신이 뛰어난가 보다. 일본인들이 지어서 그런지 당연히 일본인 관광객들이 찾는 1순위가 바로 나보이극장이라고 한다. 고이즈미 준이치로 전 일본총리도 이곳을 방문했다. 333명의 객석을 보유한 나보이극장은 구소련 전통발레와 오페라를 공연한다. 수준 높은 문학성과 예술성을 보인 작품을 소개하는 극장이다. 러시아의 발레와 오페라 공연 수준과 거의 동일하다는 평가를 받고 있다. 특석은 15달러인데, 상류층만이 특석을 이용할 수 있는 경제적 여건이 된다.

현지에서 관람한 내용은 〈하차뚜리안의 취뻘리스〉. 백성을 괴롭힌 왕이 다른 나라로 추방되는 내용을 담고 있다. 또 무너진 집을 다시 짓고 거지도 가난한자도 함께 즐겁게 살자는 의미를 담은 내용이다. 배우들이 부르는 노래와 발레 동작은 일품이다. 1시간 50분 정도 소요되는 발레를 보면서 역시 수준이 높음을 실감했다. 관객들이 아주 조용하고 깊이 있게 배우들의 동작 하나 하나를 유심히 들여다보고 있는 모습 또한 인상 깊었다. 또 중간 중간에 박수로 화답하는 모습에서도 예술성이 풍부한 국민이라는 생각이 들었다.

나보이극장 앞에 줄기차게 솟구친 분수대 역시 장관이다. 호텔이나 주요 건물 앞에 어김없이 서 있는 분수대는 한마디로 시원하고 힘차게 뻗어가는 우즈베크의 미래를 보여줬다. 이국땅에서 잠시 음미해본 발레 관람과 분수대의 힘찬 정진을 동시에 보면서 희망의 땅, 그 중심에 실크로도의 역사가 깊이 깔려 있음이 아주 선명하게 드러났다.

▶우즈베크 지하철

우즈베크는 지하철 노선이 3개 있다. 우리나라와는 달리 전철도 기차처럼 소음이 아주 심했다. 전철 안의 폭은 우리나라의 지하철보다 훨씬 좁다. 지하지하철 안에서도 다민족이 살고 있는 모습 역시 쉽게 확인된다. 다양한 사람들이 객석을 채우고 있어서다. 130개 이상의 민족이 살고 있다는 모습은 어디를 가든 어렵지 않게 볼 수 있다. 마치 인종 전시장의 모습을 보는 기분이다. 전철 안에서는 자리가 비어도 앉지 않고 서서 가는 사람들이 많이 눈에 들어왔다. 지하철에서 내리는 곳은 전통양식 문양으로 가득하다. 우즈베크 지하철은 1968년 첫 노선을 만든 이후 1975년, 1980년에 잇따라 개통했다. 통로나 바닥, 벽은 대리석이다. 아주 훌륭하고 멋진 건축물로 생각되었다. 다만, 지하철 차량만은 그다지 새것은 아니었다. 오래된 차량 때문인지는 잘 모르지만 기름 냄새도 많이 났다. 심한 소음과 진동, 기름 냄새, 어두컴컴한 조명 등은 지금보다는 과거의 영화가 깃든 역사의 흔적을 보는 듯 했다. 부율이락유일 역에서 출발해 아무르티무르 역에서 갈아타고 밍오릭 역에서 내리는 것으로 지하철의 맛보기는 끝났다. 이 지하철은 전쟁에 대비해 대피장소로 활용하기 위해 러시아에서 건설했다고 한다. 지금도 우즈베크에는 러시아의 흔적이 깊이 배어 있다.

타슈켄트에는 또 티무르 탄생 660주년을 기념하여 유네스코 지원으로 1996년 9월에 개관한 아미르 티무르 박물관이 볼만하다. 타슈켄트 중심부에 위치한 이 박물관은 아름다운 외관과 내부시설을 자랑한다. 1층에는 7세기 칼리프 오스만 자이트의 개인비서에 의해 쓰여진 코란이 전시돼 있다. 2층에는 13~14세

기의 동전, 15세기 히바의 조각된 나무기둥, 19세기 부하라 통치자의 금관복,
갑옷, 울루그벡 천문대 모형, 비비하늄 모스크의 모형 등이 전시돼 있다.

2. 진주의 도시 사마르칸트

　진주의 도시 사마르칸트. 사마르칸트는 '푸른도시'라고 불리기도 한다.
2750년이나 된 오아시스 고도로, 14세기 말 15세기 중엽에 번성했던 티무르
제국의 수도이다. 사마르칸트는 인구 60만 명이 거주하는 우즈베크 제2의 도
시로서 타슈켄트로부터 약 300km 떨어져 있다. 평균 고도는 해발 725m.

　2750년 전 현재 사마르칸트의 구시가지인 아프로시압 언덕 부근에 소그드
문명(청동기문화)이 발생, '소그디아나'라는 지명의 도시국가가 건설됐다.
기원전 6세기경부터는 페르시아아인들의 유입이 시작, 페르시아 문화가 융성
한 곳이 바로 사마르칸트다. 기원전 329년 알렉산더 대왕의 소그디아나 침공
으로 페르시아 문화와 그리스 문화가 융합, 헬레니즘 문화가 융성한 곳이기도
하다. 당시 사마르칸트는 '마라칸다'로 불려졌다. 알렉산더 대왕이 죽은 후
소그디아나는 헬레니즘의 다른 제국 '셀레브기드'의 일부로 편입됐고, 기원전
250년에는 제국의 소멸과 함께 그리크-박트리안에 편입됐다. 기원전 2세기
에는 유목민들에 의해 제국이 붕괴되고, 1세기 후부터는 유목민들이 세운 쿠
샨 왕조의 지배 하에 들어갔다. 사마르칸트는 6세기에 이르러서야 나라가 비
교적 안정되고 예술과 미술이 크게 발전했다.

　8세기에 아랍의 침략으로 사라센 제국에 병합되면서 소그드인들은 역사에

서 자취를 감추게 되고, 유라시아 대륙에서는 사라센 문화가 꽃을 피웠다. 9~10세기 아랍세력의 쇠퇴로 자연히 사마르칸트가 소생해 12세기까지 크게 번영했다. 이 시기를 '동방의 르네상스' 라고 부른다. 1220년 징기즈칸의 내습으로 도시와 성이 철저히 파괴되고, 몽고 제국에 병합되는 아픔의 역사도 겪었다. 14세기에 이르러서는 현지 귀족 대표인 '아미르 티무르' 의 등장으로 중국, 인도, 파키스탄, 이란, 이스탄불에 이르는 티무르 제국을 건설하고, 사마르칸트는 제국의 수도가 된다. 이때를 '두 번째 동방의 르네상스' 라고 부른다.

아미르 티무르의 '티무르 제국' 건설, 그의 손자 울루그벡의 문화·교육 발달 정책에 힘입어 사마르칸트는 실크로드의 문화·교육의 중심지로서 주요한 위치를 차지하게 된다. 이후 제국의 몰락과 우즈베크 유목민에게 정복당함에 따라 유목민들의 세력인 히바 한국(아무다리야강(江) 하류 지역의 하바시(市)를 중심으로 한 우즈베크족의 국가(1512~1920), 부하라 한국(부하라, 사마르칸트 지역), 코칸드 한국(타슈켄트, 페르가나 지역)의 일부가 되고, 1868년에는 러시아의 침략을 받았다.

사마르칸트는 1917년 소연방에 가입한 데 이어 1924년에는 우즈베크사회주의 공화국이 탄생한다. 1924년부터 1930년까지 우즈베크사회주의공화국의 수도가 사마르칸트다. 1994년 세계관광기구는 사마르칸트를 '실크로드의 심장'이라고 발표한 바 있다. 또 이곳은 '동방의 로마', '동방 회교 세계의 진주'라고도 불렀다. 2001년에는 유네스코세계문화유산으로 등록되었으며, 2007년은 사마르칸트 2750주년이었다. 사마르칸트는 카리모프 대통령의 고향이기도 하다. (우즈베키스탄 알기, 외교통상부, 2009년 6월)

유서 깊은 사마르칸트에서 처음 만난 사람은 자동차 운전기사. 사마르칸트 기차역에서 만난 운전기사가 한국에서 일한 경험이 있어서인지 어색하거나 낯설지가 않았다. 그는 대전에서 일하면서 돈을 벌어 대우차를 구입, 현재 아주 만족한 생활을 하고 있다고 자랑까지 했다.

사마르칸트는 원래 우즈베크의 수도였는데, 타슈켄트로 수도를 옮긴 이유는 통치를 쉽게 하기 위해서라고 한다. 키르기즈, 카자크, 우즈베크를 통치하기 쉽게끔 옮겼다는 얘기다. 그 때가 바로 1562년. 실크로드 중심인 사마르칸트는 특히 소그드 상인이 유명하다. 중앙아시아 연구가 김영종 씨가 쓴 〈실크로드, 길 위의 역사와 사람들〉(사계절)에서는 실크로드는 흔히 생각하듯 교역의 산물이 아니다. 강대국들이 서로 이해를 다투는 과정에서 생겨난 '전쟁의 자식'으로 묘사하고 있다.

동아시아로 한정한다면, 흉노·돌궐 등 북쪽의 유목제국과 남쪽의 정주제국인 중국이 충돌하는 과정에서 실크로드가 탄생했다고 한다. 이를 잘 보여주는 사례가 한(漢) 무제 때 인물인 장건(?~기원전 114)의 서역 원정이다. 장건은 한나라 때의 여행가로 중국에서 서역으로의 교통로를 공식 개통하는데 영향을 준 인물이다. 그의 여행으로 서역의 지리, 민족, 산물 등에 관한 지식이 중국으로 유입되어 동서간의 교역과 문화가 발전하게 되었다. 장건은 흉노를 치기 위한 동맹을 맺기 위해 한 무제가 월지에 파견한 특사였다. 그런데 흉노에 붙잡혀 10년간 억류돼 있다가 탈출에 성공, 중앙아시아의 오아시스 왕국인 대원, 강거를 거쳐 월지에 도착한다. 하지만, 월지 왕을 설득하는 데 실패한 뒤 이웃 나라인 대하로 건너가 다시 한 번 동맹을 시도하지만 역시 실패한다. 이 과정에서 장건은 주변 오아시스 왕국들의 지리·정세·물산에 관한 정보를 수집하기도 했다. 13년 만에 고국으로 돌아온 장건은 보고 듣고 익힌 정보를 황제에게 보고한 뒤 약간의 군사와 막대한 금, 비단을 싣고 다시 중앙아시아로 떠난다. 이 과정을 책은 다음과 같이 요약한다.

"실크로드는 처음부터 무역과 문화 교류를 목적으로 개척된 길이 아니라, 흉노와의 항쟁 속에서 협공할 파트너를 찾아 떠난 결과 뚫린 길이다. 실크로드 형성의 축은 정주제국들 사이의 교역이 아니라 유목제국과 정주제국의 대립이라고 할 수 있다."

이 과정에서 강대국의 각축장이 된 대표적인 오아시스 국가가 누란 왕국이다. 유라시아 동서교통로의 요충에 위치한 까닭에 누란은 흉노와 한나라로부터 끝없는 침략과 간섭에 시달렸고, 훗날에는 월지가 인도로 이주해 세운 쿠샨제국의 속국이 된다. 이 과정에서 왕족들이 세 나라에 차례로 볼모로 끌려가는가 하면, 점령군에 의해 국호가 바뀌고 강제이주까지 당하는 비애를 겪는다. 이 책이 다루는 이야기는 이 밖에도 많다. 실크로드가 전성기를 구가했던 당(唐) 제국기 장안의 모습과 당시 실크로드 무역의 주역이었던 '소그드 상인들', 로마제국의 붕괴를 초래한 실크로드 비단과 간다라 지방을 거쳐 중국, 한국, 일본까지 전파된 불상 양식에 얽힌 사연 등 섬세한 이야기체 문장의 힘을 빌려 생생하게 전달하고 있다.

주목할 점은 글쓴이가 실크로드의 과거만을 이야기하지 않는다는 사실이다. 그가 강조하는 것은 '실크로드라는 역사체(歷史體)'의 현재적 의미다. '지금 우리에게 실크로드는 무엇인가.' 글쓴이는 묻는다.

"전통적인 유목제국과 정주제국의 대립 구도는 19세기 영국·러시아의 그레이트 게임과 20세기 미·소 냉전을 거쳐, 21세기 미·중 양강 체제로의 전환이 예상된다. 이런 상황은 실크로드의 역사적 의미가 현대의 한반도에 새로운 형태로 재현되고 있음을 보여주는 것이다. 누란 왕국과 같은 실크로드 약소국들처럼, 미래의 한반도도 생존을 위해 똑같은 줄다리기를 해야 하는 것일까." 2004년에 나온 〈반주류 실크로드사〉의 개정판이다. (이상 한겨레 2009년 7월 31일자).

사마르칸트는 기원전 5세기에 형성된 도시다. 타슈켄트의 역사가 2200년인데 반해 사마르칸트는 2800년의 역사를 자랑하고 있다. 도시의 역사가 2800년이 됐을 정도로 유서가 깊다. 실크로드 무역의 주역인 이란계 소그드인이 점령한 이곳은 지금 타지크인이 더 많이 있는 것으로 전해지고 있다. 재미있는 사실은 가정에서는 타지크어, 학교에서는 우즈베크어, 밖에서는 러시아어를 사용한다는 점이다. 여러 문화가 공존하는 현장이 바로 사마르칸트라는 점을 잘 보여주고 있다.

BC 329년 알렉산더의 동방 원정으로 3년간 버티다가 항복한 사마르칸트. 당시에 12만 명의 아까운 목숨을 잃었다고 한다. 이후에 여러 왕국이 점령했는데, 사라센제국이 점령하면서 이슬람화가 됐다(751년). 두산백과사전에는 사라센제국에 대해 자세하게 나와 있다. 7세기에서 동쪽은 13세기 중반까지, 서쪽은 15세기 말까지 인도 서부에서 이베리아반도에 이르는 지역을 무대로 흥망한 이슬람 제왕조(諸王朝)를 총칭해서 '사라센제국'이라고 한다. 이 사전에서는 또 사라센이라는 국호를 가진 왕조가 존재한 것은 아니며, 이슬람제국 또는 이슬람교주국(敎主國)의 별명으로 사용되었다고 적혀 있다. 사라센이란 말은 1세기경부터 그리스인과 로마인이 사용한 아라비아인에 대한 호칭인 사라세니(Saraceni)에서 유래했다. 처음에는 한 부족만을 가리켰으나 뒤에는 아랍족과 이슬람교도까지도 뜻하게 되었다.

예언자 무함마드는 40세 초에 이슬람 교의(敎義)를 설교하기 시작하였는데, 메카의 부유층은 알라가 유일신(唯一神)임을 주장하는 이 교의에 반대하여 박해가 심화돼 622년 9월 신도와 함께 북방의 메디나로 옮겨갔다는 것은 잘 알려진 사실이다. 이것을 헤지라라고 하며, 이슬람교단(敎團)이 확립되는 계기가 되었다. 사라센제국은 메디나의 이 자그마한 이슬람교단이 발전한 것이다. 630년 무함마드는 신도군(信徒軍)과 함께 메카를 정복한 뒤 곧 아라비아반도의 대부분을 이슬람교의 세력아래 통일했다.

632년 그가 메디나에서 병사하자, 예언자의 후계자(칼리프)로서 덕망 있는 교단의 장로인 아부 바크르를 선출했다. 이때 무함마드의 종형제이며 사위인 알리가 선출되지 않은 것이 뒤에 교단이 분열하는 원인이 됐다. 아부 바크르는 단기간의 재임 중에 아랍 제부족(諸部族)의 이반(離反)을 평정하고, 다시 비잔틴 제국령(帝國領)인 시리아와 사산왕조 페르시아의 본거지 이라크에 원정군을 파견하는 등 대정복사업은 제2대 칼리프인 우마르의 재임 중(634~644)에 성공을 거뒀다.

7세기의 630~640년대에는 아라비아의 제 부족이 이슬람의 교의와 칼리프 밑에 힘을 합하여 동쪽으로는 이란에서, 서쪽으로는 이집트의 서단(西端)에 이르는 대제국을 이룩하였고, 이라크에서는 바스라와 쿠파, 이집트에서는 푸스타트 등의 기지도시(基地都市)를 건설했다. 사산왕조 페르시아는 마침내 멸망하고, 비잔틴제국의 세력도 토로스산맥 너머 소아시아로 후퇴하고 말았다. 메디나에서는 우마르 뒤에 오스만, 알리로 이어지는 도합 4대의 정통(正統) 칼리프시대가 계속되었는데, 그 사이에 이슬람교단 내에서 세력 다툼으로 분열의 징조가 나타났다.

661년 제4대 칼리프 알리가 이라크의 쿠파에서 이단파인 할리주교파(敎派)의 자객에게 피살되자 이번에는 우마이야가(家)의 무아위야가 칼리프가 되어 시리아의 다마스쿠스에 도읍하였다. 무아위야는 뛰어난 정치가였으며, 칼리프의 세습제를 실시하여 우마이야왕조를 창업하였고, 이 왕조는 750년까지 계속되었다. 정복사업은 이 왕조 때에도 계속되었는데, 8세기 전반에는 동쪽에서 중앙아시아와 인도의 북서부, 서쪽에서 북아프리카를 침략하고, 711년에는 이베리아반도에 상륙했다. 732년에는 오늘날의 프랑스에도 침입했던 것이다.

또 비잔틴제국의 수도 콘스탄티노플(이스탄불)에도 여러 번 진격했다. 그러나 이 왕조도 붕괴되고 무함마드의 숙부 아바스의 자손에 의하여 아바스왕조가 성립되기에 이른다. 이때 우마이야왕조의 일족이 에스파냐로 도피하여 건설한 왕조를 후(後)우마이야왕조라고 한다. 신왕조는 처음에 이라크의 쿠파에 근거지를 정했다가, 762년부터 티그리스 강 중류의 바그다드에 도읍을 옮겨 1258년까지 계속되었다. 이 시대에 이란계의 문화가 이슬람문화의 중요한 요소를 이루며 찬란한 사라센문화가 개화하였다. 그러나 코르도바에 도읍한 후우마이야왕조를 비롯해 서쪽에는 이드리스왕조·아글라브왕조가, 동쪽에는 타히르왕조·사파르왕조·사만왕조의 지방정권이 잇달아 독립하면서 아바스왕조가 직접 지배하는 지역은 갈수록 축소되어 갔다. 10세기경부터는 이라크 지방에 국한되었는데, 그것마저도 실권은 부이왕조에 맡기게 되었다. 이슬람화 이전에는 불교와 조로아스터교였다.

사마르칸트는 산이 맑다. '젖과 꿀이 흐르는 땅' 으로 표현해도 무리는 아닐 듯하다. 과일, 특히 멜론 맛이 아주 좋기로 소문난 지역이다. 중국 최고의 고승인 당나라 현장 스님도 이곳을 다녀간 것으로 전해진다. 절만 있고 사람은 없어 쫓겨났다는 이야기도 있다. 그러자 현장 스님은 국왕을 만나 불교를 부탁했다고 한다. 당나라로 돌아가는 길에 마을의 주민들이 불을 피우는 등 방해를 하는 것을 알고 왕이 분노하여 주민의 손목을 자르려고 하자 스님이 용서를 구했다는 이야기가 〈대장 서역기〉에 나와 있다. 이 책은 현장이 서역에서 불경을 구한 행적을 기록한 견문록이다. 730년에는 '신라의 고승' 혜초 스님도 이곳을 다녀갔다고 한다.

사마르칸트는 1220년 징기즈칸이 쳐들어오면서 도시가 전멸됐다. 이후 아무르 티무르가 제국을 만들었고, 그 후 다시 구소련에 흡수됐다. 사마르칸트는 타슈켄트보다 약간 더 이슬람화 된 곳이다. 그럼에도 불구하고 36만 명이 살고 있는 사마르칸트의 거리에는 담배를 피우는 여성도 눈에 자주 들어왔다. 물론 히잡을 한 여성도 많이 보였다. 도로에는 차량도 넘쳐나 다양한 문화와 역사만큼이나 역동적인 도시로 발돋움하고 있었다.

사마르칸트 '까린벡' 식당에서 먹어본 양고기와 쇠고기, 닭고기 요리가 인상 깊었다. 닭곰탕과 샐러드 등의 음식도 맛이 좋았다. 녹차(차이) 맛도 일품이다. 적은 비용으로 맛있는 점심 식사를 한다는 것도 여행의 즐거움 가운데 하나다. 우즈베크를 여행하면서 느낀 것 가운데 하나는 음식문화에 빨리 적응할 수 있다는 점이다. 아마도 고기 요리가 많은 탓이기도 하다.

사마르칸트 브로드웨이를 걸으면서 학생들과 이야기를 나누는 기회를 가졌다. 관광고등학교 학생인 카밀라(당시 16세)는 한국에 대해 아주 좋은 느낌을 갖고 있다며 밝은 미소로 다가왔다. 학생들은 카메라만 들이대면 활짝 웃으며 함께 사진을 찍자며 친근감을 보였다. 사진이 좋아서라기보다는 사람을 좋아하는 특성 때문이라고 해석하고 싶다. 여학생 2명과 남학생 3명은 한참 동안이나 우리 일행과 같이 브로드웨이를 거닐며 담소를 나누기를 즐겼다. 학생들이 학교에서 적은 노트를 보여주면서 열심히 공부하고 있다며 마음껏 자랑했다. 짧은 영어로 서로 대화하면서 브로드웨이를 웃고 거닐던 기억이 지금도 생생하다. 고등학생(관광고등학교)인 이들이 수학노트를 자랑스럽게 보여주었는데, 수준이 초등학교 상급반 내지 중학교 수준에 불과한 것 같아 다소

브로드웨이에서 만난 고등학생들

의아하기도 했다. 필자가 잘못 본 것인지, 아니면 학생 수준에 맞춘 교육 프로그램 때문인지는 몰라도 분명 우리와는 많은 차이가 났다.

학생들은 특히 기자인 필자에 대해 관심을 갖고 여러 가지 질문을 해왔다. 어떻게 하면 기자가 되는지도 물었다. 또 기자들이 하는 일들이 무엇인지를 연이어 질문했다. 아는 대로 간단하게 답을 하고 열심히 공부해서 기자에 도전해 보라는 희망의 메시지를 건네며 용기를 북돋았던 기억도 난다. 이들 학생들은 각자 장기를 갖고 있다고 은근히 자랑했다. 피아노, 댄스, 수영 등을 배우며 자기들의 기량을 마음껏 발휘하고 있다는 것이다. 이들의 유연한 사고와 행동을 보면서 오로지 공부에만 몰입하도록 강요하는 대한민국의 교육정책에는 뭔가 심각한 문제가 있다는 것을 먼 나라까지 와서 느끼면서 속이 상하기도 했다. 입시공부에만 찌들려 자신의 기량과 취미, 그리고 여유를 찾지 못하는 한국의 학생들은 어느 때에야 비로소 취미를 마음껏 즐기며 질풍노도와 같은 젊음을 잘 넘길지를 걱정해야하니 비참하다는 생각마저 들었다. 이들 학생들은 우리 일행에게만 친근감을 과시하지는 않았다. 유럽에서 온 이방인들과도 껴안고 인사를 나누며 사진을 찍을 정도로 거침없이 외국인을 반겼다. 여유로움과 사람 냄새가 물씬 풍겨나는 모습이 역력했다.

사마르칸트에서 관람한 비비하늠 모스크. 아무르 티무르에게는 8명의 왕비가 있었는데, 이 중 가장 사랑한 여자는 몽골계인 네 번째 왕비 비비하늠이라고 했다. 사랑하는 왕비에게 뭘 해줄까를 생각한 끝에 제일 크고 멋있는 모스크를 만들어 주기로 약속했다고 한다. 그래서 왕이 건물을 짓도록 지시했다. 공사는 왕이 인도 뉴델리로 네 번째 원정(1401년)을 떠날 때 시작했는데, 문제가 터졌다. 건축 총책임자인 페르시안 사람이 비비하늠 왕비를 짝사랑하고, 견디다 못해 고백을 한 사건이 발생했다. 그는 죽어도 좋다며 왕비에게 사랑을 한다고 고백했다. 그의 대담성과 용기는 하늘을 찌르고도 남을 법 했다. 왕비는 이루어질 수 없는 사랑이라며 다른 여자를 사랑할 것을 권면했으나 그는 거듭 찾아와 죽어도 좋으니 사랑한다는 고백을 연이어 한 모양이다. 결국 왕비는 죽을 각오를 하고 이 남자의 사랑을 받아들이며 키스를 했다는 것이다. 얼마나 열정적으로 사랑을 나눴든지 키스 자국이 지워지지 않았고, 결국 왕비는 스카프를 쓰고 다녔다고 전해진다. 스카프를 쓴 왕비가 너무 예쁘다는 말이 속속 전해지면서 당시 스카프를 유행시킨 장본이라는 재미있는 이야기도 회자되고 있다.

건축가와 왕비가 사랑을 나누는 사이 인도 원정을 마치고 돌아온 왕은 건물을 보고 매우 만족했다고 한다. 왕이 너무나 기뻐서 왕비에게 말을 건네려고 하자 왕비가 멍하게 있어 이유를 묻자 왕비는 건축가와의 스캔들을 사실대로 말했다고 한다. 이 말을 들은 왕은 곧바로 왕비와 건축책임자를 감옥에 가두고 다음날 그를 자루에 넣어 모스크 위에서 떨어뜨려 죽였다고 한다. 물론 왕비도 마찬가지로 죽였다. 왕은 일을 치른 후 마음이 너무 안타까워 왕비 무덤을 모스크 앞에 만들었다. 모스크가 완성된 후 기도를 하는데, 마른하늘 아래 벽돌이 떨어져 사람이 죽자 비비하늠의 원한 때문이라는 이야기가 회자되기도 했다는 것이다. 그 원한 때문일까. 티무르는 명나라를 치러 가다가 결국 병사를 하게 됐다고 한다.

모스크 옆에 왕비의 이름을 딴 비비하늠 시장은 빵, 견과류, 과자, 석류, 채소, 전통 옷, 이슬람 모자 등 갖가지 물건들을 판매하고 있었다. 이곳의 빵은 타슈켄트의 빵과는 또 달랐다. 더 유명하고 맛도 있었다. 같은 빵인데도 지역

에 따라 맛이 이렇게 다를 수 있을까. 사마르칸트는 타슈켄트와는 달리 도로가 넓지 않았다. 시장 주변에는 주차장이 없어 자동차 경적소리가 요란하다. 시장 주변에서도 타마스 등 대우자동차가 즐비하게 서 있는 것을 목격할 수 있었다. 대우의 신화가 이어졌다면 우리의 경제규모는 더욱 성장했을 것이라는 생각이 주체할 수 없을 정도로 밀려왔다. '대우의 몰락' 이 유난히 우즈베크 땅에서는 아주 속상한 과거로 회상됨은 왜인지 모르겠다.

'푸른 도시' 라는 뜻을 가진 이슬람 고도(古都) 사마르칸트는 외세의 침입에 시달린 도시다. 13세기경 티무르가 사마르칸트를 다시 탈환한 후에는 세계의 중심지로 삼겠다는 야심을 키운 곳이기도 하다. 티무르는 전쟁을 하게 되면 예술가와 건축가를 데리고 다니는 것으로 유명하다. 건축가들은 곳곳에 사원과 무덤을 세우는 작업을 한다. 그 이유는 민족의 정체성을 회복하기 위해서라고 한다. 이러한 노력 덕분에 지금도 유네스코로부터 지원을 받아 유적지를 발굴 한 다음 리모델링 작업을 계속 하고 있었다. 역사의 소중함을 고이 간직하려는 노력이 현지 곳곳에서 발견됐다. 어쩌면 역사의식도 높은 수준을 유지하는 민족임을 느낄 수 있었다.

사마르칸트는 고대 역사에 있어서 문명이 아주 발달한 지역이다. 300년마다 사마르칸트의 주인이 바뀔 정도다. 울루그벡이 통치하던 1449년에는 과학과 예술을 꽃피웠다. 그래서 사마르칸트를 실크로드의 중심지 또는 '이슬람 세계의 진주'라고 불렀던 것이다. 실크로드의 형성을 중앙아시아에서 유럽까지와 중앙아시아에서 중국까지 두 가지로 보기도 한다. 그리스-마케도니아의 중앙아시아 진출 이전에도 유럽 사람들은 동부 이란까지 가는 길을 알고 있었고, 기원전 2세기 말에는 한 나라의 장건이 외교적인 업무를 위해 중국에서 중앙아시아까지 왕래하면서 실크로드가 형성됐다고 보기도 한다. (우즈베키스탄에 가다-장훈태, p52)

실크로드는 상업적인 교역로이면서 종교 전파의 통로 역할도 했다. 실크로드를 통해 불교, 기독교, 조로아스터교, 이슬람교, 마니교가 전래 됐다. 또 외교와 군사적으로도 긴밀하게 활용되기도 했다고 전해진다.

사마르칸트를 가게 되면 꼭 들려야 할 곳 가운데 하나가 다니엘의 무덤이다. 티무르가 지배할 당시 페르시아의 다니엘 무덤에서 오른쪽 다리와 팔을 가져다가 지금의 사마르칸트에 무덤을 만들었다고 전해지고 있다. 티무르는 페르시아와 이라크, 우즈베크를 통치하면서 거대한 국가를 건설했다. 그 당시 사람들은 다니엘의 오른쪽 다리와 팔을 가져다가 무덤을 세운 후부터 전쟁이 끝나고 평화로운 시대가 열렸다고 믿고 있다. 이러한 민간신앙을 우즈베크인들은 지금도 믿고 있다. 다니엘의 무덤은 길이가 18m. 무덤 안에서는 돈을 주고 기도를 부탁하는 현지인이 많다. 이곳을 찾는 현지인들은 먼 길을 여행하게 될 때나 자식이 시험을 볼 때, 병으로 고통을 겪을 때 다니엘의 무덤에서 기도를 받는다고 한다. (우즈베키스탄에 가다-장훈태, p60)

무덤에서 이맘들이 기도를 대신 해주는 모습을 직접 목격하면서 참으로 특이하다는 생각도 들었다. 우즈베크인들이 무엇을 소원하는지는 잘 몰라도 이맘의 기도 인도에 적극 참여하면서 평안을 구하고 있는 모습만은 분명해 보였다. 자신이 기도 하는 것보다는 지도자의 기도가 더 효험이 있어서일까. 무덤 안에서 기도에 참여하는 현지인들의 간절한 모습을 곳곳에서 볼 수 있었다.

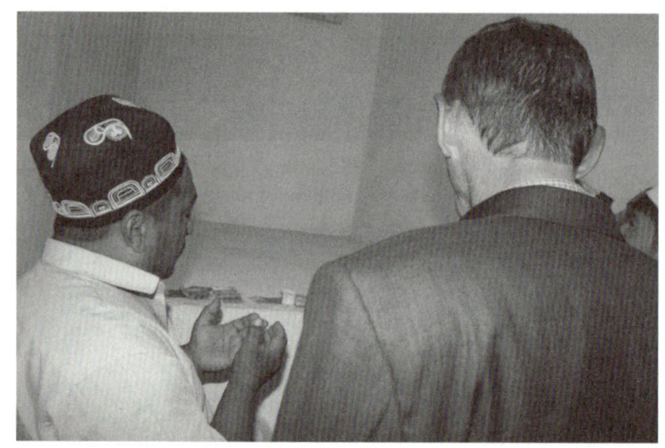

이맘이 기도하는 모습

사마르칸트를 대표하는 광장인 '레기스탄 광장'. '레기'는 모래, '스탄'은 광장의 뜻으로, 레기스탄은 '모래 광장'을 의미한다. 북쪽을 흐르는 운하 주변에 있는 모래땅이라 하여 붙여진 이름이다. 사마르칸트의 중심지로 이곳에서 알현식, 사열식, 각종 모임 등을 개최한다고 했다. 아무르 티무르 때는 대규모 시장이 있었고, 울루그벡 때는 마드라사(이슬람 신학교)가 세워졌다. 현재와 같은 모습은 샤이바니 왕조 때 갖춰졌다. 중앙에는 티라카리 마드라사, 오른쪽에 셰르도르 마드라사, 왼쪽에 울루그벡 마드라사가 있다. 우즈베크 50

숨짜리 지폐에는 이곳 광장이 그려져 있다. 국가적인 대규모 경축행사나 명절, 기념일 행사가 이곳에서 열린다. 겨울을 제외하고 매주 목, 토, 일요일 밤이면 '소리와 빛의 제전'이 열리는 장소이기도 하다. 우즈베크 관광의 '백미'로 여겨져 많은 사람들이 찾고 있는 곳으로 잘 알려져 있다. 현지 방문 때도 한국인을 만나기도 했다. 이명박 대통령도 2009년 5월 이곳을 시찰할 때 카리모프 대통령이 직접 안내했다고 한다. 200~300년 전에 지은 건물인데도 아주 웅장했다. 구소련시절에는 이곳을 관광지로 만들지 않고 그냥 시장으로 방치했다고 전해진다. 주인이 누구냐에 따라 쓰임새가 확연하게 달라짐을 실감할 수 있었다.

레기스탄 광장

우즈베크에서 특히 티무르 왕(1336~1405)에 관한 이야기를 많이 들을 수 있었다. 터키계 유목민 출신으로 징기즈칸의 유업을 이어 받아 유라시아에 걸쳐 티무르 제국(1369~1508)을 건설한 인물로 유명하다. 티무르는 군사적 정복뿐 아니라 문화 창달에도 크게 기여할 정도의 인물로 칭송을 받고 있다. 티무르 왕조는 중앙아시아, 이란, 아프간을 지배한 왕조다. 중앙아시아 유목민의 군사력과 오아시스 정주민의 경제력을 기반으로 티무르 제국은 만들어졌다.

사마르칸트는 동서무역의 중심지로 번영했지만 티무르가 죽은 이후 유목민적 사고에 의한 일족의 분봉제와 시대의 실력자가 왕위를 차지해야 한다는 왕위계승제가 존중되어 왕권쟁탈전이 계속됐다. 티무르는 수도 사마르칸트를 세계 제일의 아름답고 화려한 도시로 만들기 위해 정복지역의 건축가나 예술가들을 모아올 정도로 야심이 가득했다. 푸른색을 유난히 좋아했던 티무르는 유약을 발라 구운 푸른색 모스크(이슬람 사원)와 마드라사(신학교)의 돔을 장식하는 데 공을 들였다. 사마르칸트를 '푸른 도시'로 만드는 데 온 힘을 쏟았다는 표현이 어울린다. 티무르의 무덤은 지진 때문에 여러 번 무너졌다. 현재의 무덤은 다시 지었는데, 화려하고 복잡한 건물 문양을 갖추고 있다. 금박으로 섬세하게 써 넣은 꾸란의 구절과 푸른색이 어우러지는 별 문양이 건물 안팎을 메우고 있다. 손자와 아들, 그리고 존경하는 스승 셰이크 세이드 우마르를 위해 지은 영묘이지만, 티무르가 1405년 폐렴으로 갑자기 죽는 바람에 이곳에 묻히게 됐다는 것이다. 티무르가 가장 사랑했던 중국 출신 왕비 비비하늠 모스크도 가까운 곳에 있다.

티무르의 손자로 40년간 통치한 군주이자 유명한 천문학자인 울루그벡(1394~1449)이라는 인물도 아주 유명하다. 그는 시, 역사, 신학에 조예가 깊었다. 특히 사마르칸트에 저명한 천문학자들을 모아 천문대를 세우고 천측표를 개발하기도 했다. 티무르제국 제4대 술탄(통치자, 1447~1449)인 울루그벡은 부왕(父王)의 재세 중 대관(代官)으로, 사마르칸트 지방을 다스렸다.

울루그벡은 1428년 사마르칸트에 큰 천문대를 세워 많은 관측기계를 정비하고, 여러 학자와 협력하여 천문표(天文表)를 만들었다. 그리스 천문학자 프톨레마이오스의 수치(數値)를 바로잡고, 천체현상을 예보한 신천문표(新天文表)도 편집했다. 이것은 점성(占星)을 주요 목적으로 한 것이지만, 항성(恒星) 위치를 부여한 성표(星表)도 포함하고 있다. 학원, 승원(僧院), 중국인 화가에게 그리도록 한 벽화로 장식한 회화관(繪畵館) 등을 건립, 투르케스탄(파미르 고원을 중심으로 한 좁은 뜻의 중앙아시아 지역) 문화의 황금시대를 열기도 했다.

울루그벡은 과거 '10대 천문학자' 가운데 하나로 칭송받을 정도로 천재로 알려져있다. 신학자이기도 한 그는 이슬람보다 과학을 더 선호한 것으로 알려져 있다. 물론 의학에도 관심이 많았다고 한다. 이슬람 종교지도자들은 울루그벡이 종교에는 관심이 없고 과학에만 몰두하는 모습을 보고 걱정을 많이 했다고 한다. 급기야는 그의 아들을 꼬드겨 '아버지를 죽여야 이슬람이 산다' 고 했다는 것이다. 울루그벡은 결국 그의 아들이 보낸 자객에 의해 목이 잘려 죽었다. 하늘을 읽은 뛰어난 인물은 그렇게 비참한 종말을 고했다.

울루그벡은 천문학에 높은 관심을 가진 만큼 정확성에서도 뛰어났다. 현미경 없이도 1018개의 별자리를 이용해 1년을 365일 6시간 10분 8초로 측정, 오늘날의 정밀기기로 측정한 항성시와 58초 밖에 차이를 보이지 않을 정도로 정확했다고 한다. 놀라운 과학적 지식과 예지력을 보인 비상한 인물로 평가받을 만하다.

　다만 의심스러운 점은 건물 중 이슬람 교리와 어긋난 내용이 있다는 사실이다. 이슬람은 동물 우상을 금지하고 있다. 그런데 전 세계 이슬람 건물 중 유일하게 우상숭배 건물이 이곳에 있다. 신에 대한 도전인지, 아니면 왕권을 강화한 전략인지는 알 수 없는 일이다. 건축을 책임 맡은 자는 양심의 가책을 느낀 때문(교리에 어긋남)에 자결했다고 한다. 왕 대관식이나 명절, 축제, 죄수공개처형 장소로도 활용된 이곳은 웅장하면서도 무시무시한 느낌이 든다. 율법을 어긴 자를 공개처형하는 장소이기 때문에 더욱 그렇다. 건물 위에서 떨어뜨려 죽인다고 하니 생각만 해도 아찔하고 끔찍하다.

　사마르칸트를 다니면서 기분이 좋았던 것은 현지인들이 한국어에 대한 관심을 보이고 있다는 소식 때문이다. 사마르칸트의 외국어 대학교에는 한국어를 비롯한 독일어 등 세계 각국의 언어를 가르치는데, 그 중 한국어과가 인기가 많고 지원율도 높다고 했다. 한국정부의 외국어 대학교에 대한 지원이 있어 많은 학생들이 관심을 보인다는 것이 현지인들의 설명이다. 한국에 대한 관심을 높이는 지름길은 우리의 말을 체계적으로 배울 수 있도록 여건을 마련하는 일일 것이다. 중단 없이 한글이 우즈베크에 소개되기를 바랄 뿐이다. 지금 전 세계를 향해 거세게 불고 있는 신한류를 발판으로 실크로드 한복판에서 한글 열풍을 다시 일으키면 어떨까 하는 생각도 간절하다.

▶아무르 티무르 박물관

　14세기 희대의 정복자 아무르 티무르. 아무르 티무르와 그의 제국에 관한 역사를 복원한 박물관은 유네스코의 지원으로 지었다. 그가 터키, 중동, 러시아, 인도 등을 평정했던 역사만큼이나 화려함으로 가득하다. 박물관 안에는 목화문양 일색이다. 목화가 이 나라 국화이고, 산업에 큰 비중을 차지한 때문이다. 아무르 티무르는 제국을 건설(당시의 수도는 사마르칸트)하면서 인근 나라를 합병하는데 공을 들였다고 한다. 그의 생애에서 한 번도 전쟁에서 패배한 적은 없다고 했다. 그는 '절름발이 왕'으로도 잘 알려진 인물이다. 젊은시절 도둑 두목을 하면서 오른쪽 팔과 다리가 도끼에 찍혔기 때문이라고 한다. 티무르가 제국을 건설하고 주변 국가들을 잇달아 정복했다. 그는 인도 델리는 물론 터키 앙카라와 아프리카까지 정복할 정도로 영토 확장에 욕심을 냈다. 실크로드의 중심지인 사마르칸트에는 옛날 유적인 이슬람 사원들이 많이 눈에 보였다. 주로 티무르 제국시대 때 건축된 사원들이다. 우즈베크는 1991년 독립 후 티무르 제국처럼 세우겠다는 뜻으로 박물관을 지었다고 한다.

구소련시대에는 아무르 티무르와 1189년 몽골 씨족연합의 맹주에 추대된 징기즈칸을 인정하지 않았다고 한다. 위대한 영웅들은 결국 독립 후에 세상에 알려진 셈이다. 러시아가 지배한 220년 역사 속에서 파묻힌 인물이 바로 아무르 티무르다. 당시에만 해도 티무르 왕 이야기만 해도 처형될 정도라고 했다. 왕에 대한 이야기를 했다는 이유로 한명은 처형되고, 또 다른 한 명은 12년간 징역을 살았다는 이야기도 전해진다. 박물관 내부는 우아한 상드리에와 천장은 금의 문양을 할 정도로 멋지다. 이 건물은 1997년 유네스코에 등재됐다. 아무르 티무르는 징기즈칸 못지않게 큰 땅을 차지하기도 했다. 인도와 이집트 등을 정복한 티무르는 1405년 명나라를 치러 가다가 그만 병으로 죽고 만다. 병이 없었으면 명을 정복했다는 이야기도 전해진다. 그렇게 되었다면 세계역사는 바뀌었을 것이라는 상상을 현지에서 해보니 역사는 정말 아이러니, 신비, 예측불허다.

아무르 티무르는 유난히 푸른색을 좋아했다. 모든 건물 위를 푸른색으로 도배할 정도다. 푸른 모스크는 우즈베크에 모두 5,000개가 넘는다고 한다. 흙을 다진 다음 낙타 젖과 계란 흰자를 섞어 벽을 지었다고 한다. 지금은 물론 많이 망가진 상태다. 소련이 이슬람을 거부해 파괴했다는 것이다. 벽돌과 흙 문화가 다 망가졌다는 이야기다. 박물관 원형 내부의 가운데는 〈코란〉이 있고, 복도의 문양은 모두 목화다. 박물관 앞에도 역시 분수대가 연신 물줄기를 하늘로 뿜어 올리고 있어 우즈베크의 미래를 마음껏 뽐내는 듯한 인상을 준다. 구소련의 지배로 220년간 역사가 단절돼 유물이 많지 않던 우즈베크는 독립 이후 아무르 티무르 박물관을 세우면서 다시 옛 영화가 재현되고 있다. 아무르 티무르 박물관 앞의 공원에는 왕의 동상과 함께 큰 나무들이 가득하다. 과거 레닌 광장인 이 공원에서 우즈베크 노인들은 체스를 하며 여유로운 시간을 보내고 있었다. 우리나라 파고다 공원에서 어르신들이 장기나 바둑 두는 것과 거의 비슷한 인상을 준다. 다른 점이 있다면 노인만 공원에서 쉬고 있는 것이 아니라 젊은이들도 눈에 많이 들어왔다는 사실이다.

사마르칸트의 아프라시압 언덕. 기원전부터 1220년까지 징기즈칸이 파괴하기 전까지는 사마르칸트의 원래 도시가 있던 곳이다. 629년에는 삼장법사 현장 스님도 이곳을 다녀갔다고 한다. 당시에 이 도시에는 10만호가 있었다고 한다. 집집마다 수도가 있었고, 공동목욕탕도 있었던 것으로 전해진다. 수목이 수려하고 과일도 많았던 것으로 알려지고 있다. 사마르칸트는 칸국을 이루다가 1220년 무시무시한 징기즈칸이 쳐들어와 가로, 세로 2.5km인 도시가 파괴됐다. 징기즈칸은 1218년 서쪽 이란, 이라크, 사우디 등지의 호레즘

(Khorezm) 왕국(현 우즈베크의 호레즘 주)을 건설하고, 전쟁을 선포했다. 호레즘 족속의 생명을 모두 죽이라는 명령이다. 징기즈칸은 특히 여자를 잡아 품고 '사냥감 덮치는 개처럼 행동하라' 고 명령할 정도의 잔혹함도 보였다고 전해진다. 그는 큰 도시의 약점을 발견하고는 포위명령을 내렸다. 수로를 찾아 파괴하는 전략, 즉, 싸우지 않고 이기는 지혜를 발동한 셈이다. 결국 30일가량 버티다가 스스로 항복을 하도록 만드는데 성공했다는 것이다. 항복자들도 거의 다 죽일 정도로 징기즈칸은 잔인했다. 당시 모스크에 남은 500명의 신자들은 "알라여 구해주소서"라고 기도했다고 한다. 그러나 이 절규의 소리는 끝내 외면당했다.

징기즈칸의 등장으로 알라를 모신 모스크는 교체되고, 코란은 말의 여물을 먹이는 받침대로 전락했다. 뿐만 아니라 말발굽으로 코란을 박살내기까지 했다. 그래서 무슬림들은 징기즈칸을 아주 싫어한다고 했다. 신성모독을 했다는 이유에서다. 징기즈칸의 대 파괴로 번성한 도시는 순식간에 소멸했다. 150년 후 아무르 티무르는 몽골정신으로 제국을 다시 만들어 나갔다. 아무르 티무르는 1220년 대파괴 후 버려진 땅에 신도시를 건설(가로, 세로 2.5km, 10만 가구)했다. 당시의 주류 세력은 이란 소고드족. 이들은 돈을 모으면 놓치지 말라는 뜻으로 아교풀을 손에 바르고, 달콤한 말을 하라고 입에는 꿀을 바르고, 빨리 걷기 위해 팔자걸음을 했다는 일화가 전해지고 있다. 유네스코에 등재된 이곳에는 미이라 등 갖가지 유물이 있다. 지금도 프랑스 고고학자는 유물을 발굴해 박물관에 보관하고 있다.

놀라운 일은 이곳에서 벽화가 발굴됐는데(650년 경, 고구려 멸망은 668년), 그 벽화 속에는 조관을 쓴 고구려인 사신도가 있다는 점이다. 벽화에는 사람, 동물, 조류 등이 아주 생생하게 그려져 있다. 사막 한복판에 위치한 때문에 건조해서 벽화 등이 존재한 것으로 보인다. 고구려 사신이 머나먼 이 땅까지 찾아온 것이 그저 신기하고 놀랍다.

좋은 일이 생긴다고 전해지는 샤히진다. 이곳은 살아 있는 왕, 왕의 가족, 왕의 신하가 있는 무덤이다. 우즈베크인들은 샤히진다를 성스러운 곳으로 보고 즐겨 찾는다. 이곳에 오면 좋은 일이 생긴다고 굳게 믿는 풍습도 엿볼 수 있었다. 무덤으로 올라가는 계단은 '천국계단' 이라고 불린다. 무덤에는 44기의 왕(첫 번째 왕부터 44번째 왕까지)의 묘가 있고, 밖에는 신하들의 묘가 있다. 진짜 묘는 지하에 있고, 관광객들이 관람하는 묘는 가묘다.

무덤에는 유명한 다니엘 묘가 있다. 그는 무함마드 4촌동생이다. 650년경 사우디아라비아에서 이곳으로 와서 이슬람을 설파한 인물로 잘 알려져 있다. 당시는 조로아스터교가 종교의 중심역할을 했다. 다니엘은 기도하던 중에 목이 잘렸다고 들었다. 놀라운 일은 목이 떨어진 상태에서도 다니엘은 기도를 멈추지 않았다는 것이다. 다니엘은 그래서 자신의 목을 갖고 우물에 빠져 죽었다고 한다. 자기 머리를 들고 빠져 죽었다는 끔찍한 사연이 있는 묘지다. 이후 이곳은 이슬람의 영지가 됐다. 더욱이 이곳에서 기도를 하면 소원이 이뤄진다는 믿음 때문에 많은 사람이 무덤을 계속 찾고 있었다. 이맘이 돈을 받고 기도를 해주는 모습도 특이하다. 왕의 무덤은 8평정도. 높이는 10~15m. 무덤 위는 모스크 모양이다. 무덤은 매우 광대하고 웅장하면서도 화려해 도무지 무덤 같지 않았다. 무덤 안에서는 이맘이 기도하고 무슬림들은 기도를 따라한다. 다니엘 묘소 옆의 왕 무덤에서는 이맘 세 명이 돌아가며 기도를 하고, 신도들은 경청하며 헌금을 하기도 했다. 왕의 무덤 위에는 소련시대 주요 인사들의 묘지가 눈에 들어왔다. 매장문화 중심인 이곳은 묘지가 영지가 되기도 한다. 묘지에는 돌로 얼굴사진(부부 또는 혼자)을 새겨 넣는 모습도 아주 인상적이다. 무덤을 무덤 같지 않게 만들어 놓고 관광객들을 끌어들이는 '마케팅 전략'은 아주 괜찮아 보였다.

젊은이들의 거리 '브로드웨이'는 과거의 영화가 고스란히 남은 듯 했다. 옛날에는 아주 번창 한 곳이었으나 지금은 비교적 조용한 편이다. 지난 2006년경 카리모프 대통령이 불시에 순시한 결과 술병이 나뒹굴고 쓰레기가 많은 등 엉망이 되자 다 없앤 탓에 현재는 폐허처럼 바뀌었다. 퍽이나 자유로워 보였던 거리가 너무 조용해서다. 이상하게도 우즈베크 젊은이들 가운데 도시에 사는 청년들은 군대에 가지 않으려고 애쓴 반면 농촌에서는 서로 가려고 노력한다고 한다. 군 제대 후 취직에 대한 기대심리 때문인 것으로 해석된다.

한때 젊은이들이 많이 거닐던 브로드웨이

시간은 적응력을 키워주는가 보다. 현지에 머무는 시간이 많아질수록 적응력은 빨라졌다. 2009년 10월 5일(현지시각), 우즈베크에 온지 넷째 날이 그랬다. 이틀 동안은 새벽 3시에 일어났으나 이날은 새벽 4시 15분에 일어났으니, 1시간 남짓 현지에 적응한 셈이다. 이날 6시 40분경에 사마르칸트로 가기 위해 찾은 타슈켄트 기차역은 수많은 인파로 가득했다. 잘 지은 기차역사 앞에도 분수대가 힘차게 솟구쳐 생동감을 또 느꼈다. 사마르칸트로 가는 기차는 한 칸에 6명이 앉을 수 있는 구조다. 테이블 위에는 물과 콜라가 놓여 있고, 먹은 만큼 나중에 계산하면 된다. 통로는 두 명이 지나갈 정도로 비교적 넓다. 우리나라에서 보지 못한 구조라서 아주 편리하고 긴 시간을 여행하기에 안성맞춤이었다. 여자 역무원이 수시로 창틀에 끼인 먼지를 닦아내며 손님들의 편안한 여행을 위해 애쓰는 모습도 멋졌다. 손님에 대한 배려 역시 가득했다. 특이한 점은 기차역 밖이나 안에서 안경을 쓴 사람들을 찾아보기가 어려웠다. 눈이 좋은 이유는 뭔지 알 수가 없었지만, 대체로 시력이 좋아 보였다. 문명의 이익을 누리기보다는 자연과 더불어 살아간 우즈베크인들의 삶의 방식 때문일까.

기차는 오전 7시 정각에 출발했다. 낯선 땅에서 경험하는 기차여행은 한마디로 짜릿했다. 작렬하는 아침 햇살을 받으며 기차는 달리고 또 달렸다. 차창 너머로는 거대한 목화밭이 보였다. 얼마나 큰지 끝이 보이지 않았다. 기차 밖으로 보이는 지붕은 대부분 슬레이트다. 목화, 옥수수, 밀, 말, 소 등 농촌의 풍경을 기차 안에서 한꺼번에 본 것도 추억으로 오랫동안 남을 것 같다. 농토가 넓고 여유로움도 넘쳤다. 필자와 함께 탄 칸에는 9살 난 이쁜(치롤리) 여자 아이와 할머니가 합석했다.

동승자와 이런 저런 이야기를 나누면서 들은 말 가운데 기억에 남는 것은 뜻밖에도 우즈베크인의 수명이 짧다는 것이다. 아마도 겉보기와는 달리 스트레스를 많이 받는 것 같았다. 겉으로는 아주 여유가 있어 보였지만 실은 스트레스로 인해 수명이 짧아지고 있다고 전해주었다. 물론 경제적 이유 때문도 있다. 젊은이들이 일자리를 차지하는 비중이 커지면서 중년층은 신분상승 기회를 찾지 못하고 밀려난 때문이라고 한다. 물론 이러한 모습은 세계 어느 나라도 있는 현상이다. 스트레스가 없을 것 같으면서도 속을 들여다본 결과 나름대로 많음을 발견했다는 점이 다소 놀라웠다. 우리가 알지 못하는 내용의 스트레스가 우즈베크에도 많이 있다는 이야기로 들렸다. 하기야 스트레스에 당할 자가 과연 있을까.

사마르칸트로 가는 기차 안에서 동석한 할머니와 손녀는 이란계 출신이라고 소개했다. 할머니도 젊었을 때는 꽤나 미인처럼 보였으나 당시는 그렇지 않았다. 자주 느낀 생각이지만, 중년 여성의 대부분은 고기를 자주 접하는 식습관 때문인지 뚱뚱하다는 표현이 맞다. 우즈베크에는 이란계가 특히 많다고 한다. 아마도 사산 왕조 때문이다.

네이버에서 사산 왕조를 찾아봤다. 그 내용은 이렇다. 사산제국은 아르다시르 1세가 세운 고대 이란 왕조이다. 페르시아 제국의 한 왕조라는 뜻으로, 사산조 페르시아(사산 왕조 페르시아) 또는 사산조(사산 왕조)로 불리기도 한다. 227년 서부 이란 지역에서 통치기반을 굳힌 파르티아의 지방영주 아르다시르 1세는 동부지역으로 진출하여 여러 부족들을 차례로 정복했다. 그는 자신을 '이란족의 왕 중 왕'이라 칭하고, 티그리스 강변의 고대도시 셀레우키아를 '아르다시르의 착한 행위'라는 이름으로 재건해 크테시폰과 함께 그의 위세를 떨쳤다. 그의 아들 샤푸르 1세는 영역을 더욱 넓혔다. 여러 차례 로마군과 싸워 로마 황제 고르디아누스 3세(238~244년)를 전사시켰고, 황제 발레리아누스(253년~260년)를 포로로 잡을 정도로 샤푸르는 혁혁한 전공을 세웠다. 그래서 그는 '이란족과 비(非)이란족의 왕 중 왕'이란 칭호를 사용했으며, 이 칭호는 사산 왕조 말기까지 지속되었다. 사산 왕조의 영역은 파르티아 때보다 훨씬 광대했는데, 이는 그의 행정력이 효율적이었고 군사력도 막강했음을 뜻한다. 중앙아시아 쪽의 동북부 국경지역에서 아르다시르 1세와 샤푸르 1세는 쿠샨왕조의 서부지역을 정복했다. 이후 사산 왕조의 외교정책은 변방의 방어와 영토를 넓히는데 목적을 두고 추진됐다.

사산 왕조는 파르티아 왕조의 세습적인 자치왕국을 폐지하는 대신 왕족 가운데서 총독을 임명 또는 해임했다. 따라서 왕위계승자는 보통 가장 큰 주의 총독직을 맡게 되었고, 그 결과 중앙집권이 매우 강화됐다. 더구나 황제 개인에게보다 왕실에 대한 충성심이 강조돼 왕실의 집단지도제가 이뤄졌다. 사산 왕조시대 때 로마와의 분쟁이 가장 첨예했던 곳은 아르메니아 인페리오르다. 바람 2세의 사후(293년) 왕위 계승 문제로 내분이 일어나 아르메니아는 296년에 로마의 수중에 떨어졌다. 아르메니아와 로마에서 크리스트교화가 진행되면서 이란과 로마−비잔티움 사이의 종교적 분쟁이 확대되기도 했다.

샤푸르 2세의 아르메니아 실지회복(失地回復) 노력은 번번이 실패로 돌아갔으나 로마의 콘스탄티우스 2세 사후(361), 티그리스 강변과 아르메니아 대부분의 영토는 페르시아의 영토가 되었다. 약 20년간의 혼란기(아르다시르 2세, 샤푸르 3세, 바람 4세)가 지난 후 야즈데게르드 1세가 왕위에 올랐다. 그는 그리스도교에 관대한 정책을 폈는데, 이것으로 인해 귀족들의 원성을 샀다. 이로 인해 그의 사후(420) 아들 바람 4세의 계승에 어려움이 있었다. 그는 동부에 에프탈의 침입 때문에 동로마제국과 100년간의 평화조약을 맺고 그리스도교 신앙의 자유를 허용했다. 카바드 1세(488~531)는 정통 조로아스터교를 재정립했으며, 과세제도의 신설과 토지세의 개혁 등을 이룬 명망 있는 통치자가 됐다. 또 군대를 강화하여 그의 세력은 흑해까지 다다랐다.

투르크족은 560년경 이란 동부지역에서 출현하여 중근동으로 진출하기 시작했으나 아직 사산 왕조의 영역에 심각한 위협은 되지 않았다. 호스로우 1세로부터 왕위를 물려받은 호르미즈드 4세(재위: 579년~590년)는 비잔티움과 평화협상에 실패했지만, 그리스도교에 관대한 정책을 폈다. 이러한 정책은 그의 아들 호스로우 2세에까지 이어져 결국 조로아스터교도들의 반란을 야기시켰다. 호스로우 2세는 비잔티움으로 도피했으며, 비잔티움 제국의 황제 마우리키우스(582년 ~602년)의 도움으로 591년 크테시폰에서 다시 왕위에 올라 그의 통치기간 안에 번영을 누렸다고 역사는 전하고 있다.

마우리스 황제가 암살되자(602년) 비잔티움과 다시 전쟁이 시작됐다. 호스로우 2세의 군대는 안티오크(611년) · 다마스쿠스(613년) · 예루살렘(614년) · 이집트(619년) 등을 차례로 정복했다. 610년 왕위에 오른 비잔티움의 헤라클리우스는 보복공격을 시작하여 627년에는 티그리스 강 유역까지 진출했다. 그 후 호스로우 2세는 자신의 아들 카바드 2세에게 살해되었다(628년). 카바드가 죽은 후 의 손자 야즈데게르드 3세가 왕위에 올랐다(633년).

비잔티움제국과의 장기간에 걸친 전쟁으로 인해 사산 왕조의 세력은 쇠퇴했고, 이슬람화된 신흥 아랍족의 새로운 도전에 직면했다. 페르시아군은 유프라테스 강변에서 있었던 전투에서 크게 패하였고, 야즈데게르드 3세도 651년에 메르프 근처에서 암살되었다. 이로써 이슬람 이전의 이란 역사는 종말을 고한다. 제국의 몰락과 함께 조로아스터교도 점차 쇠퇴일로를 걸었으나, 그당시 이슬람교도들은 조로아스터교에 관용을 베풀었던 것으로 전해진다. 이후 조로아스터교는 이란에서 점차 사라졌으며, 현재 야즈드 및 봄베이 등지에서 명맥을 유지하고 있는 것으로 알려지고 있다.

이러한 역사적 배경을 가진 이란계 할머니(실은 나이는 그렇게 많이 보이지 않으나 이곳에서는 우리나라 할머니와 비슷한 연령대로 보임)와 손녀는 기차 안에서 정겹게 대화하는 모습이 아주 이뻤다. 현지인들과 기차 안에서 대화를 나눌 수 있는 것 또한 좋은 추억으로 남는다. 더욱 기쁜 일은 얼마 지나지 않아서는 51세의 중년 여성이 같은 칸에 동승해서다. 그녀의 이름은 굴리아 니마드자노바. 비정부기구(NGO) 단체 소속이라고 했다. 아이들을 훈련하는 일을 한다고 자신을 소개했다. 정부의 지원을 받아 아이들을 보호하는 일을 하고 있다는 것이다.

한국국제협력단(KOICA)이 빈국은 물론 우즈베크에서 여러 가지 지원하는 것도 잘 알고 있었다. 한국이 제3세계에 꿈을 주는 원조활동을 아주 높게 평가해 주기도 했다. 이 중년의 여성은 한국에 대한 좋은 이미지도 갖고 있었다. 바로 까레이스키가 우즈베크에서만도 20만 명 가까이 살고 있어서 더욱 관심을 갖고 지켜보고 있다고 전해주었다. 대화 도중 잠깐씩 창가로 내다본 땅은 광활함 그 자체였다. 부러울 정도로 땅은 넓었다. 달리는 기차 안에서 타지크와 국경이 철조망 하나 사이로 붙어 있었다. 우즈베크와 경계로 쌓아둔 철조망은 그다지 높지 않았다. 금방이라도 넘을 수 있을 것처럼 낮다.

철학과 신학을 공부했다는 이 중년 여성은 유창한 영어와 해박한 지식으로 대화 보따리를 풀어놓았다. 짧은 영어 실력으로 이 분의 깊은 삶과 사상을 받아내는 데는 한계가 있었지만, 낯선 이방인에게 아주 친절하게 자기 나라의 문화를 들려주어 기분이 좋았다. 귀를 바짝 대고 한마디라도 놓치지 않으려고 애써보기도 했다. 이 여성은 자신의 아들이 KOICA 봉사 프로그램에 참여해 한국을 다녀왔다고 자랑했다. 자신의 아들이 한국에 다녀온 것을 아주 대견스럽다고 말해주었다. 봉사정신이 몸에 배어 있는 듯한 인상을 심어 주어 덩달아 기분이 좋았다. 필자 역시 많이 하지는 못했지만 봉사를 할 때마다 기분이 아주 좋았기 때문에 봉사의 가치를 잘 알고 있어서다. 남에게 베풀어 준다고 는 하지만, 실은 배운다는 표현이 더 옳다고 본다. 베풂을 통해 배운다는 의미 는 역설적이게도 더 큰 힘이 있다. 그래서 봉사는 숭고한 마음으로 한다는 말 이 적합하다.

중년 여성은 한국이 잘 살고 있는 것에 대한 부러움도 내비췄다. 중년여성, 이란계 할머니, 손녀와 한 칸에서 콜라와 빵을 먹으며 여행하는 기분이 너무 색다르고 좋았다. 우리나라 철도는 KTX든 일반 기차든 다리를 뻗기도 매우 불편한데, 이곳의 칸막이 기차는 아주 편해서 기분도 산뜻했다. 여행의 불편함 을 크게 덜어주는 멋진 좌석은 오랫동안 대화의 장을 이어주는 효과도 있었다.

열차에서 이방인과의 대화를 시도한 이란계 꼬마는 우리와의 영어로 대화 를 하는 것이 힘들자 중년 여성을 통역으로 내세워 이야기꽃을 열심히 피웠 다. 그 순간 차창 너머로 본 아무르 티무르 게이트는 정말 요새처럼 양 산으로 막혀 있었다. 산양도 많이 보였다. 농촌은 인간의 때가 고스란히 쌓여 있었다. 곳곳에 버려진 것으로 보이는 땅에는 쓰레기들도 넘쳐났다. 버려진 땅이 많을

사마르칸트로 가는 기차안에서 현지인과이 정겨운 대화 장면

정도로 여유도 있어 보였다. 그럼에도 땅은 평화로움을 더해 주었다. 농촌지역을 지날 때에는 빈집이 많이 보임은 이곳도 이농현상이 불고 있음을 직감할 수 있었다. 우즈베크에서 처음 타 본 기차여행은 우선 피곤하지 않아서 좋았다. 딛지는 못했으나 타지크 땅도 볼 수 있어서 감개무량했다. 그리고 이방인과 대화하는 기쁨은 순서로 매기기 어려울 정도로 좋았다.

10시 30분에 사마르칸트 역에 도착했다. 3시간 30분 걸린 기차여행은 나름대로 흥미로웠다. 특히 현지인과의 깊은 대화가 오랫동안 남을 것 같았다. 사마르칸트에서 부하라로 떠나기 위해 다시 기차를 탔다. 타슈켄트에서 사마르칸트로 가던 기차와는 다르다. 우리의 새마을호 정도의 수준이다. 복잡했다. 좌석을 구하지 못해 서서 가는 사람들도 많이 눈에 띄었다. 필자의 옆 좌석에는 군인이 앉았다. 29세인 파호드씨. 군인이면서 엔지니어라고 소개한 그와 영어로 대충 이야기하는 재미도 쏠쏠했다. 부인과 아기 사진을 보여주며 우리는 기차가 달리는 내내 친근하게 이야기를 나눴다. 차창 너머로는 거대한 평원이 펼쳐져 있었다. 수확이 끝나서인지 아예 곡식이 자라지 못하는 땅인지 분간이 되지 않는 땅들도 많이 눈에 들어왔다.

우즈베크 정부는 천연가스나 원면, 광물 등 단순한 자원과 원자재 생산 수출국에서 벗어나 이를 활용한 고부가가치 산업을 육성하고, 경제적 주권을 확실하게 확보하기 위해 수입대체산업 육성에 전력을 쏟고 있다고 했다. 우즈베크가 경제발전을 위해 생산설비 현대화 프로젝트를 추진하고, 특히 석유화학, 자동차, 건축자재, IT, 전자, 섬유, 농산물 가공분야 등 제조업 육성을 통한 수출의 진흥에 역점을 두면서 2004년 이후 7% 이상의 높은 성장률을 기록하고 있다. 하지만, 중앙아 중심에 위치하면서도 '내륙국가' 라는 한계와 사회주의

잔재가 여전히 남아 있는 것은 약점으로 꼽혔다. 게다가 통관을 비롯한 환전 등에 있어서 원활하지 못한 환경으로 인해 우즈베크 정부가 원하는 첨단산업 분야의 외국인 투자유치에도 걸림돌이 될 것으로 전망된다.

그래서 우즈베크 정부가 관심을 쏟고 있는 것은 나보이공항. 기차 안에서 멀리 나타난 나보이공항을 보면서 우즈베크의 미래가 이곳에 달려 있지 않을까 하는 생각이 순간 스쳤다. 우즈베크는 나보이공항을 현대화해 중앙아 물류 허브 공항으로 육성하고, 주변지역을 첨단산업 단지로 만들어 수출기지로 육성하려는 야심찬 정책을 펴고 있다. 2008년 3월 5일에는 서울에서 투자설명회를 개최하기도 했다. 대한항공은 2009년 1월부터 나보이공항에 참여하고 있다. 대한항공이 참여하고 있는 데 대해서도 우즈베크 현지인들도 큰 기대를 걸고 있다. 나보이항공을 통해 한국의 위상이 세계 속으로 뻗어나가는 새로운 실크로드를 개척했으면 하는 생각도 간절히 들었다.

공항과 열차로 이어지는 실크로드는 분명 대한민국에도 희망을 줄 것으로 예상된다. 자원이 부족한 대한민국이 자원이 넉넉한 우즈베크는 물론 인근 러시아 등지로 뻗어나갈 수 있는 새로운 길을 만든다는 것은 국익에도 큰 의미를 줄 것으로 판단된다. 그런 점에서 봐도 대한항공이 나보이공항 프로젝트를 성공적으로 추진해 우즈베크는 물론 그 곳에서 살고 있는 많은 고려인들에게 희망을 주기를 간절히 기대해본다.

사마르칸트에서 부하라까지 기차로 달린 시간은 2시간 45분 걸렸다. 기차로 떠나는 여행은 낯선 사람과의 만남을 이어주기에 늘 흥분되고 기대감으로 가득하나 보다. 기차 여행을 하면서 현지인들과 나눈 이야기 한 마디 한 마디가 오랫동안 기억에 남을 것만 같았다.

3. 고대 국왕의 수도 부하라

　부하라, 지명 그 자체가 아주 재미있다. 우리나라 식으로 해석해보면 그렇다는 이야기다. '부자가 되라'는 뜻으로 풀어보면 흥미로운 지명이다. 아무튼 부하라는 지명에서도 궁금증이 많이 생기는 도시다. 부하라 시내 곳곳에는 높은 망대가 눈에 확 들어온다. 탑에 대한 전설도 흥미롭다. 어느 부자 집에 네 명의 딸이 있었다. 아버지는 어느 날 딸 네 명을 아라비아 대상(카라반)에게 시집을 보내게 됐다. 딸을 보내고 난 후 그는 매우 허전하고 외로운 삶을 살았다고 했다. 그 부자는 어느 날 각기 다른 네 개의 탑을 세웠다. 지나가는 사람들이 서로 다른 탑의 의미를 묻자 그는 "내게 네 명의 딸이 있었는데, 모두가 아름다웠다. 그녀들 각각의 아름다움을 온 세상에 자랑하기 위해 탑을 세웠다"고 대답했다고 한다. 그리고 이를 구경하는 사람이 많게 되자 여관 같은 것을 세웠다고 한다. (우즈베키스탄에 가다-장훈태, p71)

　고대 국왕의 수도 부하라(사찰, 사원이라는 뜻)는 2800년의 긴 역사를 자랑하는 도시다. 도시전체가 세계문화유산일 정도로 유서가 깊은 곳이다. 이란계 소그드인이 서쪽에서 이곳으로 들어왔다고 한다. 부하라 거리에는 자전거가 유난히 많이 눈에 보였다. 시골스런 풍경으로 가득한 땅이어서 그랬다. 이곳은 타슈켄트 등 다른 수도에 비해 더 이슬람화 된 지역이다. 실제로 부하라는 과거로 돌아간 느낌을 듬뿍 주기에 충분했다. 도로 곳곳에 역시 목화밭이 확 띄었다. '목화 천국'이라는 말이 어디를 가든 실감할 수 있었다. 부하라는 옛날에 노예시장으로도 유명했던 곳이다. 1873년까지만 해도 노예시장이 있었다고 전해진다. 가장 비싼 노예는 건강한 러시아계라고 한다. 1873년 소련이 침입해오면서 노예 석방을 요구했다는 것이다. 노예의 수도 무려 3,000명에 달할 정도로 많았다고 한다. 부하라는 한 때 러시아와 영국이 서로 차지하려고 공을 들였으나 두 나라 모두 뜻을 이루지 못했다.

타슈켄트나 사마르칸트보다 이곳은 날씨가 더 덥다. 빛이 강해 곡식과 과일은 아주 잘 되는 곳이다. 풍부한 일조량이 과일의 맛과 당도를 높여주고 있는 셈이다. 25만 명인 살고 있는 부하라는 우즈베크에서 세 번째로 큰 도시다. 부하라가 사막지대인데도 도시가 형성된 것은 생명의 근원인 물이 있기 때문에 가능했다. 부하라 시가지를 보면 건물은 낮고, 곳곳에는 상점이 즐비하다. 거리에는 삼성 간판도 눈에 잘 띄었다. 택시는 타슈켄트보다 훨씬 많고, 경찰 단속에 줄줄이 걸려드는 모습 또한 다른 지역과 크게 다르지 않았다. 주유소는 대부분 U-cell이다.

부하라에 있는 쉬토라이 모이하사 궁전은 아름답기로 유명하다. 일명 '여름 궁전'이라고 하는데, 19세기 말 부하라의 마지막 왕인 아무드칸이 지었다고 한다. 러시아 기술자가 호화롭게 지은 건물로 평가받고 있다. 동양과 서양이 만나는 인상을 준 이 궁전은 멋진 모습을 여전히 간직하고 있었다. 들려오는 이야기에 의하면, 칸이 아름다운 궁전을 더 짓지 못하도록 기술자의 손을 모두 잘라냈다고 한다. 권력자의 욕심이 이토록 끔찍할까. 별과 달이 노는 여름궁전은 정말 멋져 보였으나 궁전의 얽힌 이야기를 듣노라면 아름다운 모습보다는 추하고 사악한 모습이 더 많이 느껴졌다. 당시 이 궁전에는 300명의 후궁이 있었다고 한다. 후궁이 목욕할 때 칸이 예쁜 여자가 마음에 들면 사과를 던져 주는데, 그 사과를 가진 자가 함께 잠을 잘 수 있다고 했다. 인간을 상품으로 취급한 궁전이 아닌가 하는 생각에 아름다운 궁전의 이미지가 볼수록

희미해짐은 어쩔 수 없는 감정인가 보다. 궁전 안에서 사과를 따는 현지 관리인을 보면서 잠시 당시의 왕은 얼마나 탐욕으로 가득했을까 하는 생각이 밀려오기도 했다.

부하라에서는 화장실을 가도 돈을 내야 하는 이상한 풍습이 있었다. 중국을 여행할 때도 화장실 이용료를 내는 곳이 있었는데, 이곳 또한 그런 모습이다. 부하라 곳곳의 공공장소에 달린 화장실을 이용하려면 300숨을 내야 한다. 물은 한 병에 1,000숨이다. 화장실 가격이 싸지 않다는 이야기다. 궁전 안의 식당에서는 물담배도 팔고 있었다. 한 사람당 30분간 물담배를 빨아대면 5,000숨을 내야 한다. 우즈베크 식당 곳곳에서 젊은이들이 물담배를 피우는 모습을 쉽게 볼 수 있어서인지 궁전 안의 물담배는 그리 낯설지 않았다. 마치 영화에서 물 담배를 물고 길게 연기를 내 뿜는 모습이 떠오를 뿐이었다.

여름궁전 내 식당의 물 담배

우즈베크에 머무는 동안 소련에 대한 이야기를 자주 들을 수 있었다. 현지인들은 소련이 붕괴되는 것을 상상하지도 못했다고 했다. 그러면서 '중국도 언젠가는 분리되지 않을까' 하는 이야기를 꺼내기도 했다. 중국의 경우 특히 위구르 신장 등에서 어느 순간에 '핵분열이 일어날지도 모른다' 고도 조심스럽게 말을 꺼내기도 했다. 그러나 이는 어디까지나 이곳 사람들의 생각이지, 실제는 그렇게 되지 않을 것이라는 이야기도 많이 나온다. 그러나 모든 것은 알 수 없다. 오직 신만 알 뿐이다. 역사의 수레바퀴를 누가 알 수 있단 말인가. 2011년 2월 중동과 아프리카에서 독재정권과 싸우며 피를 뿌리는 민주화의 열기를 본다면 알 수 없는 일이다. 인간에게 주어진 자유를 누가 감히 도적질

할 수 있을까. 권력으로, 공포로, 무력으로 자유를 빼앗아갔다고 하더라도 영원히 그러지는 못할 것이기 때문이다.

　부하라에 있는 라반세기 메드리사(옛 신학교)에서 저녁을 먹으면서 공연을 봤다. 전통 악기에 맞춰 연주를 하고, 패션쇼를 하는 장면이 아주 인상적이었다. 노래, 악기, 춤 모두 전통적이면서도 아름다웠다. 실크를 입은 미녀들이 펼치는 패션도 인상이 깊었다. 식사 메뉴는 콩, 양고기, 밥알, 채소 섞은 스프 형태다. 피망에 다진 고기와 당근 등은 우리나라와 맛이 다른 독특한 향기를 내뿜었다. 물론 빵, 치즈, 사탕, 포도 등은 먹기에 좋고 아주 편한 음식이어서 절로 손이 갔다. 식사를 하면서 공연을 보는 즐거움을 경험한 것도 큰 행복이었다. 끊임없이 이어지는 쇼 프로그램은 이방인의 무거운 마음을 내려놓기에 충분했다. 공연 시간은 1시간. 사각형 건물 정원에 장미를 심어 놓고, 그 주위로 빙 둘러서 식탁에 앉아 쇼를 관람하는 모습 그 자체도 우아함을 느끼기에도 충분했다. 야외에서 사각 나무 테이블을 가득 펼쳐 놓고 음식을 먹는 사람은 우즈베크인을 비롯한 세계 각국에서 온 관광객들로 발을 디딜 틈이 없었다. 관광 상품 치고는 꽤 괜찮아 보였다. 낯선 나라에서 우아함을 느껴보고 싶다면 꼭 권장하고 싶은 코스다.

　공연에 참가한 배우들도 일반 손님이 식사하는 옆의 자리에 편안하게 앉아 자연스럽게 식사하는 모습도 인상적이다. 우리나라 같으면 상상할 수 없는 일일 것이다. 배우들이 앉은 테이블로 다가가서 사진을 찍어주고, 함께 촬영해도 내색을 전혀 하지 않았다. 오히려 밝은 미소로 기꺼이 화답해 주었다. 천성적으로 성품이 온화한 민족 때문이어서 그럴까. 관용과 포용력이 넘치는 민족이 바로 우즈베크 사람들이 아닌가 하는 생각이 또 다시 느껴졌다. 이 또한 다민족 국가의 강점일 것이다.

　우즈베크에 머문 지 6일째 되는 날에는 아침 5시 50분에 일어났다. 이제는 어느 정도 적응이 된 셈이다. 시차 극복도 모두 시간이 해결해주고 있다는 것을 다시 깨닫게 됐다. 우즈베크에 머물면서 양고기와 쇠고기 등 고기류를 많이 먹은 때문인지 소화가 잘 되지 않는 것이 다소 힘들었다. 해법은 뛰는 것 밖에 없다고 판단했다. 그래서 일어나자마자 조깅을 하곤 했다. 짧게 머물렀지만 이틀에 한 번 꼴로 달렸다. 집에서도 오랫동안 하지 않던 달리기를 먼 이국 땅에서 하니 기분이 좋고 나름대로 스트레스도 풀리는 것 같았다. 30분은 달리고 30분은 걷는 운동이 아주 재미있었고, 좀 과장해서 표현하자면 ‘꿀맛’ 같았다.

　사막지역 탓인지 부하라의 아침저녁은 아주 쌀쌀했다. 낮의 따스한 기온과는 큰 대조를 이뤘다. 이른 아침이어서인지 거리에는 차도 사람도 보이지 않았다. 물론 운동하는 사람은 눈을 뜨고 찾아봐도 보이지 않았다. 열심히 달리고 있는데, 안전표시판도 없이 뻥 뚫려 있는 맨홀이 그대로 방치돼 있어 아찔함을 느끼기도 했다. 큰 블록을 따라 달리면 숙소를 찾는데 어려움이 없다고 생각하고 뛰고 또 달렸는데, 너무 많이 나가서 길을 잃고 헤매던 일도 생각난다. 도로에 가끔 나타난 현지인에게 길을 물었으나 영어가 통하지 않아 애를 먹기도 했다. 휴대폰도 지갑도 숙소에 둔 채 무작정 달리다가 길을 잃었으니 적잖이 당황도 했다. 달랑 키만 들고 나온 것을 잠시 후회하기도 했으나 소용이 없었다. 하는 수 없이 길가는 차를 세워 물어서 겨우 찾아냈다. 이국땅에서 벌어진 해프닝이다. 낯선 땅에서 미아가 되는 것은 아닌가 하는 생각도 순간 느껴보기도 했다. 물론 그런 일은 없겠지만.

우즈베크에서는 운동을 하는 모습을 찾아보기가 쉽지 않았다. 그래서 살찐 여성들이 많은 것 같다. 고기와 빵을 주로 섭취하면서도 운동을 하지 않은 탓에 살이 찐 중년 여성들이 증가하는 추세라고 한다. 어릴 때와 처녀 때 하나같이 예쁜 몸매가 어떻게 저렇게 뚱뚱해졌을까 하는 생각이 들 정도로 거리에서나 공공장소에서 비만 여성들이 많이 눈에 들어왔다.

부하라 식당 근처에서 16세기에 유명한 신학자 동상을 보면서 웃음이 절로 나왔다. 후찌나가렛이라는 유머스러운 교수의 동상이다. 그는 인기가 아주 많았다고 한다. 이 교수에 얽힌 유명한 일화도 있다. 교수는 결혼을 할 때 신부의 얼굴을 보지 못했다고 했다. 안 본 것일까. 여하튼 그의 부인은 교수와 첫날밤을 잔 후 '나 얼굴 예뻐' 라고 하면서 얼굴을 보여 줘도 되는지 물어볼 정도라고 했다. 그러자 이 교수는 얼굴만 빼고 다른 것은 모두 된다고 답했다는 것이다. 그만큼 여자가 못생겼다는 이야기다. 해학이 넘치는 이슬람 문화의 단면을 보여주는 대목이다.

부하라에는 라비하우스(연못)가 많이 있다. 사막 속의 오아시스인 셈이다.

연못을 둘러싸고 식당에서 식사하는 풍경은 어디를 가든 멋으로 가득해 보였다. 당시의 왕들이 연못을 산책한 때문인지 큰 연못도 많이 보였다. 임금이나 권력자 주변에는 늘 연못이 있다는 것이 비단 우즈베크만은 아닐 것이다. 힘이 있는 곳에는 연못이 있었으니까. 우리나라도, 중국도 크게 다르지 않는 모습이다.

부하라의 건축양식은 벽돌문화다. 낙타 젖과 계란 흰자, 모래·흙으로 반죽해서 짓는다고 했다. 부하라의 타키는 낙타에 물건을 싣고 와서 물물을 교환하는 시장인데, 낙타가 다닐 수 있도록 천장을 높이 만든 것이 이색적이다. 중국의 한약을 판매하는 800년의 역사를 자랑하는 약방모스크(마티 고르니 사원)도 보였다. 이곳의 벽돌은 모두 고풍스러워 문화유산의 가치를 엿볼 수 있다. 우즈베크는 또 어디를 가든 수백년 된 뽕나무를 자주 볼 수 있었다. 역사와 전통을 자랑하는 대장간도 관광 상품화 하고 있었다. 대장장이가 칼과 가위를 만드는 모습을 사진에 담으려면 한 컷에 500숨을 주어야 가능할 정도로 모든 것이 상업적이다.

부하라의 대표적인 큰 탑은 킬란미나트레(큰 첨탑). 당시에는 부하라에서 사마르칸트를 적국의 시각으로 보았다. 이에 사막 건너 사마르칸트를 감시하기 위해 세운 높은 탑이 바로 킬란미나트레라고 한다. 800년 전에 45m(15층 높이)나 되는 큰 탑을 세웠다고 생각하니 그저 놀랍다. 이 탑은 적국을 감시하는 것 외에도 사막의 등대역할과 죄수의 처형 장소 등으로도 이용됐다고 한다. 높은 탑 위에서 죄수를 떨어뜨려 죽였다는 것이다. 이슬람 율법을 어긴 자를 칸이 지켜보는 가운데 자루에 넣어 떨어뜨렸다고 하니 말만 들어도 소름이 끼친다. 나선형의 이 건물을 쳐다만 보아도 어지럽고 아찔한데, 그 높은 곳에서 사람을 떨어뜨릴 정도의 잔인함은 도대체 어떤 연유에서인지가 궁금할 따름이다.

부하라의 대표적인 큰 탑인 킬란미나트레

지하 15m의 기둥을 지탱하기 위해 둘레만도 25m나 될 정도의 엄청난 규모의 이 건물을 짓는 재료는 낙타 젖과 계란 흰자, 흙을 쪄서 만들었다. 기층마다 문양이 각기 다른 것도 특이하다. 석양에 따라 문양도 바뀐다고 할 정도로 건물이 웅장하고 아름답다. 700년 전 기하학의 예술적 건축물로 손색이 없어 보였다.

징기즈칸이 1220년경 이곳을 쳐들어올 때 모스크에서 사람을 많이 죽였다고 한다. 사람의 시체로 성을 이룰 정도라니 어안이 벙벙하다. 징기즈칸의 잔혹함이 이곳에도 가득 남아 있다. 역사는 승자의 탐욕으로 가득하게 되는가. 반항세력이 봉기하지 못하도록 아예 싹을 자르기 위함일까. 후세에 숱한 비난

이 따를 것이 분명할 텐데도, 악의 씨앗을 마음대로 뿌리는 연유는 무엇일까. 어떻든 징기즈칸의 탐욕에 숱한 사람들의 아까운 목숨이 핏빛으로 변한 성에 들어서니 아름다운 건물이라는 생각보다는 끔찍함이 더 느껴졌다.

징기즈칸은 당시 말을 타고 와서 이 건물을 보면서 아주 높다고 생각한 순간 자기 철모를 떨어뜨렸다고 한다. 그는 떨어진 모자를 잡으려고 무심코 고개를 숙였다. 그리고 탑을 보는 순간 영험하다고 생각했다고 한다. 그래서 그때 한 말이 지금도 회자되고 있다. '이 탑이 나의 머리를 숙이네' 라면서 그때 비로소 더 이상 파괴를 하지 말라고 명령을 내렸다고 한다. 그래서 이 탑은 징기즈칸이 머리를 숙이게 한 것으로도 아주 유명하다. 이 탑은 무슬림들의 기도시간을 알려주거나 불을 밝혀 주는 등대 역할도 한다. 사막을 향해 여행하는 자와 실크로드를 오고가는 카라반들에게 밝혀주는 등대 역할을 한다는 것이다. 달이 없는 밤에는 이 탑의 불을 보고 오아이스를 찾으며 쉬어가는 장소가 되기도 했다. 또 왕과 백성들에게 큰 범죄를 한 사람들에게 사형을 집행하는 장소 역할도 했다. 이 탑에서 죽은 자 가운데는 젊은 학생이 있었는데, 이 학생은 남몰래 겨울궁전, 즉 왕이 사는 궁전을 향해 성벽을 타고 올라가다가 미니라트에서 망을 보고 있는 경비원에게 붙잡혔다고 한다. 그가 성벽을 타고 올라가다가 붙잡힌 후 곧바로 탑 꼭대기까지 끌려 올라가 문을 통해 탑 밑으로 던져졌다고 한다. 그때부터 이 탑은 죄수들을 죽이는 탑이 되기도 했다는 것이다. 성을 지키고 저 멀리서 적들이 침략해 오는 자를 지켜보는 전망대 역할도 한 이 탑은 역할이 아주 많았다. 또 하나의 역할은 앙상블. 탑 위에서 아래를 내려다보면 왕궁과 사원, 시장, 모든 것이 내려다보이기 때문에 앙상블이라고 표현하고 있다. 탑 위에서 아래를 내려다볼 때 그만큼 아름다움이 넘친다는 것이다.

알렉산더가 329년 이곳에 쳐들어와 동방 원정에 성공, 이름을 날려 큰 제국을 이뤘지만, 징기즈칸만큼의 큰 역사를 이룬 자는 없다고 할 정도로 그의 위대함이 우즈베크에서는 여전히 전설처럼 전해지고 있다. 이러한 징기즈칸은 사마르칸트에서 어린아이만 800명을 죽이고, 사냥감을 덮치는 개처럼 생명 있는 것은 모두 죽였다는 사실이 믿어지지 않는다. 세계를 호령한 징지즈칸이 네트워크의 힘을 마음껏 발휘하며 위대한 업적을 남긴 인물로 기억하다가도 이곳에서는 잔인하기 그지없을 정도로 인간의 탐욕과 사악함을 드러낸 인물로 비춰지니 역사를 보는 시각을 더욱 깊고 넓혀야겠다는 생각이 밀려왔다. 단편적인 지식으로 인물을 평가하고 흠모하는 버릇 또한 지워야겠다는 깊은 교훈도 얻었다.

▶부하라에서 만난 인연

부하라에서 한국어를 말하는 현지인을 만나보는 일은 어느 때든, 어느 곳에서든 반갑다. 20세 여성 사이다를 만나는 일도 그랬다. 그녀는 타슈켄트 세종한글학교에서 한국어를 6개월 정도 배웠다고 자랑했다. 동생(11살, 여자)과 이모(45)와 함께 부하라의 한 모스크에서 사이다를 만났는데, 그는 한국어를 아주 잘했다. 고등학교를 졸업하고 제대로 된 직장을 구하고 있는 중이라며 자신을 자세하게 소개하기도 했다. 사이다는 타슈켄트에서만도 한국어를 가르치는 학교가 12곳이나 될 정도로 최근 '한류열풍' 의 영향으로 한국을 찾으려는 사람들이 계속 늘고 있다고 말했다. 세종한글학교, 고려문화원, 한국문화원, 한국정신문화원 등에서 한글 교육이 이뤄지고 있다고 했다.

한국어에 대한 배움의 열정 또한 높다고 했다. '코리안 드림' 을 키우는 곳이 있다는 것은 그만큼 정서적으로도 우즈베크가 한국과 가까워질 수 있다는 의미가 담겨 있다. 일본의 경우 과거에는 우즈베크로 가는 직항로가 있었으나 지금은 없어져 한국을 거쳐 간다고 한다. 그만큼 대한민국과 우즈베크의 사이는 더욱 가깝게 끈이 이어지고 있다는 점에서 의미가 크다.

사이다와 함께 거리를 거닐면서 빵 찍는 틀을 만든 할아버지(87세)를 만났다. 보청기를 끼고 있는 그는 손을 떨고 있었다. 건강상태는 나빠 보였다. 빵 찍는 틀을 만드는 분으로서는 아주 유명한 인물이 노후를 너무 쓸쓸하게 보내는 것 같아 마음 한 구석에 안타까움이 몰려왔다. 빵 찍는 틀을 만들 정도면 돈을 많이 벌었고, 살아가는 모습도 근사해 보일 법도 한데, 너무 초라한 모습으로 시장에 쪼그리고 앉아 물건을 판매하고 있었다. 기술개발자의 힘이 이토록 약해진 것일까. 아니면 다른 문제가 있었을까. 빵이 주식이 된 이 나라에서, 그

기술을 가진 자가 왜 이토록 외롭게 늙어가도록 방치하고 있을까하는 의문만 가득 품고 한동안 머릿속이 어지러웠던 기억이 난다.

우즈베크 중년 여성들이 대체로 나이가 많이 보이는 것처럼, 사이다의 이모 역시 40대인데도 심하게 말하면 할머니처럼 보였다. 젊을 때에는 아주 예뻤었는데, 나이가 들면 모두 늙어 보이는 특징에서 그의 이모

빵틀 만든 할아버지

도 예외는 아니었다. 사이다 일행과 함께 벨라 이탈리아 레스토랑에서 식사를 하면서 즐거운 이야기를 나눴다. 빵과 볶음밥, 스파게티 등을 맛있게 먹으면서 웃음바다를 이루기도 했다. 사이다와 이야기를 나누면서 '칠성사이다' 이야기로 농을 건넨 기억도 난다. 그는 한국의 김치를 아주 좋아한다고 했다. 깍두기, 라면, 불고기 등도 좋아한다고 자랑했다. 사이다는 지금 우즈베크에서는 한국어를 배우려는 자가 아주 많이 생겨나고 있다며 은근히 한국에 대한 높은 관심을 보였다. 공부, 일, 결혼을 하기 위해 한국에 특히 관심이 많다고도 소개했다. 물론 한국인과 결혼하고 싶은 자도 늘고 있다며 한국이 '희망의 땅'이 되고 있다고 전해주었다. 짧은 시간이지만 사이다 언니의 딸 모히라(당시 11세)와 이모 불체트라(45)도 기분을 상쾌하게 했다. 사이다의 이모 불체트라는 투르크메니아에 살고 있다고 했다. 그는 왠지 투르크메니아보다 부하라가 좋다고 했다. 재미있는 일도 많고, 예쁜 곳도 많은 곳이 부하라이기 때문이라고 설명했다. 이들은 휴대폰도 노키아 제품보다 삼성 폴더가 더 좋다며 한국에 대한 애정을 지속적으로 쏟을 것임을 내보였다. 어머니가 이란계이고, 아버지는 우즈베크인이라는 사이다는 현재 아프간에서 운영하는 직모공장에서 일 년 가량 일하며, 한 달에 200달러 정도 받는다고 했다. 모스크에서 잠시 만난 사이다 일행은 필자 일행이 점심을 먹고 있다는 소식을 듣고서는 합류하기를 희망해 만날 정도로 현지인들은 이방인에 대해 그다지 거리를 두지 않았다. 사이다는 이란에서 살다가 의사인 아버지와 다섯 살 때부터 타슈켄트로 들어와 살고 있다고 했다.

1477년생 뽕나무

▶아로코성과 영묘

뽕나무. 우리에게는 너무나 친근한 나무다. 부하라에서도 뽕나무를 자주 볼 수 있었다. 뽕나무가 가로수로도 쓰일 정도다. 마을 어귀마다 뽕나무 아래 정자를 만들어 놓고 주민들이 쉬는 모습도 자주 보였다. 마치 우리나라 농촌의 어르신들이 느티나무 아래에서 담소를 나무며 여름을 시원하게 보내는 모습과도 아주 흡사했다. 연못 주변에 있는 한 식당에는 1477년생 뽕나무가 자태를 뽐내고 있었다. 한 그루의 오래된 뽕나무가 사람들을 더욱 푸근하게 만드는 듯했다.

부하라의 아로코 성(아로코=군주=칸, 산성, 요세) 입구에는 그림을 판매하는 65세 할머니가 유창한 영어를 하면서 자신의 아들이 직접 그린 그림이라며 관광객들에게 열정적으로 권장하는 모습이 퍽이나 인상이 깊었다. 어찌나 열

성적으로 따라오는지, 미안한 나머지 값이 싼 그림엽서를 구입하는 것으로 화답했다. 아로코 성에는 옛날 지하감옥이 있었다. 군주가 살았던 이 성이 언제 지었는지는 확실하지 않으나 기원전 329년 알렉산더가 쳐들어왔을 때에도 존재했다고 한다. 역대 칸들은 이곳에서 살기도 했다. 이곳은 징기즈칸이 들어와서 파괴했다고 했다. 징기즈칸은 그리고 보면 '역사와 유물의 파괴자'라는 인상이 적어도 우즈베크에서는 자주 느낄 수 있었다. 아로코성은 1873년 러시아에 멸망하기까지 마지막 칸이 산 곳이기도 하다.

아로코 성에서 당시 후궁들이 살았던 방도 볼 수 있었다. 부하라 군주는 자주 바뀌고, 당시의 칸은 폭군이었다고 한다. 술과 담배는 하지 않았지만, 처형명령을 내릴 때에는 입에서 귀까지 자를 정도로 무시무시했다. 유서 깊은 부하라에서도 우리나라 가전제품을 볼 수 있었다. 성 위에는 삼성과 LG 에어콘이 설치돼 있었다. 우리나라가 징기즈칸처럼 파괴자의 모습이 아닌 현대에 꼭 필요한 가전제품으로 우즈베크에 계속 다가선다면 한국에 대한 이미지는 더욱 좋아지고, 가까워질 것이다.

부하라에서는 일하는 사람이 별로 없어 보였다. 거리에는 청소하는 아주머니가 보이고, 젊은이들은 장사를 하는데, 손님이 없을 때에는 관광지에서 체스를 하면서 여유를 부리는 모습도 곳곳에서 목격됐다. 한적하고 평화로운 부하라는 역동적인 면모는 보이지 않았다. 부하라에서 현존하는 건물 가운데 가장 오래된 곳인 이스마일 왕 영묘를 둘러봤다. 낙타 젖과 흙으로 600여 년 전에 만든 건물이라고 한다. 이 건물은 석양에 비친 해가 지나감에 따라 문양이 바뀌는 모습이 이채롭다. 숨을 쉬지 않고 건물 두 바퀴를 돌면 소원이 성취된다는 전설로도 유명한 건물이다. 그것이 가능한 일일까. 궁금해서 직접 해보니

이스마일 왕 영묘

거의 불가능했다. 물론 폐활량이 많은 사람은 가능할 것도 같았다. 벽돌로 특이하게 잘 지은 이 건물은 '영묘'라고 한다.

특이한 점은 우즈베크에 있는 동안 걸인을 거의 보지 못했다. 가끔 고궁 등

에 아이들과 함께 나타나 돈을 요구하기도 하지만, 머무는 동안 한 번 봤을 정
도다. 현지 가이드는 걸인 한 명에게라도 돈을 건네면 떼로 몰려오기 때문에
돈을 주지 않는 것이 좋다고 했다. 영묘에서 걸인과 마주치기도 했지만, 그들
은 필자에게 손을 내밀지는 않았다. 거지도 거지 나름일까.

▶부하라에서 타슈켄트

부하라에서 타슈켄트로 가는 비행기를 탔다. 비행시간은 약 45분. 우즈베
키스탄 에어라인이다. 그런데, 이륙과 착륙 때 엔진소리가 아주 심하게 들려
짜증이 날 정도였다. 실내 공간도 양쪽 의자 3개씩 있어 우리나라 비행기와 비
교하면 열악하기 짝이 없었다. 다른 나라의 공항시설과 비행기를 이용해보면
우리나라 항공 수준이 얼마나 앞서 있는지를 실감할 수 있었다. 자랑스럽다는
생각도 든다. 세계의 많은 나라를 가보지는 못했지만, 인천공항처럼 멋지고
깨끗하고 편리한 곳이 있을까 하는 생각이 가끔씩 든다. 물론 비행기 승무원
들의 밝음과 친절함, 서비스 또한 우리나라가 일품이다. 그래서 우리나라가
좋다는 것을 외국에 나갈 때마다 느끼곤 한다. 있을 때는 잘 모르지만, 밖에 나
가서 느끼는 것은 비단 필자 혼자만의 생각은 아닐 것이다.

우즈베크의 주요 도시와 역사적 흔적, 보통 사람들이 살아가는 모습을 보면
서 멀리 떨어져 있으면서도 아주 가까운 우리 이웃이라는 생각이 내내 들었
다. 우즈베크의 '속살' 을 들여다본 후는 더욱 그러한 생각으로 가득했다. 아
마도 그 첫 째 이유는 고려인이 많이 살고 있어서일 것이다. 갖은 시련과 외로
움을 이겨내며 살아가고 있는 우리의 핏줄이 있다는 그것 하나만으로도 함께
해야 하는 이유가 충분하다. 지금도 우즈베크에서 손가락질 받지 않고 떳떳하

게 살아가고 있는 고려인. 그들에게 우리는 어떤 존재인지를 다시금 생각해볼 때다. 고려인들이 현지에서 사회적 지위를 누리며 당당하게 살아갈 수 있도록 우리가 할 일은 무엇인지를 함께 고민하면서, 또한 그렇게 하는 것이 상생하는 길임을 인식할 때가 바로 지금이 아닌가 생각해본다.

농협문화복지재단이 추진하고 있는 '여성결혼이민자 모국 나들이' 동행 취재를 통해 우즈베크를 잠시 들여다본 모습은 걱정보다는 희망이 더 많았다는 생각이다. 동행 취재 대상인 박승진 씨와 두가이벨라 씨 가족 이야기를 상기해본다.

▶결혼 5년 만의 친정 나들이

우즈베크 출신 고려인 3세인 두가이벨라씨(2009년 33세, 전북 김제시 순동). 박승진 씨(2009년 43세)와 결혼한 지 5년째 됐다. 하지만, 그녀는 가정 형편이 넉넉지 않아 친정을 한 번도 다녀오지 못했다. 그래서 고향 생각이 날 때마다 눈물을 훔치기를 여러 차례 했다고 말했다. 그러던 그녀에게 농협문화복지재단이 희망을 선물했다. 그녀와 남편, 다섯 살배기 아들과 함께 먼 친정 방문길에 오르는 감격스러움을 맛볼 수 있었다.

2009년 10월 2일 밤 10시 45분(한국시각 3일 새벽 2시 45분). 우즈베크 수도 타슈켄트공항에서 자동차로 약 20분 거리에 있는 백테미르지역 5층 아파트에서는 두가이벨라 씨 부모가 딸의 친정 방문에 크게 기뻐하며 밤의 정적을 깼다.

"도츠까(딸), 쟈츠(사위), 브노크(손자)…"

가족들은 무척 감격스럽고 눈물이 쏟아진다며 한참 동안이나 딸과 사위, 손자의 이름만 불렀다. 비행기로 무려 7시간 반 동안이나 날아 온 긴 여정 끝에 일궈 낸 가족 상봉은 이렇게 벅찬 기쁨으로 서막을 열었다.

박승진씨 처가에서

두가이벨라 씨의 아버지 땐 뼈테르 뻐리서비츠 씨(2009년 69세)와 어머니 박 리디야 블라디미러브나 씨(55)는 딸의 모국 방문이 믿기지 않는 듯 얼굴을 부비고 손을 꽉 잡은 채 '행복의 눈물'을 하염없이 흘리고 있었다.

그들은 사위와 딸의 큰절을 받자마자 전통 음식과 과일이 오른 술상을 푸짐하게 차려 놓고, 밤늦도록 이야기꽃을 피우며 가족의 소중함을 새삼 일깨우는 깊은 사랑을 나눴다.

"먼 길을 이렇게 올 줄 몰랐다. 너를 조상들이 태어난 땅으로 시집보내고, 밤마다 눈물을 흘리며 많이 걱정했다. 고국 땅을 밟고 싶은 생각이 하루에도 몇 차례 떠오르지만 마음뿐이고, 형편이 안 되니 깊이 헤아려 주었으면 한다."

두가이벨라 씨 부모는 딸과 사위에게 꼭 전하고 싶은 이야기라며 어렵사리 말을 꺼냈다. 심장병을 앓고 팔다리가 아픈 두가이벨라 씨의 아버지는 오랫동안 버스 기사로 일한 고려인 2세다. 그래서인지 딸이 조상의 피를 잇는 한국

남성과 결혼한 것에 대해 흡족한 표정이 역력했다.

"비행기표만이라도 마련해 줘서 딸이 친정을 한 번 다녀가도록 했어야 하는데, 그렇게 못해 늘 마음이 무거웠다. 그런데 농협문화복지재단이 신경을 써 줘 딸의 얼굴을 볼 수 있게 돼 지금 말할 수 없이 행복하다."

경찰 공무원으로 20년을 지내고, 정년퇴직 7년차를 맞고 있다는 두가이벨라 씨 어머니는 딸과 사위를 위로하는 데 많은 공을 들였다. 현지에서 중간 정도의 삶을 살고 있어도 비행기표를 구입하는 비용을 마련하는 일은 여전히 버겁다고 했다. 그는 "우리 딸이 돈을 벌어 온다며 한국으로 갔는데, 이렇게 사위를 데려오니 첫 번째로 행복하고, 손자까지 보니 두 번째로 행복하다"고 크게 웃었다.

두가이벨라 씨 어머니도 고려인 2세로 한국인의 피가 흐르기 때문인지 손가락 까지 꼽으며 행복감을 열거했다. 이어 세 번째 행복은 동행한 당시 강주모 농협문화복지재단 사무총장과 기자인 필자를 만난 것이라고 말했다. 각별히 일행을 반기는 모습에서 영락없는 한국인의 모습 그대로 정이 넘치는 것을 느낄 수 있었다. 그러면서 아직 한 번도 가보지 못한 조상의 나라에 대한 그리움이 강렬하다고 속삭이기도 했다.

공항으로 마중 나왔던 하나밖에 없는 여동생 예카테리나 페트러브나 씨(24)도 "언니와 형부를 만날 수 있어 정말 반갑고 눈물이 난다. 게다가 귀여운 조카까지 생겨 더 없이 기쁘다"며 행복한 가정을 꾸릴 것을 간절히 소망했다.

박승진 씨 부부는 가정은 이뤘지만 혼례식은 아직 치르지 못했다고 어렵게 말문을 열기도 했다. 그래서 이번 방문길이 설레고 기쁘면서도 한편으로는 가슴에 묵직한 추를 매단 듯 무겁다고 눈물을 글썽였다.

남의 땅을 빌린 것을 포함해 벼농사 1만6천 평과 고추와 채소 등 밭농사 600평을 짓는 박씨 부부는 홀어머니(65)를 모시고 시골에서 평범한 농사꾼으로 살고 있었다.

그는 서울에서 중국 식당 요리사로 12년 동안 일하다가 부친을 도와 농사를 지은 지 이제 7년째라고 했다. 하지만 아버지와 함께 농사를 짓는 동안 농기계 구입비 등으로 진 빚이 7천만원에 달해 가세가 많이 기울었다고 털어놓았다. 설상가상으로 2008년에는 박씨의 아버지가 경운기 사고로 세상을 떠나면서 형편이 더 어려워져 2009년에 올리기로 계획했던 결혼식마저 물거품이 됐다는 안타까운 사연도 들려줬다.

"아내는 결혼식을 올리자고 강력하게 요구하지만, 솔직히 이런 형편에서 식을 올린다는 것이 부담스럽지요. 하루빨리 처가 식구들을 모시고 번듯한 결혼식을 올리고 싶은 생각은 간절하지만 아직은 때가 아닌 것 같습니다."

그래도 우즈베크행 비행기를 타기 전 인천공항에서 만난 두가이벨라 씨는 "솔직히 친정 방문은 꿈도 꾸지 못했는데, 농협의 도움을 받아 이렇게 가게 되니 발이 공중에 둥둥 떠 있는 것 같은 기분"이라면서 환하게 웃었다.

박씨 부부는 농협문화복지재단에 신청할 때만 해도 우즈베크가 베트남, 필리핀 등 동남아국가에 비해 비용이 많이 들기 때문에 쉽지 않을 것으로 생각했다고 고백했다. "넘기 힘든 높은 벽으로 여기고 반신반의했는데, 막상 선정되고 보니 앞으로 더 열심히 살아야겠다"고 다짐했다며 당시 기뻤던 소감을 들려줬다.

박씨는 어렵게 잡은 기회이기 때문에 처가에 줄 선물 장만에도 신경을 많이 썼다고 했다. 아내와 상의해 처가에서 꼭 필요로 할 만한 청소기, 커피 등을 준

가족상봉의 기쁨

비해 가방 두 개와 다섯 개의 상자(100kg정도)에 나눠 담았다고 했다. 하지만, 김제에서 인천공항으로 곧장 가는 차편이 없어 이들은 택시 두 대를 불러다가 짐을 싣고 전주에 살고 있는 고모 집에서 잠시 머무른 뒤 당일 새벽 2시경 공항으로 가는 길을 선택했다고 했다. 국내에서 움직임도 쉽지 않았다는 이야기다.

박씨 가족은 국내에서의 여정도 힘들기도 했지만 전혀 내색을 하지 않고, 어린 아들 효상이도 피곤한 기색을 보이지 않고 '외갓집에 가게 돼 기쁘다' 며 마냥 들떠 있는 모습에서 이번 여행은 참으로 의미가 있고 평생에 남을 아름다운 추억으로 기억될 것이라는 생각이 들었다.

박씨는 "아내가 한국으로 시집온 동료 여성들은 대개 2년 정도 되면 친정을 가는데, 왜 우리는 가지 않느냐고 물을 때마다 가슴이 미어졌다"며 "스스로 선택한 것은 아니었지만 '농협의 동행' 덕분에 아내의 소원을 풀어주게 돼 기쁘다"고 말했다. 두가이벨라 씨도 "어려운 형편을 잘 알면서도 아버지가 아프시다는 소식을 들으니 친정에 더욱 가보고 싶었다"며 소원이 이뤄져 행복하다고 했다. | 농민신문. 2009. 10. 19

우즈베키스탄 여행 도우미

　중앙아시아, 특히 실크로드 중심지에 위치한 우즈베키스탄은 우리에게 잘 알려져 있는 나라는 아니다. 그렇지만, 강한 끌림이 오는 나라임에는 틀림이 없다. 우즈베크의 현재와 미래를 한눈에 볼 수 있는 수도 타슈켄트와 과거의 영화가 가득한 사마르칸트, 부하라 등을 천천히 음미하는 흥미로운 여정을 품는다면 재미는 '만 배'로 늘어날 것이다.

　1991년 소련으로부터 독립한 우즈베크는 아시아 대륙의 심장부이자 동서양의 허브이다. 천연가스 매장량이 세계 10위권이고, 개발되지 않은 천연자원도 풍부하다. 여행의 시작점인 타슈켄트('돌의 나라'의미)의 아무르티무르 광장을 시작으로 브로드웨이, 꾸일륙 바자르 등을 더듬어보면 깊은 인상을 받게 된다.

　타슈켄트에서 기차를 타고 4시간 정도 가면 과거의 영화가 가득한 우즈베크 제2의 도시 사마르칸트에 닿는다. 타슈켄트보다 500여 년 앞선 사마르칸트는 우즈베크 역사와 문화의 중심지다. 유네스코로부터 세계문화유산으로 지정돼 그 가치를 이미 세계적으로 인정받았다. 유서 깊은 도시인 사마르칸트는 '동방의 로마'라는 별칭을 가질 정도로 궁금증도 많이 떠오르는 곳이다. 몽골의 침략으로 파괴된 사마르칸트를 다시 부활시킨 인물이 바로 14세기의 티무르 왕조다. 중앙아시아 최고(最古)의 도시인 사마르칸트는 1220년 징기즈칸에 의해 패망되기까지는 실크로드의 교역기지로 번창했다. 동양 건축물의 백미로 꼽힌 레기스탄 광장을 시작으로 울루그벡 천문대 등을 둘러보는 순간 과거의 영화가 느껴진다.

　타슈켄트에서 서쪽으로 약 500㎞(기차로 7시간 소요)에 떨어진 제3의 도시 부하라(Bukhara)는 중세도시로서의 옛 모습을 고스란히 간직하고 있다. '사막의 오아시스 도시'로 불리는 부하라는 6~7세기 마을을 형성하다 8세기에 아랍인들의 침입을 받아 이슬람화로 바뀌었다. 유네스코로부터 도시 대부분의 유적지가 세계문화 유산으로 지정받은 곳이다. 1000년 전으로 떠나는 타임머신 여행을 하고 싶다면 꼭 권하고 싶은 곳이 부하라다. 12세기에 건립된 높이 46m의 칼란 미나레트, 이스마일 샤마니 영묘, 아르크(방주), 타키 등을 둘러보면 시계가 거꾸로 돌아간 느낌이다.

가는 방법

현재 우즈베키스탄 항공(HY:하늘의 길이라는 뜻)과 아시아나 항공(OZ)이 서울-타슈켄트간을 주2회 왕복 취항하고 있다. OZ는 우리나라 시간으로 월요일 17:20에 출발할 경우 현지시간으로 21:20에 도착한다. 또 대한항공(KE)의 경우 인천공항에서 월요일 13:15에 출발할 경우 현지시간으로 17:15에 도착한다. 시차는 4시간이다. 우리나라(GMT+9)보다 4시간 늦은 GMT+5이다. 여름 휴가기간 등에는 차터기(전세기)를 운행하고 있다. 항공료는 국내항공의 경우 90만~140만, 우즈베키스탄 항공은 80만~130만원 수준(2012년 1월 5일 기준이며, 변동이 잦음)이다.

※GMT란, Greenwich Mean Time의 약자로 세계표준시를 말한다. 영국 London 근교의 Greenwich 천문대를 지나는 경도 0도의 Greenwich 자오선을 기준으로 한 시간으로 세계 모든 지방시와 관측에 사용하는 표준시의 기본이다. 우리나라 표준시와는 9시간의 차이가 있다. 대부분의 국가들이 경도 15도를 1시간으로 하는 단일 표준시를 채택하고 있는데, 우리나라는 동경 135도를 표준시로 채택하고 있다. 우리나라 표준시는 GMT와 9시간(135 / 15 = 9)의 차이가 있다.

비행시간표

목적지	요일	편명	출발시간	도착시간
인천 → 타슈켄트	화	HY 512	화 11:15	화 14:55
인천 → 타슈켄트	수	HY 514	수 22:25	목 02:05
타슈켄트 → 인천	수	HY 513	수 10:35	수 20:55
타슈켄트 → 인천	월	HY 511	월 23:10	화 09:30
인천 → 타슈켄트	월	OZ 573	월 17:20	월 21:10
인천 → 타슈켄트	화	OZ 573	화 17:20	화 21:10
인천 → 타슈켄트	금	OZ 573	금 17:20	금 21:10
타슈켄트 → 인천	월	OZ 574	월 22:30	화 08:45
타슈켄트 → 인천	화	OZ 574	화 22:30	수 08:45
타슈켄트 → 인천	금	OZ 574	금 22:30	토 08:45
인천 → 타슈켄트	월	KE 953	월 13:15	월 17:15
인천 → 타슈켄트	수	KE 953	수 13:15	수 17:15
인천 → 타슈켄트	토	KE 953	토 13:15	토 17:15
타슈켄트 → 인천	화	KE 954	화 20:00	수 06:15
타슈켄트 → 인천	목	KE 954	목 20:00	금 06:15
타슈켄트 → 인천	일	KE 954	일 20:00	월 06:15

※ 자료 = NH여행, 2012. 1. 5일 현재 기준

인사

　인사를 할 때에는 왼쪽 손을 가슴에 대고 오른손으로 악수하면서 '아살롬 마리쿰'으로 인사하면 된다. 가까운 사이면 입과 입을 맞대어 키스를 한다. 이는 정중한 인사법이다. '아 살롬 마리쿰'이라는 뜻은 당신에게 평화가 있기를 바란다는 의미의 인사이다.

식수

　물은 석회 성분이 많아 그냥 먹기는 쉽지 않다. 미네랄 워터의 대부분은 탄산이 들어 있고 에비앙 생수는 미르, 아르두스 슈퍼마켓에 가야 살 수 있다. 문제는 언제나 팔지는 않는다는 점이다. 차를 마시면 현지에 적응하기가 아주 편리하다.

온수

　온수는 기본적으로 국가 중앙 공급이다. 일 년 내내 공급되지만 일 년에 한두 번 나오지 않을 때도 있다. 또 수도관이 노후해 1급 호텔의 경우에도 녹물이 나오는 경우도 종종 있다. 오랫동안 흘려보낸 후 사용하면 된다. 최근에는 호텔의 시설도 좋아 녹물 걱정은 그다지 하지 않아도 된다.

비자, 항공권 기간 연장

　• 비자 : 어떤 나라든지 각국에 주재하는 영사관에서 비자를 받을 수 있지만, 혹시 타슈켄트에서 사고가 일어나면 타슈켄트 공항이나 다른 공항의 영사부에서 임시 비자를 발급받을 수 있다.

　• 비자 기간 연장 : 반드시 처음 초청해 준 기관의 도움을 받아야만 비자의 기간을 연장할 수 있다. 관광 비자의 경우는 초청해 준 현지 여행사에게 의뢰해야 하는데 1회, 한 달간 연장이 가능하며, 여권과 비용이 필요하다. 소요 시간은 약 15일이며, 기간 연장 수속 중에 비자 기간이 만료되면 벌금이 부과되므로 기간 만료 15일 전에 신청해야만 한다.

　• 항공권 기간 연장 : 1개월 또는 3개월 기한의 할인 항공권은 기한을 준수해야만 한다. 만약 기한이상 체류하고자 할 때는 기한 이내에 현지 우즈베키스탄 항공권 판매 대리점에 가서 연장하면 된다. 이 때 연장에 따른 차액을 지불해야 한다. 또한 돌아오는 구간의 항공권을 사용하지 않고 새로 항공권을 구입했다면 서울

에서 환불 받을 수 있다. 그러나 환불 신청 기한을 반드시 준수해야만 환불을 받을 수 있다. 환불이 안 되는 항공권이 있으므로 항공권 구입 시 확인하는 것이 좋다. 〈자료 = 하나투어, 2011. 1. 13일 홈페이지〉

언어

우즈베크어와 러시아어를 주로 사용한다. 공식적으로는 우즈베크어를 사용한다. 정치, 비즈니스용 언어와 민족 간의 소통언어로는 러시아어를 사용한다. 우즈베크어가 중심이지만, 러시아어를 사용하는 사람도 많다. 우즈베크어(70% 안팎), 러시아어(15% 안팎), 기타 언어(타지크어, 카자흐어, 투르크멘어 5% 안팎)가 있다. 타슈켄트어는 우즈벡어와 러시아어가 주로 사용되지만, 타지크족이 많은 중부의 부하라와 사마르칸트는 타지크어가 널리 사용된다.

수도 타슈켄트에서는 아직까지 러시아어만 말해도 의사소통에는 큰 문제는 없지만 지방으로 가면 러시아어를 전혀 모르는 사람이 많다. 최근에는 우즈베크 정부가 민족주의 노선에 따라 간판 등을 우즈베크어로 교체하고, 2004년부터는 공식 서류는 대부분 우즈베크어다. 고려인 등 우즈베크어를 모르는 소수 민족들은 생활에 불편함을 겪고 입지도 점점 좁아지고 있다.

한마디

우즈베크어는 터키어와 유사하다. 보통 우즈베크 토박이들은 터키어를 알아듣는다. 각각의 부족이 언어가 다르지만 공통적인 언어는 러시아어이다.

즈드랍스트 부이쩨 (안녕하세요?)
다스비 다니야 (안녕히 계세요)
스파시버 (감사합니다)
다/녜뜨 (예/아니오)
하라쇼 (좋습니다)
빠다쥐–쩨 미누뜨꾸 (잠시만 기다려 주세요)
제브시카 (아가씨)
가스빠진 (아저씨)
야 뚜리스프 (나는 관광객입니다)
딱시 (택시)
미뜨로 (지하철)
압또부스 (버스)있다.

인종

우즈베크인이 80%로 가장 많다. 러시아인(5.5%), 타지크인(5%) 등의 순이다.

기후

대륙성 기후지대로 연간 강수량이 적다. 여름은 7월 평균기온이 북부는 26도, 남부는 30도를 웃돈다. 겨울은 남부의 경우 2개월, 북부는 5개월 지속된다.

화폐

화폐 단위는 숨(SUM)이다. 1숨은 원화 1원을 약간 밑돈다. 1달러는 약 1,513숨에 해당된다.

국민성

시와 노래를 즐기는 민족이다. '시와 노래 없이는 살 수 없다'는 격언이 있을 정도다. 이웃이 어려울 때 서로 도우며(하샤르:서로 협동), 손님에 대한 접대가 극진하다. 노인과 부모공경의 동양예절을 중시한다. 가족중심의 생활을 하며, 가부장적 사회다. 남아 선호사상도 뚜렷하다. 천성이 온화하고 낙천적이다.

종교

고대에 조로아스터교와 불교의 영향을 받았다. 8~9세기 아랍의 침략 이후 이슬람화 됐다. 카리모프 대통령은 철저한 정·교 분리로, 이슬람 근본주의자들의 정치 불안요소를 원척적으로 배제한다. 때문에 대다수 국민들은 이런 종교정책을 지지한다. 현재 88%가 무슬림(수니파 70%, 시아파 20% 등)이나 정부는 인접 타지크 등으로부터 과격 시아파 원리주의 확산을 경계한다.

에티켓 & 풍습

• 머리 : 우즈베크는 머리를 신성시한다. 귀엽다고 아이들의 머리를 쓰다듬는 일은 조심할 필요가 있다. 우리나라에서는 꼬마들을 만나면 자연스럽게 머리를 쓰다듬는 습관이 있는데, 우즈베크에서만큼은 조심하는 것이 좋다.

• 술 : 손님의 술잔에 첨잔을 하는 것이 예의다. 잔이 넘치도록 음료와 차 등을 따라주는 것은 빨리 먹고 가라는 의미다. 그래서 천천히 마시면서 대화를 하고 쉬었다 가라는 의미로 2/3 정도 따라주는 것을 예의로 여긴다. 당연히 '원샷'을 하는

것은 상대방과 술을 안 마신다는 의미로 결례가 된다. 우리의 술버릇을 우즈베크에서 그대로 드러냈다가는 외면당할 것이다. 조심해야할 대목이다.

• 손 : 우즈베크는 무슬림 국가로서 무슬림 관습과 전통을 존중한다. 예컨대, 물건을 줄 때는 항상 오른손을 사용한다. 발로 무엇을 가리키거나 발뒤꿈치를 보이지 않도록 한다.

• 선물 : 기념일 등에 여성에게 꽃을 줄 때에는 반드시 홀수로 준비한다. 짝수는 죽은 자에게 바치는 것으로 여겨 금기시한다.

• 청결 : 식사 전에는 반드시 손을 씻어야한다. 예절이다. 청결을 아주 중요시한다.

• 결혼식 : 더위를 피해 주로 밤에 성대한 음식과 음악을 겸한 피로연을 개최한다. 새벽에 결혼식을 하기도 한다.

레이크사이드

중앙아시아 최초의 유일한 18홀 규모 골프장을 1998년에 개장했다. 한국인이 운영하고 있다. 타슈켄트 국제공항에서 차로 15분 정도 걸리는 곳에 있다. 텐산 산맥을 배경으로 위치한 골프장은 경관이 뛰어나고 사계절 내내 쾌적한 라운드를 즐길 수 있어 한국 사람들이 골프를 주로 이용하고 있다.

관광 100배 즐기기

수도 타슈켄트

• 아무르 티무르 광장 : 타슈켄트 시내 중심에 위치해 있다. 광장 중앙에는 아무르 티무르의 기마상이 우뚝 서 있다. 그는 우즈베크를 독립시키고, 역사상 가장 넓은 영토를 확장한 제국의 영웅이다. 티무르와 그의 제국에 관한 역사를 한눈에 살펴볼 수 있는 아무르 티무르 박물관은 1966년 유네스코의 지원을 받아 건립했다. 터키와 중동, 러시아, 인도, 이란 등을 호령했던 그의 이력만큼이나 화려한 외관이 인상적이다.

• 알리세르 나보이 극장 : 우즈베크를 여행하다가 휴식을 취하고 싶다면 나보이 극장이 안성맞춤이다. 나보이 극장은 우즈베크 최고의 극장으로 오페라와 발레를 공연한다. 이 극장을 지은 사람들은 세계 제2차 대전 이후 끌려온 일본인 전쟁포로들이다. 그런 때문인지 건물도 튼튼하고, 일본 관광객들이 많이 찾고 있

다. 중앙아시아의 볼쇼이 극장이라고 불리기도 한다.

• 타슈켄트 역사박물관 : 1876년에 설립된 박물관이다. 20만 종이 넘는 중앙아시아 지역의 역사, 고고학, 인류학 등에 관한 자료와 유물을 전시하고 있다.

• 꾸일륙 바자르 : '꾸일륙'이라는 말은 '양들이 많이 있는 장소'라는 뜻을 담고 있다. 타슈켄트 외곽에 위치한 이 시장에는 특히 고려인 상인들이 많이 있는 점이 특징이다.

• 인민친선궁전 : 1966년 대지진 이후 타슈켄트 복구 작업에 참여한 소련 국민들의 우정을 기념하기 위해 인민친선궁전을 설립하여 1982년 완공됐다. 원형극장 형태의 대강당은 4,000여 명을 수용 할 수 있고, 8개국 언어를 동시에 통역하는 것도 가능하다.

• 브로드웨이 거리 : 시내 중심에 있는 브로드웨이 거리는 젊은이들이 많이 거니는 길이다. 자유와 낭만도 넘쳐나는 곳이다. 골동품을 비롯한 장신구와 책들을 판매하는 사람들이 많다. 또 연인들의 데이트 장소로도 제격이다.

• 폴리타젤 집단농장 : 대표적인 고려인 콜호즈다. 폴리타젤 집단농장은 1925년에 설립됐다. 현재 약 2만여 주민 가운데 고려인 동포는 약 5,000명 안팎으로 추정된다. 타슈켄트로부터 15㎞ 정도 떨어진 곳에 위치해 있다. 농장의 기원은 농업집단화에 기여한 기계, 즉 트랙터의 이름을 따서 농장이름을 지었다.

• 호텔 : 인터콘티넨탈, 메르디안, 우즈베키스탄, 코리아나, 쇼들릭, 러시아, 타슈켄트 쉐라톤, 따따 호텔 등이 있다.

사마르칸트
• 레기스탄 광장 : 3개의 메드리사(중세 이슬람 신학교)로 둘러싸여 있는 레기스탄 광장은 오늘날 가장 뛰어난 동양 건축물의 하나로 꼽힌다. 레기스탄은 '모래 광장'을 의미한다. 메드리사는 신학과 함께 철학, 역사, 천문학, 음악 등을 연구하는 종합대학의 역할도 했다. 이곳에서는 또 과거 왕에 대한 알현식과 공공집회가 열리기도 했다. 이 광장은 15세기, 17세기에 두 개 더 증축돼 이슬람 종교 건축물인 울루그벡 메드리사(좌), 시르도르 메드리사(우), 티라카리 메드리사(중앙)에 둘러싸여 있다. 지금도 이 광장에서는 매년 대통령이 참석하는 '빛과 소리의 제전

'을 개최하고 있다.

• 울루그벡 메드리사 : 3개 건물 중에 가장 오래됐다. 티무르 손자 울루그벡에 의해 1417년 건축 개시해 1420년에 완성되었다. 이슬람 신학대학으로 천문학, 철학, 수학 연구소로 사용되었으며, 티무르 제국의 학술 연구의 근원지였다. 지진과 18세기 초의 전쟁 등으로 입구의 돔 등의 부분이 파손됐다.

• 시르도르 메드리사 : '용맹한 사자'라는 뜻을 가진 신학교다. 티무르 제국 이후 이 지역을 통치한 우즈베크 영주인 야한그도르에 의해 1619~1636년에 건설되었다. 현관에는 새끼 사슴을 쫓는 사자와 태양처럼 빛나는 사람의 얼굴이 그려져 있다. 이슬람교에서는 우상숭배를 부정하여 기하학적 문양이 기조를 이루고 있다. 메드리사 내의 그림은 영주가 자신의 권력을 과시하기 위하여 인간과 동물의 모습을 담게 했다고 전해진다. 우즈베크에서 통용되고 있는 200숨 짜리 지폐 도안도 여기서 나온 것이다.

• 티라카리 메드리사 : 이 신학교는 '금색으로 입힌' 의미를 담고 있다. 야한그도로 바하도르 영주에 의해 1647년 건설되기 시작하여 1660년에 완성되었다. 이슬람 대학과 종교집회 장소로 사용되었다.

• 비비하임 모스크 : 중앙아시아 최대 규모를 자랑하는 곳이다. 티무르가 8명 아내 가운데 가장 사랑했던 왕비가 바로 비비하임이다. 티무르가 비비하임을 위해 짓도록 한 이 모스크는 티무르 사후 3년째 완성됐다.

• 샤히진다 : 8세기 아랍 침입 이후 형성된 이슬람교도들의 묘지로 14~15세기 간에 걸쳐 11개의 묘를 건설했다. '살아있는 왕'이라는 의미를 갖고 있다. 예언자 마호메트의 사촌 쿠삼과 티무르 일족, 울루그벡의 은사, 자녀 등의 유해가 안치되어 있다. 푸른색 모자이크 스타일이다. 사마르칸트 사람들은 푸른빛을 띤 아름다운 영묘를 찾아와서 기도를 자주하는 것으로 알려져 있다.

• 울루그벡 천문대 : 티무르 손자인 울루그벡에 의해 1428~1429년에 걸쳐 건축되었다. 그의 사후 내분에 의해 일부분이 붕괴되었다. 천문대의 기본 골격과 6각형 천체관측기의 지하 부분이 남아 있다. 당시 측정한 1년은 실제 기간과 1분 정도의 차이밖에 없었다고 전해질 정도로 위대한 학자, 천문가, 정치가 울루그벡의 모습을 읽어낼 수 있는 공간이다. 오늘날에도 울루그벡이 이룩한 천문학적인

업적이 높이 평가될 정도다. 울루그벡이 암살당한 이유가 이슬람보다는 학문 중 시정책 때문이라고 한다. 그의 모습을 못마땅하게 여긴 자들의 사주를 받아 그의 아들이 보낸 자객에 의해 암살되는 비운을 맞은 인물이다.

부하라

• 이스마일 샤마니 영묘 : 부하라가 자랑하는 유적 가운데 첫 번째로 꼽히는 것이 이스마일 샤마니 왕의 영묘다. 900년에 건설된 이 건물은 부하라에 현존하는 가장 오래된 건축물이다. 이 영묘는 태양의 위치에 따라 흙벽돌의 무늬가 오묘한 변화를 일으키는 것처럼 보여 신비감을 더해 준다. 진흙 벽돌은 수천년을 견딜 수 있도록 낙타 젖으로 반죽을 해서 만든 것으로 알려지고 있다.

• 칼란 미나레트 : 부하라의 상징 건물이다. 가장 오래되고 가장 높은 미나레트(첨탑)다. 높이 46m의 칼란 미나레트는 중앙아시아에서 가장 높은 탑이다. 18~19세기 부하라 한국시대에는 죄인들을 이 탑의 꼭대기에서 내던져 처형했다고 하여 '죽음의 탑'이라고 한다. 탑의 안으로 들어서면 나선형 계단이 있다. 징기즈칸이 이 첨탑을 목표로 부하라를 침공한 것으로 유명하다. 첨탑은 망망한 사막에서 오아시스의 도시를 찾는 대상들에게 사막의 등대 역할을 한 것으로 잘 알려져 있다.

• 아르크(방주) : 성곽은 7세기에 축성된 것을 몇 번 개축했다. 18세기에 부하라 왕이 살던 성터이다.

• 타키 : 타키는 16세기에 만들어진 시장으로 관문 역할도 한다. 규모가 가장 큰 '타키 자르가(둥근 지붕의 보석시장)'를 비롯해 '타키켈리파크 푸르샨(둥근 지붕의 모자가게)', '타키 사라판(둥근 지붕의 환전소)'등이 있다.

실크로드에서 까레이스키를 만나다

지은이 ∣ 최인석
편집기획 ∣ 농민신문사 출판기획부
책디자인 ∣ (주)Blue&Creative (02-2271-0103)

발행인 ∣ 최원병
발행처 ∣ 농민신문사
초판 1쇄 발행 ∣ 2011년 8월 30일
초판 2쇄 발행 ∣ 2012년 1월 20일
등록번호 ∣ 제1-1218호
주소 ∣ 서울특별시 종로구 미근동 267번지 임광빌딩 14~16층
전화 ∣ 02)3703-6226
팩스 ∣ 02)3703-6204
홈페이지 ∣ www.nongmin.com

ⓒ 농민신문사 2011
값 12,000원
ISBN 978-89-7947-110-6 13980